软件开发 人才培养系列丛书

程序设计与问题求解

C语言

刘杰 鞠成东、郭江鸿◎主编

宁慧 崔玉文 高伟◎副主编

人民邮电出版社

北京

图书在版编目（CIP）数据

程序设计与问题求解 ：C语言 / 刘杰，鞠成东，郭江鸿主编. -- 北京 ：人民邮电出版社，2022.3（2023.9 重印）
（软件开发人才培养系列丛书）
ISBN 978-7-115-58639-1

Ⅰ. ①程… Ⅱ. ①刘… ②鞠… ③郭… Ⅲ. ①C语言－程序设计 Ⅳ. ①TP312.8

中国版本图书馆CIP数据核字(2022)第017791号

内 容 提 要

本书为满足新工科复合型人才对计算思维和问题求解能力的要求而编写。全书共 12 章，主要内容包括：计算思维与问题求解，数据类型、运算符和表达式，简单的 C 程序设计，选择结构程序设计，循环结构程序设计，数组，函数，常用算法，指针，结构体，文件和人工智能经典算法。本书兼顾计算思维与程序设计基础知识，通过问题分析，逐步给出问题求解算法与程序实现方法，引导读者建立算法思维和程序设计思维。其中“常用算法”和“人工智能经典算法”的内容，能够帮助读者拓展问题求解的思维，提高读者解决专业领域复杂问题的能力。

本书适合作为计算机专业和非计算机专业的计算思维课程、程序设计课程的教材，也适合作为从事人工智能等相关行业的技术人员及程序设计爱好者的参考书。

◆ 主　　编　刘　杰　鞠成东　郭江鸿
副 主 编　宁　慧　崔玉文　高　伟
责任编辑　许金霞
责任印制　王　郁　陈　犇
◆ 人民邮电出版社出版发行　　北京市丰台区成寿寺路 11 号
邮编　100164　　电子邮件　315@ptpress.com.cn
网址　https://www.ptpress.com.cn
北京科印技术咨询服务有限公司数码印刷分部印刷
◆ 开本：787×1092　1/16
印张：15.25　　2022 年 3 月第 1 版
字数：400 千字　　2023 年 9 月北京第 4 次印刷

定价：59.80 元

读者服务热线：(010)81055256　印装质量热线：(010)81055316
反盗版热线：(010)81055315
广告经营许可证：京东市监广登字 20170147 号

前言
PREFACE

近年来，以物联网、云计算、大数据和人工智能为代表的新一代信息技术在全球范围内广泛应用、迅速发展，我国新一代信息技术产业也持续向“数字产业化、产业数字化”的方向发展。数字时代计算思维已成为新时代大学生重要的基本素养之一，“四新”（新工科、新医科、新农科、新文科）专业人才应该具备较强的计算思维能力。

目前，国内高校面向大学一年级学生都开设了程序设计类课程，大多数的教材和教学都是注重程序设计语言语法的介绍和讲授，以语法知识的掌握程度为重要考核指标，而忽视了计算思维及问题求解等高阶能力的培养，几乎没有引入人工智能作为教学内容，很难满足新工科人才培养的需求。计算思维和问题求解的核心是算法设计能力，程序设计是算法实现的手段。学生掌握了程序设计语言的语法，不等于具备较强的程序设计能力；学生学会编程，不等于具备较强的算法设计能力，即问题求解能力。为创新与发展程序设计类课程的教育教学理念、解决人才培养定位等问题，哈尔滨工程大学计算机基础教学团队总结、凝炼多年来的教学研究成果和经验，精心梳理科研案例，以“运用计算思维，强调问题抽象”“弱化语言语法，强化程序设计”“侧重案例剖析，聚焦问题求解”“融合人工智能，拓展求解能力”为特色，以“计算思维”为核心，以“问题引导和案例分析”为驱动，以“自顶向下、逐步求精”为原则，突出问题求解“抽象化—符号化—程序化—自动化”这一主线，融合人工智能经典算法，面向普通高等学校的程序设计课程编写了本书，以满足新工科人才培养目标的要求，为大学生科技创新夯实基础。

本书的编写逻辑、编写思路及包含的知识体系如图 1 所示。本书将计算思维和程序设计方法思想贯穿于各章节，以问题为导向，介绍计算思维与程序设计的概念及其关系，论述计算思维的本质“抽象化”与“自动化”；讲解计算机求解问题的过程，即对问题进行抽象得到问题的表示（数据结构）和问题求解的步骤（算法），利用程序设计语言描述数据结构和算法，即程序设计与调试。然后，本书对应于数据结构定义与描述，介绍 C 语言的数据部分；对应于算法描述与实现，介绍 C 语言的运算符和控制结构语句，以及模块化程序设计——函数，并介绍常用算法；在介绍指针、结构体和文件之后，还介绍了人工智能的经典算法。在第 4 章~第 10 章的智能算法能力拓展中，分别介绍了人工智能经典算法所涉及的基本问题和算法程序，为“人工智能经典算法”奠定了基础。同时，为进一步强化学生对人工智能算法的学习，本书提供全部源程序代码等学习资源，同时还提供与本书配套的教学课件、拓展资源等。读者登录人邮教育社区（www.ryjiaoyu.com）即可下载。

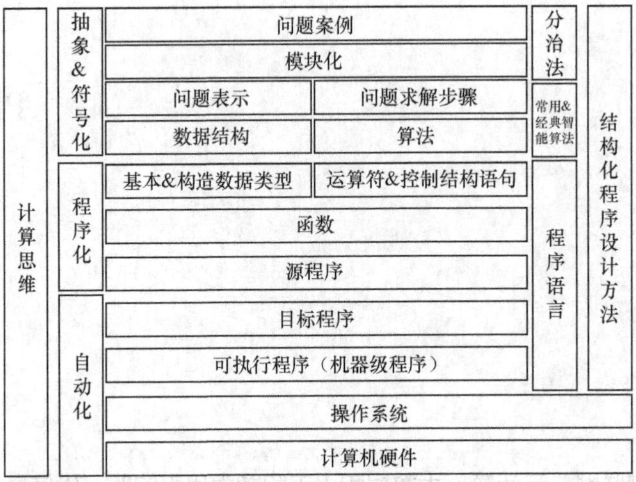

计算思维
抽象&符号化
问题案例
模块化
问题表示
问题求解步骤
数据结构
算法
程序化
基本&构造数据类型
运算符&控制结构语句
函数
源程序
自动化
目标程序
可执行程序（机器级程序）
操作系统
计算机硬件
分治法
常用&经典智能算法
程序语言
结构化程序设计方法

图 1　本书知识体系

本书由哈尔滨工程大学计算机基础教学团队教师编写。具体分工：第 1 章由郎大鹏编写，第 2 章由丛晓红编写，第 3 章由宁慧编写，第 4 章由崔玉文编写，第 5 章由王兴梅编写，第 6 章由高伟编写，第 7 章由刘杰编写，第 8 章由孟宇龙编写，第 9 章由郭江鸿编写，第 10 章由徐丽编写，第 11 章由唐立群编写，第 12 章由鞠成东编写。本书由刘杰、鞠成东、郭江鸿担任主编，宁慧、崔玉文、高伟担任副主编，刘杰负责总体筹划和统稿，鞠成东协助统稿并负责智能算法问题案例设计、图文完善整理及校对，郭江鸿协助统稿并负责知识单元的逻辑关系设计。

本书能够顺利地与读者见面，首先要感谢哈尔滨工程大学计算机学院的大力支持，还要感谢各位参与编写或给予支持的老师及其家属和同学们。由于时间仓促和编写水平有限，书中难免有不妥之处，望广大读者批评指正。

编者

2021 年 11 月

目录

CONTENTS

第 1 章 计算思维与问题求解

计算思维是信息化社会对跨学科、创新型人才的基本要求和思维模型。本章从计算思维的基本概念、产生和发展入手，介绍了什么是计算思维，以及为什么要掌握计算思维，然后通过论述如何将计算思维与程序设计能力相结合，给出了通过计算机进行问题求解的基本步骤，最后介绍了 C 语言编程的基础知识。

1.1 计算思维与程序设计

思维是人脑对客观事物间接、概括的反映。人是通过思维而达到理性认识的，所以人的一切活动都是建立在思维活动的基础上。其中科学思维的发展，极大地加速了生产力的发展。科学思维不仅是一切科学研究和技术发展的起点，而且始终贯穿于科学研究和技术发展的全过程，是创新的灵魂。研究界公认的三大影响人才成长的科学思维包括理论思维、实验思维和计算思维。其中，理论思维是以推理和演绎为特征的“逻辑思维”，用假设/预言-推理和证明等理论手段来研究社会、自然现象以及规律；实验思维是以观察和总结为特征的“实验思维”，用“实验—观察—归纳”等实验手段研究社会、自然现象；计算思维则是以设计和构造为特征的“构造思维”，用计算的手段研究社会、自然现象。

计算思维（Computational Thinking）是由时任卡内基梅隆大学（CMU）计算机系主任的周以真教授在2006年提出的。她定义计算思维是“运用计算机科学的基础概念进行问题求解、系统设计以及人类行为理解等涵盖计算机科学之广度的一系列思维活动。”计算思维是建立在计算和建模之上，能够帮助人们利用计算机处理无法由单人完成的系统设计、问题求解等工作。

计算思维的本质就是抽象（Abstraction）与自动化（Automation），即在不同层面进行抽象，以及将这些抽象机器化。计算思维关注的是人类思维中有关可行性、可构造性和可评价性的部分。当前环境下，当理论与实验手段面临大规模数据时，人们不可避免地要用计算手段来辅助进行数据处理。随着计算机技术在各行各业的深入应用，计算思维的价值也逐渐凸显出来。

程序设计语言（Programming Language）是人类用来与计算机沟通的语言，是由文字与符号所形成的程序语句、代码或指令的集合。每种程序设计语言都有各自的使用规则，即语法（syntax）。程序是由符合程序设计语言语法规则的程序语句、程序代码或程序指令所组成的，而程序设计的目的就是将用户需求使用程序指令表达出来，让计算机按照程序指令替用户完成诸多工作和任务。程序设计是给出解决特定问题程序的过程，是设计、编制、调试程序的方法和过程。它是目标明确的智力活动，是软件构造活动中的重要组成部分。程序设计通常分为问题分析、算法设计、程序编写、程序运行、结果分析和文档编写等阶段。

随着信息技术与网络科技的发展，一个国家或地区的程序设计能力已经被看成是国力或者地区竞争力的象征。程序设计不再只是信息类学科的专业人才应具备的基本能力，而是新时代各专业人才必备的基本能力。因为编程能力的本质实际上是计算思维能力，它是一种逻辑抽象、分析、设计、创造及表达能力，是综合性的解决问题能力。这种面向问题解决方案的思维能力与具体计算机语言是不相关的。因此，学习程序设计的目标绝对不是要将每个学习者都培养成专业的程序设计人员，而是要帮助学习者建立系统化的逻辑思维模式。编写程序代码不过是程序设计整个过程中的一个阶段而已，在编写程序之前，还有需求分析与系统设计两大阶段。计算思维是用来培养系统化逻辑概念的基础，进而学习在面对问题时具有系统的分析与分解问题的能力，从中探索出可能的解决办法，并找出最有效的算法。因此，可以说“学习程序设计不等于学习计算思维，但要学好计算思维，通过程序设计来学绝对是最快的途径”。计算思维是一种使用计算机的逻辑来解决问题的思维，前提是掌握程序设计的基本方法和了解它的基本概念。计算思维是一种能够将计算“抽象化”再“具体化”的能力，也是新一代人才都应该具备的素养。计算思维与计算机的应用和发展息息相关，程序设计相关知识的学习和技能的训练过程其实就是一种培养计算思维的过程。

程序的魅力不在于编写，而在于构造，即通过组合简单的已实现的动作而形成程序，再由简单功能的程序通过构造，逐渐形成复杂功能的程序。计算尽管复杂，却是机器可以执行的。程序构造是一种计算思维，而“构造”的基本手段是组合与抽象。“组合”就是将一系列动作代入到另一个动作中，进而构造出复杂的动作，它是对简单元素的各种组合。最直观的例子就是：一个复杂的表达式是由一系列简单的表达式组合起来构成的。再比如，如果学过程序设计语言，就会了解一个复杂的函数是由一系列简单的函数组合起来构成的，函数之间的调用关系等体现的就是组合。而“抽象”是对各种元素已经构造好的部分进行命名，并将其用于更为复杂的组合构造中。比如将一系列语句命名为一个函数名，用该函数名参与复杂程序的构造，抽象是简化构造的一种手段。所以说程序是构造出来的，而不是编写出来的。

1.2　计算机问题求解的灵魂——算法

1.2.1　算法及其特性

计算思维是运用计算机科学的基础概念去求解问题、设计系统和理解人类的行为。它包括了涵盖计算机科学之广度的一系列思维活动。用计算思维实现问题求解，需要经过以下几个步骤。

（1）对问题进行抽象与映射，将客观世界的实际问题映射成计算空间的计算求解问题，建立解决问题的数学模型。当有多个数学模型可用时，需要对模型进行分析、归纳、假设等优化，选择最优模型。

（2）将建立的数学模型转换成计算机所理解的算法和语言，也就是将数学模型映射或分解成计算机所理解和执行的计算步骤。

（3）编写程序就是将所设计的算法翻译成计算机能理解的指令，即用某一种计算机语言描述算法（这就是计算程序）。然后通过上机实践，完成问题求解。

在这个过程中，我们始终以问题的抽象、问题的映射、问题求解算法设计等为主线展开讨论，编写程序只不过是用一种计算机语言去实施问题求解，而对数学模型进行转换所得到的算法才是计算机问题求解的灵魂。所谓算法（Algorithm），就是一组明确的、有序的、可以执行的步骤集合。算法的概念要求步骤集是有序的，这样就要求算法中的各个步骤必须拥有定义完好的、顺序执行的结构。

算法应具有 4 个特性：有穷性、确定性、有零个或多个输入、有一个或多个输出。有穷性是指一个算法必须保证执行有限步骤之后结束；确定性是指算法的每一步骤必须有确切的定义，算法步骤必须没有二义性，不会产生理解偏差；有零个或多个输入是指描述运算对象的初始情况，其中零个输入是指算法本身给出了初始条件；有一个或多个输出是指算法必须要有结果。

算法主要分为两类：数值运算算法和非数值运算算法。数值运算算法主要用于解决数值求解问题，例如求方程的根、求函数的定积分、求最大公约数等。非数值运算算法主要用于解决需要用逻辑推理才能解决的问题，常见的是用于事务管理领域，例如图书检索、人事管理、行车调度管理、人机围棋大战、定制服务等。

算法分析，一般应遵循以下 4 个原则。

（1）一个算法必须是正确的，符合计算机所要求解的题目，能得到预期的结果。

（2）求解一个问题，先分析执行算法所需要耗费的时间。

（3）求解一个问题，先分析执行算法所需要占用的存储空间。

（4）编制的算法要求条理清晰、易于理解、易于编码、易于调试。

1.2.2 算法表示方法

算法在描述上一般使用半形式化的语言，而程序是用形式化的计算机语言描述的；算法对问题求解过程的描述可以比对程序的描述略粗，算法经过细化以后可以得到计算机程序。一个计算机程序是一个算法的计算机语言表述，而执行一个程序就是执行一个用计算机语言表述的算法。在算法的表示上，常采用以下几种方式。

1．用自然语言表示

这种方法易懂但不直观，因此除了很简单的问题外，一般不用这种方法描述。

2．用流程图表示

如图 1.1 所示，这种方法采用不同的图元形状来表示“程序开始/结束”“输入/输出”“程序处理”“选择判断”“程序连接”“流程线”“注释”等程序描述要素。这种方法灵活、自由、形象、直观，可表示任何算法，但由于使用有向线来表示流程走向，因此流程图有较大的随意性。对流程图，读者要熟练掌握，会看会画。

常用的流程图制作软件有以下几款。

① Visio 属于 Office 系列应用软件，功能全面，推荐使用。

② Raptor 是一种基于流程图的可视化程序设计环境，推荐有一定编程基础的读者使用。

③ Word 可以做基本的流程图，最容易上手。

例 1.1 用流程图表示求解 5！的算法。

问题分析与程序思路：

如图 1.2 所示，求解 5！本质上是两个数的乘法问题。因此，需要设计一个变量 t 保存初值 1，另一个变量 i 既可作为操作数递增变量，同时也可作为循环控制变量使用。变量 i 与 t 每做一次乘法运算后，变量 i 便以步长为 1 进行递增，继续循环计算 i 与 t 的乘法，直至 i 增长超过 5 后运算结束。算法所体现的思维方式就是通过将从 1～5 这 5 个数的连乘运算分解为两个数的循环乘法运算，实现了将复杂问题分解为多个具有相同运算结构的简单问题。

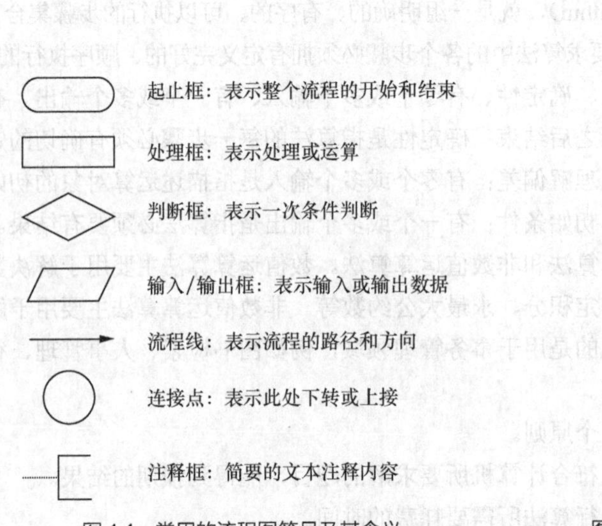

图 1.1 常用的流程图符号及其含义

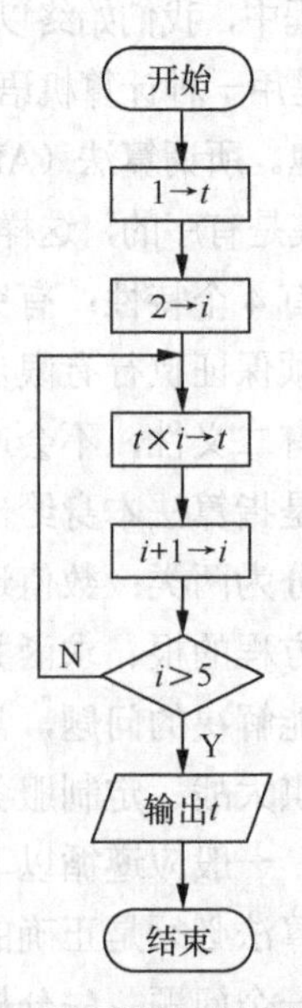

图 1.2 用流程图表示求解 5！算法

3．用 N-S 流程图（盒图）表示

如图 1.3 所示，这种方法完全去掉了带箭头的流程线，算法的所有处理步骤都写在一个大的矩形框内，表示方法简单，符合结构化思想。因此，N-S 流程图比传统流程图更为简洁。对 N-S 流程图，读者要熟练掌握。

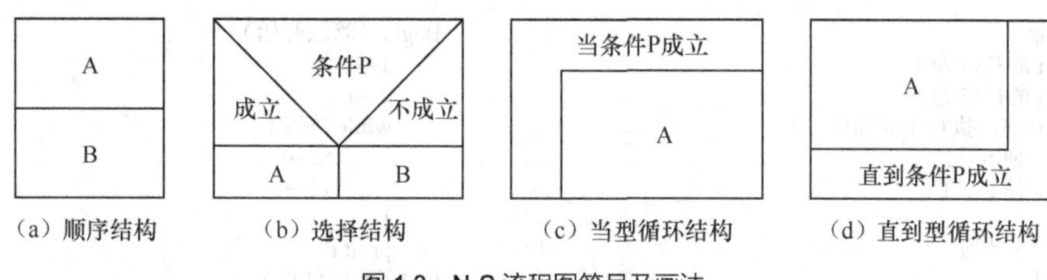

图 1.3　N-S 流程图符号及画法

使用图 1.3 所示的顺序结构、选择结构和循环结构这 3 种基本框，可以组成复杂的 N-S 流程图。图 1.3 中的 A 框或 B 框可以是一个简单的操作，也可以是 3 个基本结构之一。

优点：

① N-S 图强制设计人员按结构化程序（Structured Programming，SP）设计方法进行思考并描述其设计方案。因为除了表示几种标准结构的符号外，它不再提供其他描述手段，这样就有效地保证了设计的质量，从而也保证了程序的质量。

② N-S 图形象、直观，具有良好的可见度。例如循环的范围、条件语句的范围都是一目了然的，所以容易理解设计意图，为编程、复查、选择测试用例、维护都带来了方便。

③ N-S 图简单、易学易用，可用于软件教育和其他方面。

缺点：

主要是手工修改比较麻烦，这是有些人不用它的主要原因。

对于例 1.1，若使用 N-S 流程图来表示算法，如图 1.4 所示。

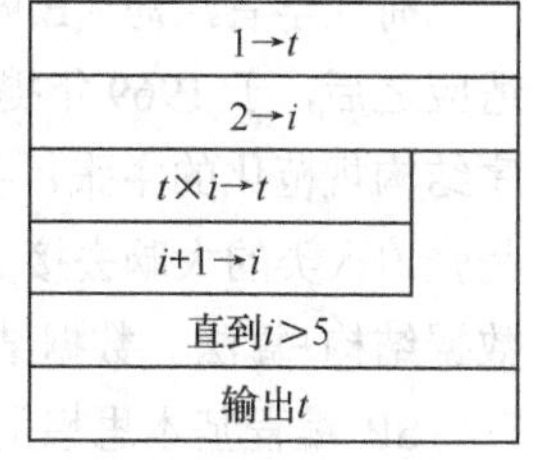

图 1.4　用 N-S 流程图表示求解 5！算法

4．用伪代码表示

伪代码用介于自然语言和计算机语言之间的文字及符号来描述算法。它如同一篇文章一样，自上而下地写下来，每一行（或几行）表示一个基本操作。它不用图形符号，因此书写方便、格式紧凑，也比较好懂和便于向计算机语言算法（即程序）过渡。这种方法适用于设计过程中需要反复修改时的流程描述。软件专业人员一般习惯使用伪代码，读者要掌握该方法。

例 1.2　用伪代码表示“打印 x 的绝对值”的算法。

第一种表示方法：使用英文书写伪代码。

```
if x is positive then
    print x
else
    print -x
```

第二种表示方法：使用汉字书写伪代码。

```
若 x 为正
    输出  x
否则
    输出  -x
```

第三种表示方法：可以混合使用中英文书写伪代码。

```
if x 为正
```

```
    print x
else
    print -x
```

若使用伪代码表示例 1.1 中求解 5！算法，则采用以下两种方式都可以。

伪代码描述方式一：

```
算法开始
    置 t 的初值为 1
    置 i 的初值为 2
    当 i≤5，执行下面操作：{
        使 t=t×i
        使 i=i+1
    }
    输出 t 的值
算法结束
```

伪代码描述方式二：

```
Begin（算法开始）
    1→t
    2→i
    while i≤5 {
        t×i→t
        i+1→i
    }
    print t
End（算法结束）
```

1.3 程序设计中的数据和数据结构

程序设计方法学是讲述程序的性质以及程序设计理论和方法的一门学科，它主要有结构化程序设计（Structured Programming，SP）方法和面向对象的软件开发（Object-Oriented Programming，OOP）方法。在程序设计方法学中，SP 方法占着十分重要的位置。可以说，程序设计方法学是在 SP 方法的基础上逐步发展和完善起来的。

荷兰学者沃思（E.W.Dijkstra）等人在研究人的智力局限性随着程序规模增大而表现出来的不适应之后，于 1969 年提出 SP 方法。这是一种处理复杂任务时避免混乱的技术。他们提出了把程序结构规范化的主张，要求对复杂问题的求解过程应按人类大脑容易理解的方式进行组织，而不是强迫人类的大脑去接受难以忍受的冲击。沃思对结构化程序设计的描述，提出一个公式：程序=数据结构+算法。数据结构就是描述数据的类型和组织形式；算法是描述对数据的操作步骤。

SP 编程基本思想是，把大的程序划分为许多个相对独立、功能简单的程序模块。它是以过程为中心，主要强调的是过程以及功能和模块化。任务的完成是通过一系列过程的调用和处理实现的。

在程序设计方法学的发展中，SP 和 OOP 是程序设计方法中最本质的思想方法，SP 体现了抽象思维以及复杂问题求解的基本原则，OOP 则深刻反映了客观世界是由对象组成这一本质特点。各种程序设计方法之间的一个主要区别在于问题分解的因子不同，思维模式不同。在计算机中数据结构和过程是密切相关的，SP 方法将数据结构和过程分开考虑，OOP 方法组合数据和过程于对象之中。从理论上而言，OOP 方法将产生更好的模块内聚性，使软件更注重于重用与维护；但其在实践中的程序设计方法需要工具和环境的支撑，还需要考虑软件生命周期的各个环节。因而在选择程序设计方法时，需要综合考虑以上这些因素。

数据结构主要学习用计算机实现数据组织和数据处理的方法；随着计算机应用领域的不断扩大，无论是设计系统软件还是设计应用软件都会用到各种复杂的数据结构。一个好的程序无非是选择一个合理的数据结构和好的算法，而好的算法选择很大程度上取决于描述实际问题所采用的数据结构，所以想编写出好的程序必须扎实地掌握数据结构。

数据是人们利用文字符号、数据符号和其他规定的符号对现实世界的事物及活动所做的抽象描述。从计算机的角度看，数据是所有能被输入计算机中，并能被计算机处理的符号的集合。数据元素是数据集合中的一个“个体”，是数据的基本单位。而数据结构是指数据以及相互之间的联系，可以看作是相互之间存在某种特定关系的数据元素的集合，因此可以把数据结构看成是带结构的数据元素的集合。数据结构包括以下几个方面。

（1）数据的逻辑结构

数据的逻辑结构是指数据元素之间的逻辑关系。比如一个表中的记录顺序反映了数据元素之间的逻辑关系，一个数组中元素的排列顺序也是数据元素之间的逻辑关系。

（2）数据的存储结构（物理结构）

数据的存储结构是指数据元素及其逻辑关系在计算机存储器中的存储方式，一般只在高级语言的层次上来讨论存储结构。不同的逻辑结构有不同的存储结构。

（3）数据的运算

数据的运算是指施加在该数据上的操作，它是定义在数据的逻辑结构之上的，每种逻辑结构都有一组相应的运算。例如最常用的增/删/改/查、更新、排序等。数据的运算最终需在对应的存储结构中用算法实现。

一组数据中数据元素及其顺序是一定的，但是可以用不同的逻辑结构表示，这样就有着不同的存储结构，对应着不同的运算算法。

数据结构和算法的关系：数据结构是算法实现的基础，算法总是要依赖某种数据结构来实现的，算法的操作对象是数据结构。数据结构关注的是数据的逻辑结构、存储结构，而算法更多的是关注如何在数据结构的基础上解决实际问题。算法是编程思想，数据结构则是这些思想的基础。

1.4　计算机问题求解的步骤

1.4.1　求解问题的一般步骤

借助计算机进行问题求解有其独特的概念和方法，其思维方法和求解过程发生了很大变化，大致的步骤如图 1.5 所示。在利用计算机求解问题的过程中，最关键的难点在于对客观世界的认识、问题的提出与分析、数学模型的建立、数据结构和算法的设计等环节。这些难点和环节一旦突破，后面的程序设计往往“顺理成章、迎刃而解”。而这些难点也恰恰是我们学习编程语言、提高编程能力真正的最大障碍，其根本的成因就在于对客观世界的认知（包括本学科/专业问题的认知）及思维转换（包括学科/领域融合的认知）的困难；其根本的能力就是计算思维能力。

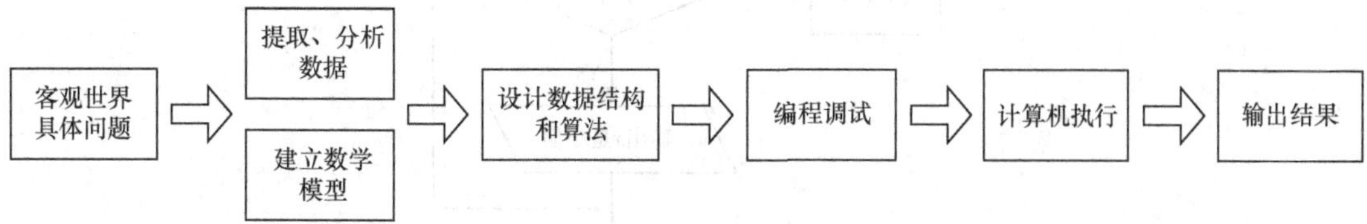

图 1.5　计算机求解问题的一般步骤

例 1.3　警察抓了 A、B、C、D 4 名盗窃嫌疑犯，其中只有一人是小偷。审问中，A 说：“我不是小偷”；B 说：“C 是小偷”；C 说：“小偷肯定是 D”；D 说：“C 在冤枉人”。他们中只有一人说的是假话，请问谁是小偷？

问题分析与程序思路：

尽管这个例子还比较小，还不足以全面、完整、充分地展示人的内在思维活动、思维形式、思维方法和思维过程，但可从中看出编程过程实际上就是一个思维转换的过程，也可以反映利用计算机求解问题的一般步骤。对于此问题，需要考虑并解决以下3个问题。

（1）如何对4名嫌疑人的陈述进行适当的符号化表达，进而如何建立适当的数学模型或数学公式？

（2）如何设计并运用适当的数据结构和算法，将上述模型映射为计算机可以理解和执行的步骤？对于算法，还需要考虑如何利用流程图等工具恰当地描述算法？

（3）如何利用某种计算机语言编写程序并运行得到计算结果？

对上述3个问题，具体介绍如下。

（1）设变量x为小偷，并将4个人说的话表达为以下关系表达式。

A 说：x != 'A'

B 说：x == 'C'

C 说：x == 'D'

D 说：x != 'D'

以上4个关系表达式中必定有3个成立。

（2）对上述4个关系表达式建立算术表达式：

$$(x\,!=\,\text{'A'})+(x==\text{'C'})+(x==\text{'D'})+(x\,!=\,\text{'D'})$$

（3）算法流程如图1.6所示。

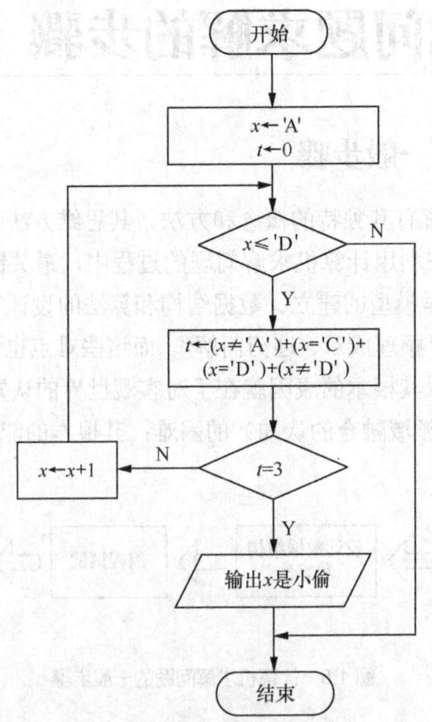

图 1.6　警察破案问题算法流程图

分别将4个可能的取值'A' 'B' 'C' 'D'逐一赋值给变量x，然后判断当x取什么值时，能使上述算术表达式的结果为3。为此，再定义一个变量t来统计关系式成立的个数，当t=3时，当前x的值就是小偷，否则继续列举下一个。

（4）参考源码

```
#include <stdio.h>
int main(void){
    char x = 'A';
    int t = 0;
    while(x <= 'D'){
        t = (x!='A') + (x=='C') + (x=='D') + (x!='D');
        if(t == 3){
            printf("%c is a criminal.", x);
            break;
        }else{
            x = x + 1;
        }
    }
    return 0;
}
```

程序运行结果如图 1.7 所示。

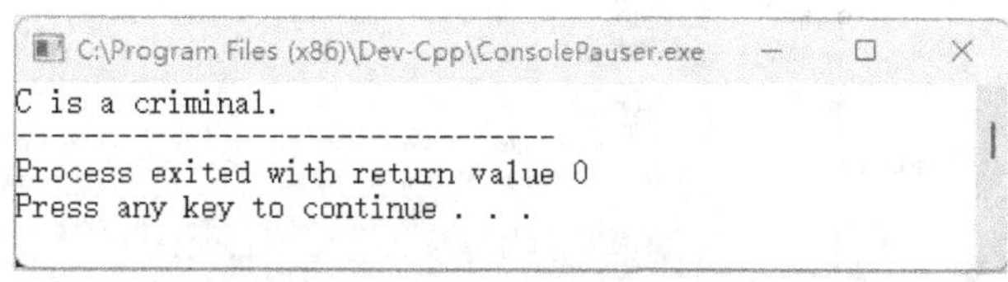

图 1.7　例 1.3 程序运行结果

1.4.2　C 语言程序开发步骤

C 程序的开发通常包括 4 个步骤：编辑、编译、连接和运行，如图 1.8 所示。

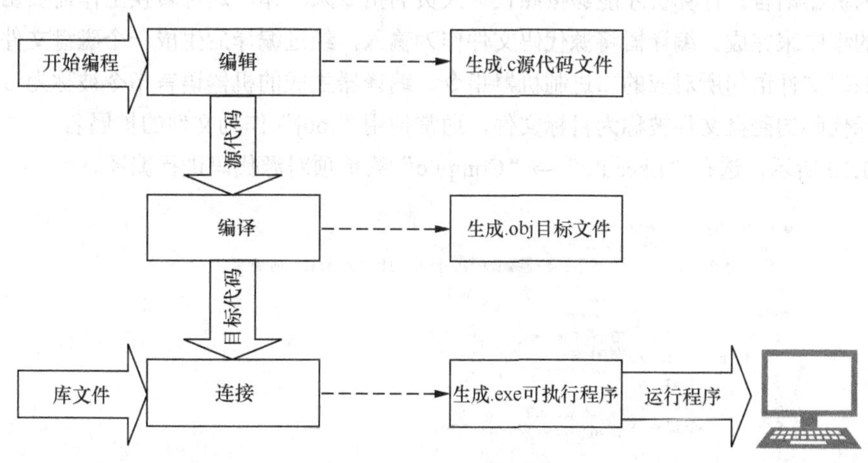

图 1.8　C 程序的编程过程

1．编辑

程序的编辑过程就是代码的书写过程，用于实现计算机执行编程者期望的任务。理论上可以使用各种各样的文本编辑器来书写代码，例如记事本、写字板、Vim、Word、WPS 等文本编辑软件，但为了更好地提高书写代码的效率，建议使用集成开发工具与环境，例如 Turbo C、Dev-C++、Code::Blocks、Microsoft Visual Studio 等。

下面以“Dev-C++”开发工具为例，介绍 C 程序编程过程。

如图 1.9 所示，选择“File”→“New”→“Source File”菜单项，可以新建一个源代码文件。编辑源代码后，选择“File”→“Save”菜单项或单击“Save”按钮，在随后打开的对话框中设置“文件名”，并选择“保存类型”为“C source files (*.c)”就可以完成源代码文件的创建、编辑与保存。后缀为“.c”的文件是 C 语言的通用后缀名称。

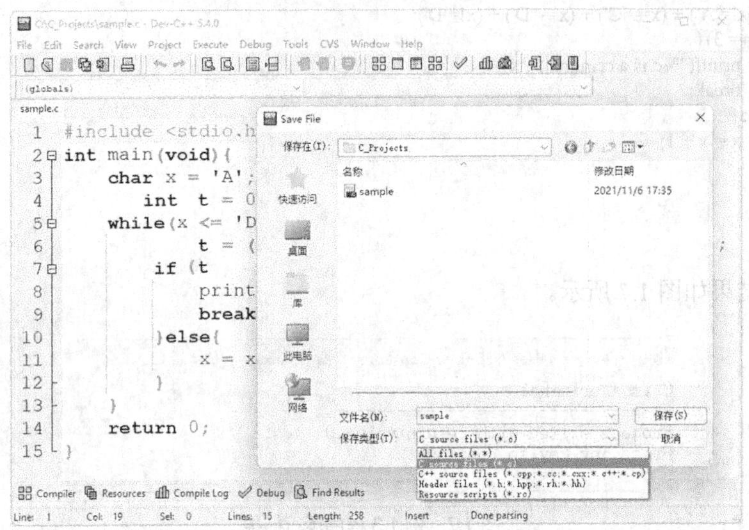

图 1.9　编辑并保存源代码

2．编译

由于计算机只能识别机器语言的二进制指令，因此为了使计算机进行工作，需要将设计好的程序转换为机器语言，计算机才能够按照设计人员的指令来工作，这种转换工作需要由一个被称为编译器的程序来完成。编译器将源代码文件作为输入，经过编译后生成一个磁盘文件，该文件包含了与源码文件语句所对应的二进制机器指令。编译器生成的机器语言指令被称为目标代码，而包含目标代码的磁盘文件被称为目标文件，通常使用“.obj”作为文件的扩展名。

如图 1.10 所示，选择“Execute”→“Compile”菜单项对源代码进行编译。

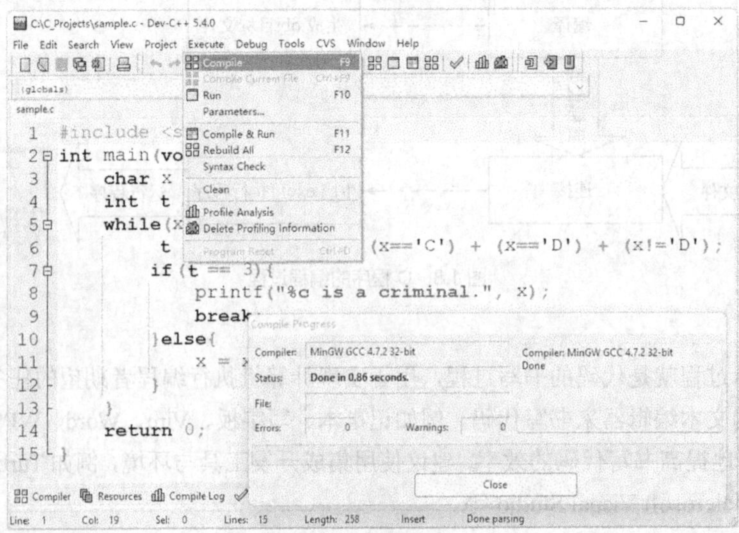

图 1.10　编译源代码

若编译通过，将打开“Compile Progress”对话框显示相关信息；若编译失败，也将高亮显示有警告或错误的代码行等信息。

3．连接

由于在进行程序设计时往往需要使用编译器所提供的通用代码或程序，而这些通用代码或程序通常是存在于库文件中，因此连接的作用就是把编译后所得到的目标文件与相应的库文件中的代码连接起来，最终生成一个可以被计算机执行的完整二进制文件。这个文件也被称为可执行程序。在 Windows 操作系统中，可执行程序文件的扩展名为“.exe”。大多数开发环境都提供了一个选项，可以设置编译和连接是分步进行还是一步完成。

4．运行

经过编译和连接并生成可执行文件后，便可双击程序图标进行运行操作，或者在图 1.10 中，选择“Execute”→“Run”菜单项运行程序，程序运行后将打开命令行界面显示运行结果，如图 1.11 所示。

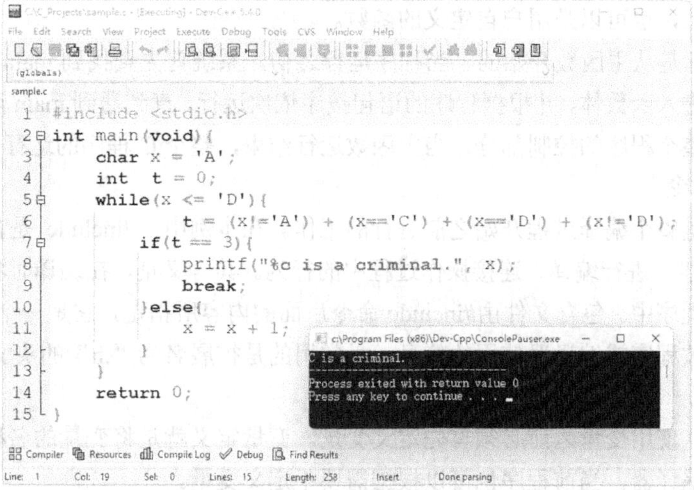

图 1.11 运行可执行程序

在运行程序时，应注意观察运行方式和运行结果是否与设计目标相符。如果运行结果与期望结果不一致，则应重新审查代码或者算法的正确性。初学者不仅要解决语言语法运用问题，尤其更要注意算法思维是否存在逻辑问题。

1.5 C 语言程序结构及实例

1.5.1 C 程序构成

例 1.4 从键盘输入圆的半径，计算并输出圆的面积。

```
#include <stdio.h>
#define PI 3.14
double area(int r){
    double z;
    z=PI * r * r;
    return z;
```

```
}

int main(){
    int r;
    double d;
    scanf("%d", &r);
    d=area(r);
    printf("area = %.2f ", d);
    return o;
}
```

1．函数结构

C程序是由一个或多个函数所组成的，函数的结构为函数首部+函数体。例如：

```
函数类型 函数名(参数类型 参数名) {
    声明部分
    运行部分
}
```

C程序必须有一个名为main的函数。该函数也被称为主函数。主函数以外的其他函数可以是系统提供的库函数，也可以是用户自定义的函数。

C程序的运行是从主函数开始的。当程序运行之初，系统首先查找到main函数，从main函数开始的大括号进入函数体，并根据程序的语句按序依次运行，直到遇到main函数最后的大括号结束。主函数是整个程序的控制部分，当主函数运行结束，整个C程序的运行也结束了。

2．预编译命令

预编译命令是整个编译过程开始之前进行的工作。在本例中，#include 是预编译命令，用于控制C语言编译器在进行编译、连接操作过程中的行为。其含义是，在编译时将一个包含文件的内容添加到当前程序中。包含文件由#include命令后面的内容所指定，它是一个独立的磁盘文件，该文件包含了可被程序或编译器使用的信息，最常用的是扩展名为“.h”的头文件。

3．变量定义

C语言规定，使用变量之前必须首先定义变量。变量定义就是将变量的名称以及变量要存储的信息类型告知编译器。当前程序也可以根据需要不定义变量。

4．程序语句

C语言程序的实际工作是由语句完成的。在编写源码时，通常将每条语句编写在一行中，语句必须以分号结尾。

5．程序注释

常用的程序注释方式有以下两种。

（1）单行注释：以“//”作为引导符，只能在一行内进行注释。

（2）多行注释：所有的注释内容都写在“/*”和“*/”之间，其中可以换行。

1.5.2 C编程风格

在编写C程序时，应注意编程风格，通常有以下要求。

（1）采用逐层缩进的形式。

（2）一行仅写一条语句。

（3）适当的注释。

（4）统一的命名规范。

第2章 数据类型、运算符和表达式

本章主要介绍 C 语言的变量和常量的基本概念、各种数据类型的定义、变量赋值和初始化的方法，以及基本运算符的运算规则、优先级和结合性。通过对本章的学习，读者能够定义各种数据类型的变量，并能够根据要求运用运算符建立一般表达式和编写简单程序。

2.1 程序举例

编写 C 语言程序首先要有正确的解题思路，然后用 C 语言正确地表述。

例 2.1 鸡兔同笼问题。

“鸡兔同笼问题”是我国古算书《孙子算经》中的著名问题：已知笼中有头 h 个，有脚 f 只，问笼中鸡兔各多少只？

解题思路：

步骤 1：输入头和脚的数量，其中 h 代表头的数量，f 代表脚的数量。

步骤 2：计算鸡和兔子的数量，其中 $chicken$ 代表鸡的只数，公式为 $chicken=\frac{4*h-f}{2}$；$rabbit$ 代表兔子的只数，公式为 $rabbit=\frac{f-2*h}{2}$。

步骤 3：输出鸡和兔子的数量。

程序代码如下：

```
#include <stdio.h>
int main(){
    int h,f,chicken,rabbit;                          //定义变量 h、f、chicken、rabbit 为 int 类型
    scanf("%d%d",&h,&f);                             //输入头（h）和脚（f）的数量
    chicken=(4*h-f)/2;                               //计算鸡（chicken）的只数
    rabbit=(f-2*h)/2;                                //计算兔子（rabbit）的只数
    printf("chicken=%d,rabbit=%d",chicken,rabbit);   //输出鸡和兔子的只数
    return 0;
}
```

例 2.2 求 $1+\frac{1}{2}+\frac{1}{3}+\cdots+\frac{1}{100}$ 的和。

解题思路：

步骤 1：找多项式规律，分子都是 1，从第二项开始每一项分母都是前一项分母加 1。

步骤 2：构造多项式中的每一项并累加，其中变量 t 构造多项式中的每一项，变量 s 存放累加结果，此操作需要循环执行 100 次。

步骤 3：输出多项式之和。

程序代码如下：

```
#include <stdio.h>
int main(){
    int i,n=1;                   //定义变量 i 和 n 为 int 类型，并给 n 赋初值 1
    float t,s=0;                 //定义变量 t 和 s 为 float 类型，并给 s 赋初值 0
    for(i=1;i<=100;i++){         //循环，使循环体执行 100 次
        t=1.0/n;                 //构造多项式中的每一项
        s=s+t;                   //累加
        n=n+1;                   //构造多项式下一项的分母
    }
    printf("%f",s);              //输出多项式之和
    return 0;
}
```

2.2 常量与变量

C 语言中的数据按其取值是否可改变又分为常量和变量两种。

2.2.1 常量

在程序执行过程中，其值不能被改变的量称为常量。常量可分为不同的类型，如 12、0、−7 为整型常量，3.14、−2.8 为实型常量，'a'、'b'、'c'则为字符常量。常量即为常数，一般从其字面形式即可判别。这种常量称为直接常量。

有时为了使程序更加清晰、可读性强、便于修改，会用一个标识符来代表常量，即给某个常量取个有意义的名称，这种常量称为符号常量。

符号常量在使用之前必须先定义，其一般形式如下：

#define 标识符 常量

其中#define 是一条预处理命令（预处理命令都以“#”开头），称为宏定义命令，其功能是把该标识符定义为其后的常量值。一经定义，以后在程序中所有出现该标识符的地方均代之以该常量值。

例 2.3　符号常量的使用。

程序代码如下：

```
#define PI 3.14
#include <stdio.h>
int main(){
      float area, r;
      r = 10;
      area = PI* r * r;
      printf("area=%f\n", area);
      return 0;
}
```

说明：

该程序的功能是计算圆面积。程序中用#define 命令行定义了符号常量 PI，其值为圆周率 3.14，此后凡在文件中出现的 PI 都代表圆周率 3.14，它可以与常量一样进行运算。

注意，符号常量也是常量，它的值在其作用域内不能改变，也不能再被赋值。例如，下面试图给符号常量 PI 赋值的语句是错误的。

```
PI = 20;     //错误！
```

为了区别程序中的符号常量名与变量名，习惯上用大写字母命名符号常量，而用小写字母命名变量。

使用符号常量的好处如下。

（1）含义清楚。如上面的程序中，看程序时从 PI 就可知道它代表圆周率。因此，定义符号常量名时应考虑“见名知意”。

（2）在需要改变一个常量时能做到“一改全改”。例如，在程序中需多处用到圆周率，若用常数表示，则在圆周率小数位数调整时就需要在程序中做多处修改；若用符号常量 PI 代表圆周率，只需改动一处即可。例如：

```
#define PI 3.14159
```

在程序中所有以 PI 代表的圆周率就会一律自动改为 3.14159。

2.2.2 变量

在程序运行过程中，其值可变的量称为变量，如例 2.1 中的 h、f、chicken、rabbit，例 2.2 中的 i、t、s。一个变量必须有一个名称，以便被引用；在内存中占据一定的存储单元，在该存储单元中存放变量的值。请注意变量名和变量值是两个不同的概念。变量名在程序运行的过程中不会改变，而变量值则可以发生变化。变量名实际上是以一个名称对应代表一个地址，在对程序编译、连接时由编译系统给每一个变量名分配对应的内存地址。从变量中取值，实际上是通过变量名找到相应的内存地址，从该存储单元中读取数据，如图 2.1 所示。

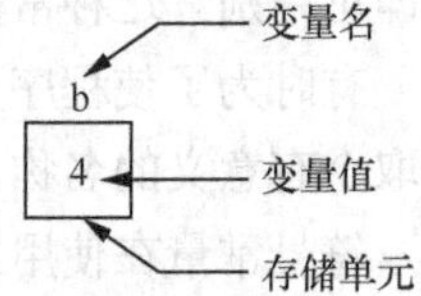

图 2.1 变量名和变量值

变量名是一种标识符，标识符是程序中用来为符号常量、变量、函数、数组、文件等命名的有效字符序列。标识符的命名规则如下。

（1）只能由字母、数字和下画线组成。

（2）第一个字符必须为字母或下画线。

（3）不能使用 C 语言中的关键字。

（4）区分大小写字母，sum 和 Sum 是不同的标识符。

在程序中，常量是可以不经说明而直接引用的，而变量则必须进行强制定义，即“先定义，后使用”。这样做的目的有以下几点。

（1）凡未被事先定义的，不可作为变量名，这样就能保证程序中的变量名使用得正确。例如，若有以下变量定义：

```
int count;
```

而在程序中将变量名 count 误写成了 conut，如：

```
conut = 5;
```

则在程序编译时将会检查出 conut 未经定义，不作为变量名处理，并显示相应的出错提示信息，便于用户发现错误，避免变量名使用时出错。

（2）一个变量被指定为某一确定的数据类型，在编译时就能为其分配相应的存储单元。如定义 a 和 b 为单精度变量，则为 a 和 b 各分配 4 字节，并按整型方式存储数据。

（3）一个变量被指定为某一确定的数据类型，便于在编译时据此检查所进行的运算是否合法。如整型变量可以进行求余运算，而实型变量则不能。

2.3 数据类型的一般概念

数据是程序处理的基本对象，每个数据在计算机中是以特定的形式存储的。例如，整数、实数和字符等。C 语言中根据数据的不同性质和用处，将其分为不同的数据类型，各种数据类型具有不同的存储长度、取值范围及允许的操作。

C 语言提供了基本类型、构造类型、指针类型和空类型等多种数据类型。C 语言的数据类型如图 2.2 所示。

C 语言中数据有常量与变量之分，它们分别属于以上这些数据类型。这些数据类型还可以构造出更复杂的数据类型，如表、树、栈等。

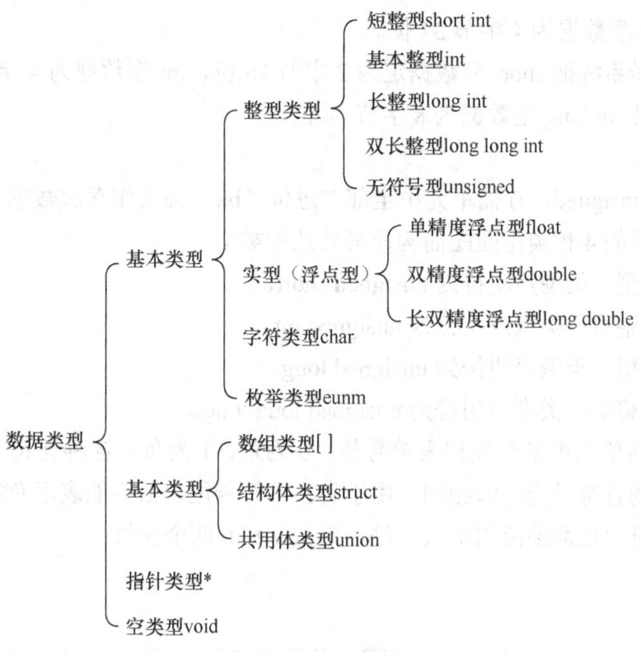

图 2.2　C 语言的数据类型

2.4　整型数据

C 语言的整数类型（又称整型）用来表示整数。计算机中只能表示有限位的整数，整型是整数的一个有限子集，整型数据又可以分为整型变量和整型常量。

2.4.1　整型变量

1．整型变量的分类

整型变量可分为基本整型（int）、短整型（short int）、长整型（long int）、双长整型（long long int）和无符号型（unsigned）。

（1）基本整型

类型声明符为 int，在内存中占 2 字节或 4 字节。C 语言标准没有规定各种类型数据所占用存储空间的长度，其长度是由编译系统自行决定的。

（2）短整型

类型声明符为 short int 或 short，在内存中占 2 字节。

（3）长整型

类型声明符为 long int 或 long，在内存中占 4 字节。

（4）双长整型

类型声明符为 long long int 或者 long long，在内存中一般分配 8 字节。C 语言标准虽然没具体规定各种类型数据占用存储单元的长度，但是要求 long 型数据长度不短于 int 型，int 型不短于 short 型，即：sizeof(short)≤sizeof(int)≤sizeof(long)≤sizeof(long long)。

sizeof 是测算类型或变量长度的运算符。在 Turbo C 2.0 中，short 型和 int 型数据都为 2 个字节 16 位，long 型数据为 4 字节 32 位；在 Dev-C++和 Visual C++ 6.0 中，short 型数据为 2 个字节

16 位，int 型和 long 型数据为 4 字节 32 位。

目前大多数编译系统把 short 型数据定为 2 字节 16 位，int 型数据为 4 字节 32 位，long 型数据为 4 字节 32 位，long long 型数据为 8 字节 64 位。

（5）无符号型

类型声明符为 unsigned，存储单元中全部二进位（bit）都用作存放数本身，而不包括符号。无符号型又可与前面的 4 种类型匹配而构成另外几种类型。

① 无符号短整型：类型声明符为 unsigned short。

② 无符号基本整型：类型声明符为 unsigned int。

③ 无符号长整型：类型声明符为 unsigned long。

④ 无符号双长整型：类型声明符为 unsigned long long。

有符号数据存储单元中最高位代表符号位，0 为正，1 为负。各种无符号类型量所占的内存空间字节数与相应的有符号类型量相同。由于省去了符号位，故不能表示负数，但可存放的正数范围比一般整型变量中正数的范围扩大一倍。定义 a 和 b 两个变量：

```
short a;
unsigned short b;
```

如果用 2 字节存放一个 short 型整数，则变量 a 的数值范围是−32768～32767，变量 b 的数值范围是 0～65535，如图 2.3 所示。

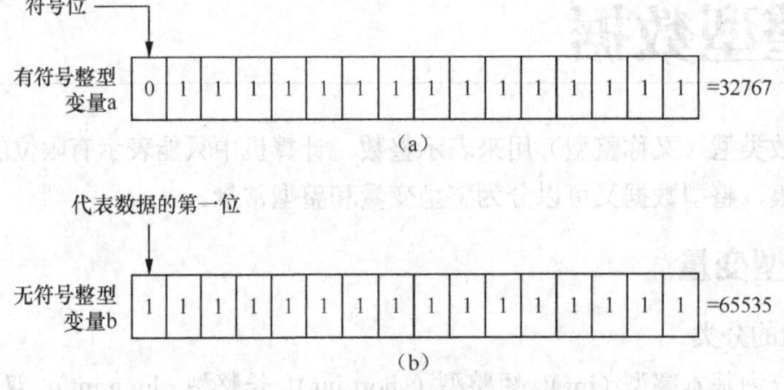

图 2.3　整型变量的最大值

表 2.1 列出了各种整型变量所分配的内存字节数及取值范围。

表 2.1　整型变量的字节数及取值范围

类型声明符	字节数	取值范围	
short [int]	2	-32768～32767	即-2^{15}～$2^{15}-1$
int	2	-32768～32767	即-2^{15}～$2^{15}-1$
	4	-2147483648～2147483647	即-2^{31}～$2^{31}-1$
long [int]	4	-2147483648～2147483647	即-2^{31}～$2^{31}-1$
long long [int]	8	-9223372036854775808～9223372036854775807	即-2^{63}～$2^{63}-1$
unsigned short	2	0～65535	即 0～$2^{16}-1$
unsigned int	2	0～65535	即 0～$2^{16}-1$
	4	0～4294967295	即 0～$2^{32}-1$
unsigned long [int]	4	0～4294967295	即 0～$2^{32}-1$
unsigned long long [int]	8	0～18446744073709551615	即 0～$2^{64}-1$

注：方括号表示其中的内容是可选的，既可以写，也可以不写。只有整型和字符型数据可以加 unsigned 修饰符，实型数据则不能加。

2．整型变量的定义

C 语言规定在程序中所有用到的变量都必须在程序中定义，即“强制类型定义”。

变量定义的一般形式如下：

类型声明符　变量名标识符 1, 变量名标识符 2, …;

例如：

```
int a, b, c;                /* a、b、c 为整型变量*/
long m, n;                  /* m、n 为长整型变量*/
unsigned int p, q;          /* p、q 为无符号整型变量*/
```

定义变量时应注意以下几点。

（1）允许在一个类型声明符后定义多个相同类型的变量，各变量名之间用逗号间隔。类型声明符与变量名之间至少用一个空格间隔。

（2）最后一个变量名之后必须以分号结束。

（3）变量定义必须放在变量使用之前。

（4）可在定义变量的同时给出变量的初值。其格式为：

类型声明符　变量名标识符 1 =初值 1, 变量名标识符 2 =初值 2, …;

例 2.4　整型变量的定义与初始化。

程序代码如下：

```
#include <stdio.h>
int main() {
    int a=3, b=5;
    printf("a+b=%d\n", a+b);
return 0;
}
```

3．变量在内存中的存储形式

数据在内存中是以二进制形式存放的。如图 2.4 所示，定义了一个短整型变量 i：short int i=10;，十进制数 10 的二进制形式为 1010，如果每个整型变量在内存中占两字节，则图 2.4（a）是数据存放的示意图，图 2.4（b）是数据在内存中实际存放的情况。

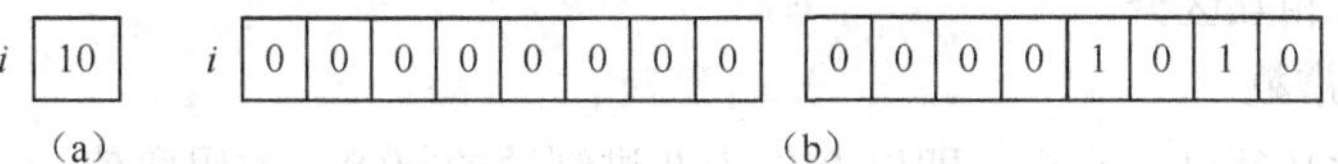

图 2.4　数据存放情况

数值是以补码的形式存放的。正数的补码与其原码的形式相同；负数的补码是将该数绝对值的二进制形式按位取反并在末尾加 1。如-10 的补码：①取-10 的绝对值 10；②10 的二进制形式为 00000000 00001010（一个整数占 16 位）；③按位取反得 11111111 11110101；④末尾加 1 得 11111111 11110110，如图 2.5 所示。

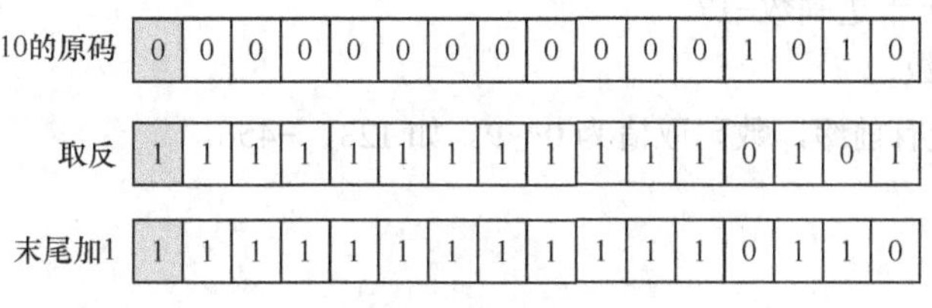

图 2.5　-10 的补码

最左边的一位是符号位，0 表示正数，1 表示负数。

4．整型数据的溢出

一个 short int 型变量用两字节存放，那么取值范围是−32768～32767，超过这个范围则溢出。

例 2.5 短整型数据的溢出。

程序代码如下：

```
#include <stdio.h>
int main(){
    short int a,b;
    a=32767;
    b=a+1;
    printf("a=%d,b=%d\n", a , b);
    return 0;
}
```

说明：

输出结果：a=32767，b=−32768。

32767 在内存中的存放形式是 01111111 11111111，加 1 后变为 10000000 00000000，而它是−32768 的补码形式，所以变量 b 的值是−32768。一个短整型变量只能容纳−32768～32767 范围内的数，超过这个范围则溢出，但运行时系统并不给出“错误信息”，程序员要靠细心和经验来保证结果的正确。

溢出操作的输出结果可以这样计算：将该数减去该数据类型的模，模是该数据类型所能表示数的个数，短整型数据类型的模是 65536。例如：

```
short int i = 65535;
printf("%d\n", i);
```

输出结果为−1，因为 65535−65536=−1。

2.4.2 整型常量

整型常量就是整常数。在 C 语言中，使用的整常数有八进制、十六进制和十进制 3 种，它们使用不同的前缀来相互区分。

1．八进制整常数

八进制整常数必须以 0 开头，即以 0 作为八进制数的前缀，数码取值为 0～7。如 0123 表示八进制数 123，即$(123)_8$，等于十进制数 83，即 $1\times8^2+2\times8^1+3\times8^0=83$；−011 表示八进制数−11，即$(-11)_8$，等于十进制数−9。

2．十六进制整常数

十六进制整常数的前缀为 0X 或 0x，其数码取值为 0～9、A～F 或 a～f。如 0x123 表示十六进制数 123，即$(123)_{16}$，等于十进制数 291，即 $1\times16^2+2\times16^1+3\times16^0=291$；−0x11 表示十六进制数−11，即$(-11)_{16}$，等于十进制数−17。

3．十进制整常数

十进制整常数没有前缀，数码取值为 0～9。如 123、−456。

2.5　实型数据

在 C 语言中，实数又称浮点数。

2.5.1　实型变量

1．实型变量的分类

按照数值的取值范围不同分为以下 3 种。

单精度实型：类型声明符为 float，在内存中占 4 字节。

双精度实型：类型声明符为double，在内存中占 8 字节。

长双精度实型：类型声明符为 long double，不同编译系统处理方法不同，Turbo C 2.0 和 Dev-C++ 中给 long double 型分配 16 字节，Visual C++ 6.0 中给其分配 8 字节。

各种实型变量的数据长度、精度和取值范围与所选择的系统有关，不同系统有所差异。表 2.2 中列出各种实型变量的数据长度、精度和取值范围。

表 2.2　实型变量的数据长度、精度和取值范围

类型名称	类型声明符	字节数	位数	有效数字	取值范围
单精度实型	float	4	32	6～7	-3.4×10^{-38}～3.4×10^{38}
双精度实型	double	8	64	15～16	-1.7×10^{-308}～1.7×10^{308}
长双精度实型	long double	8	64	15～16	-1.7×10^{-308}～1.7×10^{308}
	long double	16	128	18～19	-1.2×10^{-4932}～1.2×10^{4932}

2．实型变量的定义

实型变量声明的格式和书写规则与整型的相同。

例如：

```
float x, y;                          /* x、y 为单精度变量*/
double a, b, c;                      /* a、b、c 为双精度变量*/
```

也可在声明变量为实型的同时，给变量赋初值。

例如：

```
float x=3.2, y=5.3;                  /* x、y 为单精度变量，且有初值 */
double a=0.2, b=1.3, c=5.1;          /* a、b、c 为双精度变量，且有初值*/
```

3．实型数据的存储方式

实型数据的存储方式与整型的存储方式不同，实型数据是按照指数形式存储的，系统把实型数据分成小数和指数两个部分分别存放。例如，实数 3.14159 在内存中的存放形式如图 2.6 所示。

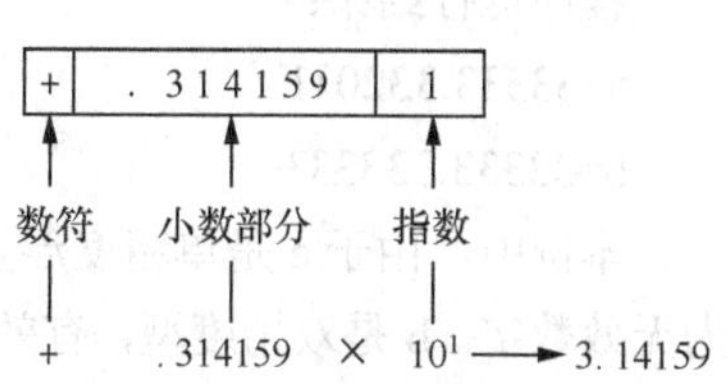

图 2.6　3.14159 的存放形式

其中小数部分和指数部分各占多少位，由 C 编译系统自定。在 Turbo C 系统中，float 类型的变量占 4 字节 32 位，24 位表示小数部分（最高位是小数部分的符号），8 位表示指数部分（最高位是指数部分的符号）。小数部分占的位数越多，数的有效数字越多，精度越高；指数部分占的位数越多，表示的数值范围越大。

2.5.2 实型常量

在C语言中，实数只采用十进制表示。

1．实型常量的表示形式

实型常量的表示形式有两种：十进制数形式和指数形式。

（1）十进制数形式

该类实型常量由数码0～9和小数点组成。例如，0.0、.25、5.789、0.13、5.0、300.、−267.8230等均为合法的实数。

（2）指数形式

该类实型常量一般格式是“实数+e（或E）+整数”，记为 *a* e *n*，其值为 $a\times10^n$。注意字母e之前必须有数字，并且e后面必须是整数，如e2、2.1e3.5、.e3、e等都是不合法的指数形式。123.456的指数形式有123.456e0、1.23456e2、0.123456e3等多种写法，但1.23456e2是规范化的指数形式，即在字母e之前的小数部分中小数点左边有且仅有一位非零的数字。

2．实型常量的类型

许多C编译系统将实型常量作为双精度来处理，例如：

```
float a;
a=1.23456*6543.21;
```

系统将1.23456*6543.21按双精度存储和运算，得到一个双精度的结果，然后取前7位赋值给变量a。这样做可以保证计算结果更精确，但降低了运算的速度。为了提高速度，可以改为：a=1.23456f*6543.21f;，这样系统就会将1.23456*6543.21按单精度存储和运算。

一个实型常量可以赋予一个float型、double型或long double型变量，系统根据变量的类型自动截取相应的有效数字。

下面的例子说明了float和double的不同。

例2.6 演示float和double的区别。

程序代码如下：

```
#include <stdio.h>
int main(){
    float a;
    double b;
    a=33333.333333;
    b=33333.333333333;
    printf("a=%f\nb=%f\n", a, b);
    return 0;
}
```

说明：

程序运行结果：

a=33333.332031

b=33333.333333

本例中，由于a是单精度浮点型，有效位数只有7位，而整数已占5位，故小数二位之后均为无效数字。b是双精度型，有效位为16位，但Dev-C++规定小数点后最多保留6位，所以其余小数部分四舍五入。

2.6 字符型数据

字符型数据包括字符型常量、字符型变量和字符串常量。

2.6.1 字符型常量

字符型常量是用一对单引号括起来的单个字符，如'A'、'a'、'X'、'?'、'$'等都是字符型常量。注意单引号是定界符，不是字符型常量的一部分。

在 C 语言中，字符型常量可以与数值一样在程序中参加运算，其值就是该字符的 ASCII 码值。例如，字符'A'的数值为十进制数 65。

除了以上形式的字符型常量外，C 语言还允许用一种特殊形式的字符型常量，即转义字符。转义字符以反斜线“\”开头，后跟一个或几个字符。转义字符具有特定的含义，通常用来表示键盘上的控制代码和某些用于功能定义的特殊符号，如回车符、换页符等。常用的转义字符及其含义见表 2.3。

表 2.3　常见的转义字符及其含义

转义字符	表示含义	对应 ASCII 码
\\	反斜杠字符“\”	92
\'	单引号字符	39
\"	双引号字符	34
\n	换行，将当前位置移到下一行开头	10
\t	水平制表，横向跳到下一个输出区	9
\r	回车，将当前位置移到本行开头	13
\f	换页，将当前位置移到下页开头	12
\b	退格，将当前位置移到前一列	8
\ddd	1～3 位八进制数所代表的字符	—
\xhh	1～2 位十六进制数所代表的字符	—

转义字符是将反斜杠（\）后面的字符转换成另外的含义。如'\n'不代表字母 n 而作为“换行”符；'\101'代表 ASCII 码为$(101)_8$的字符“A”；'\x41'代表 ASCII 码为$(41)_{16}$的字符“A”。

例 2.7　转义字符的使用。

程序代码如下：

```
#include <stdio.h>
int main(){
    int a, b, c;                /*定义 a、b、c 为整数*/
    a=5; b=6; c=7;
    printf("%d\n\t%d   %d\n   %d    %d\t\b%d\n", a, b, c, a, b, c);
    return 0;
}
```

说明：

程序在第一列输出 a 的值 5 之后就是'\n'，故回车换行；接着又是'\t'，于是跳到下一制表位置（设制表位置间隔为 8），再输出 b 值 6；空两格再输出 c 值 7 后又是'\n'，因此再回车换行；再空两格之后又输出 a 值 5；再空 3 格又输出 b 的值 6；再次遇'\t'跳到下一制表位置（与上一行的 6 对齐），但下一转义字符'\b'又使之退回一格，故紧跟着 6 再输出 c 的值 7。

2.6.2 字符型变量

字符型变量用来存放字符型常量，即单个字符。每个字符型变量被分配一个字节的内存空间，因此一个字节空间只能存放一个字符。

字符型变量的类型声明符为char，字符型变量类型声明的格式如下：

```
char a, b;                /*定义字符型变量 a 和 b */
a = 'x', b = 'y';         /*给字符型变量 a 和 b 分别赋值'x'和'y' */
```

将一个字符型常量存放到一个变量中，实际上并不是把该字符本身放到变量内存单元中，而是将该字符相应的ASCII码放到存储单元中。例如，字符'x'的十进制ASCII码是120，字符'y'的十进制ASCII码是121。对字符变量a、b赋予'x'和'y'（a='x'; b='y';），实际上是在a、b两个单元中存放120和121的二进制代码。

（1）a → 0 1 1 1 1 0 0 0

（2）b → 0 1 1 1 1 0 0 1

因为字符数据在内存中以ASCII码存储，它们的存储形式与整数的存储形式类似，所以也可以把它们看成是整型量。C语言允许对整型变量赋字符值，也允许对字符型变量赋整型值。在输出时，允许把字符数据按整型形式输出，也允许把整型数据按字符形式输出。以字符形式输出时，需要先将存储单元中的ASCII码转换成相应的字符，然后输出；以整数形式输出时，直接将ASCII码值当作整数输出。也可以对字符数据进行算术运算，此时相当于对它们的ASCII码进行算术运算。

整型数据为2字节或4字节，字符数据为1字节，当整型数据按字符型量处理时，只有低8位参与处理。

例 2.8 字符型变量的使用。

程序代码如下：

```c
#include <stdio.h>
int main(){
    char a, b;
    a = 120;
    b = 121;
    printf("%c,%c\n%d,%d\n", a, b, a, b);
    return 0;
}
```

说明：

本程序中，定义a、b为字符型变量，但在赋值语句中为它们赋予整型值。从结果看，a、b值的输出形式取决于printf函数格式串中的格式符，即当格式符为“%c”时，对应输出的变量值为字符形式；当格式符为“%d”时，对应输出的变量值为整数形式。

例 2.9 将小写字母转换成大写字母。

程序代码如下：

```c
#include <stdio.h>
int main(){
    char a, b;
    a = 'x';
    b = 'y';
    a = a-32;                                   /*把小写字母转换成大写字母*/
    b = b-32;
    printf("%c,%c\n%d,%d\n", a, b, a, b);       /*以字符型和整型输出*/
    return 0;
}
```

说明：

由于每个小写字母比它相应的大写字母的 ASCII 码大 32，如'a'='A'+32、'b'='B'+32，因此，语句 a=a-32;即可将字符型变量 a 中原有的小写字母转换成大写字母。

2.6.3　字符串常量

字符型常量是由一对单引号括起来的单个字符。C 语言除了允许使用字符常量外，还允许使用字符串常量。字符串常量是由一对双引号括起来的字符序列。如"CHINA"、"C program"、"$12.5"等都是合法的字符串常量。

输出一个字符串，例如：

```
printf("Hello world!");
```

初学者容易将字符型常量与字符串常量混淆。'a'是字符型常量，"a"是字符串常量，二者不同。假设 c 被指定为字符型变量，则 c='a';是正确的，而 c="a";是错误的，即不能把一个字符串赋予一个字符型变量。

那么，'a'和"a"究竟有什么区别呢？C 语言规定，在每一个字符串的结尾加一个字符串结束标志，以便系统据此判断字符串是否结束。C 语言规定以字符'\0'作为字符串结束标志。'\0'是一个 ASCII 码为 0 的字符，也就是空操作字符，即它不引起任何控制动作，也不是一个可显示的字符。字符串"WORLD"在内存中的实际存放形式如图 2.7 所示。

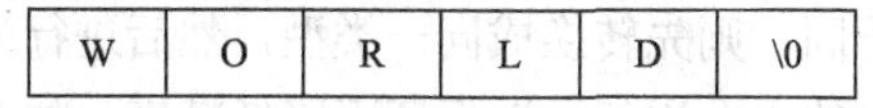

W	O	R	L	D	\0

图 2.7　字符串"WORLD"在内存中的实际存放形式

可以看出，字符串"WORLD"在内存中需要 6 个字节的存储空间，最后一个字节存储的是字符串结束标志'\0'。注意，'\0'是系统自动加上的。同理，"a"实际包含了两个字符：'a'和'\0'，因此，把"a"赋予一个字符型变量显然是错误的。

在 C 语言中，没有专门的字符串变量，字符串如果需要存放在变量中，则需要用字符数组来存放。这部分内容将在后面的章节中介绍。

2.7　变量赋初值

在程序中经常需要对一些变量预先设置初值。在 C 语言中允许在定义变量的同时为其赋初值，例如：

```
int a=3;
float f=3.21;
```

如果对几个变量都赋予相同的初值（如 1），应写成：

```
int x=1,y=1,z=1;
```

注意不能写成 int x=y=z=1;，但可以写成：

```
int x,y, z;
x=y=z=1;
```

变量初始化不是在编译阶段完成的（除了静态存储变量和外部变量），而是在程序运行本函数时赋予初值的，相当一个赋值语句，例如：

```
int a=1;
```

```
相当于：  int a;
          a=1;
int a,b,c=5;
相当于：  int a,b,c;
          c=5;
```

2.8 不同数据类型数据间的混合运算

整型、实型（包括单精度和双精度）、字符型数据间可以混合运算。例如，下面的语句是合法的：

```
10+'a'+1.5-12.34*'b';
```

在进行混合运算时，不同类型的数据要转换成同一类型。转换的方法有两种：一是自动转换；二是强制转换。

2.8.1 自动转换

自动转换发生在不同类型的数据进行混合运算时，由编译系统自动完成。自动转换遵循规则如下：

（1）若参与运算的类型不同，则先转换成同一类型，然后进行运算。

（2）转换按数据长度增加的方向进行，以保证不降低精度。如 int 型和 long 型混合运算时，先把 int 型转成 long 型，再进行运算。

（3）所有的浮点运算都是以双精度进行的，即使仅含 float 单精度量运算的表达式也要先转换成 double 型，再进行运算。

（4）char 型和 short 型参与运算时，必须先转换成 int 型。

（5）在赋值运算中，赋值号两边量的数据类型不同时，赋值号右边量的类型将转换为左边量的类型。如果右边量的数据类型长度比左边长时，将丢失一部分数据，这样会降低精度，丢失的部分按四舍五入向前舍入。图 2.8 表示为类型自动转换的规则。

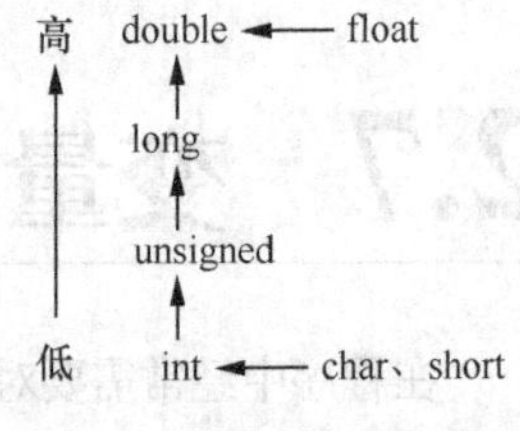

图 2.8 类型自动转换的规则

图 2.8 中横向向左的箭头表示必定发生的转换，如字符型数据必先转换成整型，单精度数据先转换成双精度数据等；纵向的箭头表示当运算对象为不同类型时转换的方向。例如，整型与双精度型数据进行运算，先将整型数据转换成双精度型数据，然后在两个同类型数据（双精度）间进行运算，结果为双精度型。

假设 i 为整型变量，f 为单精度实型变量，d 为双精度实型变量，e 为长整型变量，则表达式 10+'a'+i*f−d/e 的运算次序如下：

（1）进行 10+'a'的运算，先将'a'转换成整数 97，运算结果为 107。

（2）进行 i*f 的运算，先将'i'和'f' 都转换成双精度型，运算结果为双精度型。

（3）整数 107 和 i*f 的积相加，先将整数 107 转换成双精度型（107.000000），运算结果为双精度型。

（4）进行 d/e 的运算，先将 e 转换成双精度型，运算结果为双精度型。

（5）将 10+'a'+i*f 的结果与 d/e 的商相减，结果为双精度型。

上述的类型转换是由系统自动进行的。

2.8.2　强制转换

强制类型转换是通过类型转换运算来实现的。其一般形式为：

(类型声明符) (表达式)

其功能是把表达式的运算结果强制转换成类型声明符所表示的类型。例如，(float)a 把 a 转换为实型，(int)(x+y)把 x+y 的结果转换为整型。

在使用强制转换时应注意下列问题。

（1）类型声明符和表达式都必须加括号（单个变量可以不加括号），如把(int)(x+y)写成(int)x+y 则成了把 x 转换成 int 型之后再与 y 相加。

（2）无论是强制转换还是自动转换，都只是为了本次运算的需要而对变量进行的临时性转换，并不改变变量本身的类型。

例 2.10　类型的强制转换。

程序代码如下：

```
#include <stdio.h>
int main(){
    float f = 5.75;
    printf("(int)f=%d,f=%f\n", (int)f, f);
    return 0;
}
```

说明：

本例表明，f 虽被强制转换为 int 型，但只在运算中起作用，这种转换是临时的，而 f 本身的类型并不改变。

2.9　运算符和表达式

C 语言中规定了各种运算符号，它们是构成 C 语言表达式的基本元素。

2.9.1　概述

运算是对数据进行加工的过程，用来表示各种不同运算的符号称为运算符。C 语言提供了相当丰富的一组运算符，除了一般高级语言所具有的算术运算符、关系运算符、逻辑运算符外，还提供了自增/自减运算符、位运算符等。C 语言的运算符分类见表 2.4。

表 2.4　C 语言的运算符分类

运算符种类	运算符
算术运算符	+、−、*、/、%
自增/自减运算符	++、− −
关系运算符	>、<、= =、>=、<=、!=
逻辑运算符	!、&&、||
位运算符	<<、>>、~、|、∧、&
赋值运算符	=及其扩展赋值运算符
条件运算符	?　:
逗号运算符	,

续表

运算符种类	运算符
指针运算符	*、&
求字节数运算符	sizeof
强制类型转换运算符	(类型)
分量运算符	. 、->
下标运算符	[ ]
其他	如函数调用运算符()

2.9.2 算术运算符和算术表达式

1. 算术运算符

算术运算符除了取负值运算符外都是双目运算符，即两个运算对象之间的运算。取负值运算符是单目运算符。表 2.5 给出了基本算术运算符的种类和功能。

表 2.5 基本算术运算符的种类和功能

运算符	名称	举例	功能
+	正号运算符	+x	取 x 的正值
–	负号运算符	–x	取 x 的负值
*	乘法运算符	x*y	求 x 与 y 的积
/	除法运算符	x/y	求 x 与 y 的商
%	求余（或模）运算符	x%y	求 x 除以 y 的余数
+	加法运算符	x+y	求 x 与 y 的和
–	减法运算符	x–y	求 x 与 y 的差

使用算术运算符应注意以下几点。

（1）减法运算符“–”可作取负值运算符，这时为单目运算符。例如，– (x+y)、–10 等。

（2）使用除法运算符“/”时，若参与运算的变量均为整数时，其结果也为整数（舍去小数）；若除数或被除数中有一个为负数，则舍入的方向是不固定的。例如，–7/4，在有的机器上得到结果为–1，而在有的机器上得到结果为–2。大多数机器上采取“向零取整”原则，例如，7/4=1，–7/4=–1，取整后向零靠拢。

（3）使用求余运算符（模运算符）“%”时，要求参与运算的变量必须均为整型，其结果值为两数相除所得的余数。一般情况下，所得的余数与被除数符号相同。例如，7%4=3，10%5=0，–8%5=–3，8%–5=3。

2. 算术表达式

用算术运算符、括号将运算对象（或称操作数）连接起来的符合 C 语言规则的式子，称为 C 算术表达式。其中，运算对象可以是常量、变量、函数等。例如：a*b/c–1.5+'a'。

C 算术表达式的书写形式与数学中表达式的书写形式是有区别的，在使用时要注意以下几点。

（1）C 算术表达式中的乘号不能省略。例如：数学式 b^2-4ac 相应的 C 算术表达式应写成 b*b–4*a*c。

（2）C 算术表达式中只能使用系统允许的标识符。例如：数学式 πr^2 相应的 C 算术表达式应写成 3.14*r*r。

（3）C 算术表达式中的内容必须书写在同一行，不允许有分子和分母形式，必要时要利用括号保证运算的顺序。例如：数学式 $\frac{a+b}{c+d}$ 相应的 C 算术表达式应写成(a+b)/(c+d)。

（4）C 算术表达式不允许使用方括号和花括号，只能使用括号帮助限定运算顺序；允许使用多层括号，但左右括号必须成对，运算时从内层括号开始，由内向外依次计算表达式的值。

3．算术运算符的优先级和结合性

C 语言规定了在表达式求值过程中各运算符的优先级和结合性。

（1）优先级：是指当一个表达式中如果有多个运算符时，则计算是有先后次序的，这种计算的先后次序称为运算符的优先级。

（2）结合性：是指当一个运算对象两侧运算符的优先级别相同时，进行运算的结合方向。按"从右向左"的顺序运算，称为右结合性；按"从左向右"的顺序运算，称为左结合性。表 2.6 中给出了算术运算符的优先级和结合性。

表 2.6　算术运算符的优先级和结合性

运算种类	结合性	优先级
*、/、%	从左向右	高 ↓ 低
+、-	从左向右	

在算术表达式中，若包含不同优先级的运算符，则按运算符的优先级别由高到低进行运算；若表达式中运算符的优先级别相同时，则按运算符的结合性进行运算。

在书写包含多种运算符的表达式时，应注意各个运算符的优先级，从而确保表达式中的运算符能以正确的顺序执行；如果对复杂表达式中运算符的计算顺序没有把握确定，可用括号来强制实现计算顺序。

2.9.3　自增/自减运算符

自增/自减运算符是单目运算符，即仅对一个对象运算，运算结果仍赋予该运算对象。参加运算的对象只能是变量而不能是表达式或常量（例如，6++或(a+b)++都是不合法的）。其功能是使变量值自增 1 和自减 1，表 2.7 列出了自增/自减运算符的种类和功能。

表 2.7　自增/自减运算符的种类和功能

运算符	名称	举例	等价运算
++	自增运算符	i++或++i	i=i+1
--	自减运算符	i--或--i	i=i-1

从表 2.7 中可以看出，自增/自减运算符可以用在运算量之前（如++i、--i），称为前置运算；自增/自减运算符可以用在运算量之后（如 i++、i--），称为后置运算。

对一个变量 i 实行前置运算（++i）或后置运算（i++），其运算结果是一样的，即都使变量 i 值加 1（i=i+1）。但++i 和 i++的不同之处在于++i 是先执行 i=i+1 后，再使用 i 的值；而 i++是先使用 i 的值后，再执行 i=i+1。

例如，假设 i 的初值等于 3，则：

```
j = ++i      /* i 的值先变成 4，再赋予 j，j 的值为 4 */
j = i++      /*先将 i 的值赋予 j，j 的值为 3，然后 i 变为 4 */
```

综上所述，前置运算与后置运算的区别在于以下两点。

（1）前置运算是变量的值首先加 1 或减 1，然后以该变量变化后的值参加其他运算。

（2）后置运算是变量的值参加有关的运算，然后将变量的值加 1 或减 1，即参加运算的是变量变化前的值。

自增运算符（++）或自减运算符（—）的结合方向是“自右至左”。例如，对于-i++，因为“-”运算符与“++”运算符的优先级相同，而结合方向为“自右至左”，即它相当于- (i++)。

2.9.4 赋值运算符和赋值表达式

1．赋值运算符

赋值符号“=”就是赋值运算符，由赋值运算符组成的表达式称为赋值表达式。其一般形式如下：

```
变量名 = 表达式
```

赋值是指将赋值运算符右边表达式的值存放到以左边变量名为标识的存储单元中。

说明：

（1）赋值运算符的左边必须是变量，右边的表达式可以是常量、变量或表达式。例如，下面都是合法的赋值表达式。

```
x = 10
y = x+10
y = func()
```

（2）赋值符号“=”不同于数学中使用的等号，它没有相等的含义。例如，x=x+1 的含义是取出变量 x 中的值加 1 后，再存入变量 x 中去。

（3）在一个赋值表达式中，可以出现多个赋值运算符，结合性是自右至左的。例如，下面是合法的赋值表达式。

```
x = y = z = 0          /*相当于 x = (y = (z = 0)) */
```

上面的表达式在运算时，先执行 z=0，再把其结果赋予 y，最后把 y 的赋值表达式结果值 0 赋予 x。又如：

```
a=b=3+5                /*相当于 a=(b=3+5) */
```

运算时，先执行 b=3+5，再把它的结果赋予 a，最后使 a、b 的值均为 8。

（4）进行赋值运算时，当赋值运算符两边的数据类型不同时，将由系统自动进行类型转换。转换的原则是，赋值运算符右边的数据类型转换成左边的变量类型。转换规则参见表 2.8。

表 2.8 赋值运算中数据类型的转换规则

运算符左	运算符右	转换说明
float	int	将整型数据转换成实型数据后再赋值
int	float	将实型数据的小数部分截去后再赋值
long int	int、short	值不变
int、short int	long int	右侧的值不能超过左侧数据值的范围，否则将导致意外的结果
unsigned	signed	按原样赋值。但是如果数据范围超过相应整型的范围，将导致意外的结果
signed	unsigned	

2．复合赋值运算符

为了提高编译所生成可执行代码的执行效率，C 语言规定可以在赋值运算符“=”之前加上其他运算符，以构成复合赋值运算符。其一般形式如下：

变量　双目运算符=表达式

等价于：

变量=变量 双目运算符 表达式

例如：

```
n += 1        /*等价于 n=n+1; */
x *= y+1      /*等价于 x=x * (y+1);，运算符“+”的优先级高于复合赋值运算符“*=”*/
```

C 语言规定，所有双目运算符都可以与赋值运算符一起组合成复合赋值运算符。一共存在 10 种复合赋值运算符，即+=、−=、*=、/=、%=、<<=、>>=、&=、^=、||=。其中后 5 种是有关位运算的，位运算将在以后的章节中介绍。复合赋值运算符的优先级与赋值运算符的优先级相同，且结合方向也一致。

3．赋值表达式

由赋值运算符将一个变量和一个表达式连接起来的式子称为“赋值表达式”。其一般形式如下：

变量=表达式

赋值表达式的求解过程如下：

（1）求解赋值运算符右侧“表达式”的值。

（2）将赋值运算符右侧“表达式”的值赋予左侧变量。

（3）赋值表达式的值就是被赋值变量的值。

例如，下面这个赋值表达式的值为 5（变量 a 的值也是 5）。

```
a = 5
```

说明：

① 赋值表达式中的“表达式”也可以是一个赋值表达式。例如：

```
a = (b = 5)                /*赋值表达式值为 5，a、b 的值均为 5*/
a = (b = 4) + (c = 3)      /*赋值表达式值为 7，a 的值为 7，b 的值为 4，c 的值为 3*/
```

② 赋值表达式也可以包含复合的赋值运算符。例如：

```
a += a −= a * a
```

如果 a 初值为 12，则此赋值表达式的求解步骤如下：

先进行“a−=a*a”的运算，相当于 a=a−a*a=12−12*12=−132；

再进行“a+=−132”的运算，相当于 a=a+(−132)=−132−132=−264。

2.9.5　关系运算符和关系表达式

if 后面括号内的表达式是用来进行条件判断的，表达式运算结果应该是逻辑量“真”和“假”两个值。if 后面括号内的表达式并不只限于关系表达式或逻辑表达式，它可以是任意运算对象，但是运算结果一定是逻辑量“真”和“假”，因为 C 语言规定：运算结果为非“0”时即为“真”，只有“0”时为“假”；为“真”时称为条件满足，为“假”时称为条件不满足。C 语言没有逻辑型数据“真”和“假”，用整数 1 表示逻辑“真”，用整数 0 表示逻辑“假”。

所谓“关系运算”，实际上是“比较运算”。将两个值进行比较，判断其比较的结果是否符合给定的条件。例如，a>5 是一个关系表达式，大于号（>）是一个关系运算符，如果 a 的值为 15，则满足给定的“a>5”条件，因此关系表达式的值为“真”（即“条件满足”）；如果 a 的值为 2，不满足“a>5”条件，则称关系表达式的值为“假”。由此可见，关系表达式的值是逻辑值“真”或“假”，即“1”或“0”。

1．关系运算符及其优先次序

C 语言共有 6 种关系运算符：<（小于）、<=（小于或等于）、>（大于）、>=（大于或等于）、==（等于）、!=（不等于）。

关于优先次序：前 4 种优先级别相同，后两种优先级别相同；前 4 种优先级高于后两种。

运算规则：

（1）同级运算，自左向右，即左边优先。

例如：

① 1<20<100，结果为 1，因为 1<20 为“真”即为 1，1<100 为 1。

② 50<20<100，结果为 1，因为 50<20 为 0，0<100 为 1。

（2）关系运算符的优先级低于算术运算符。

例如：

① a>b+c 等价于 a>(b+c)。

② 5+8<=11+5>1 等价于(5+8)<=(11+5)>1，结果为 0。

（3）关系运算符的优先级高于赋值运算符。

例如：

① a=7==8 等价于 a=(7==8)，先将 7 与 8 进行相等比较，结果为“假”，将 0 赋予 a，即 a=0。

② a+=b>c 等价于 a+=(b>c)，即 a=a+(b>c)。

2．关系运算表达式

将两个运算对象用关系运算符连接起来的式子，称为关系表达式。运算对象可以是常量、变量、表达式，表达式可以是算术表达式、关系表达式、逻辑表达式、赋值表达式或字符表达式。例如，下面都是合法的关系表达式。

```
5>a，a>b，a+b>b+c，(a=3)>(b==5)，'a'<'b'，a>(b&&c)
```

例 2.11　已知：int a=1,b=2,c=3; char p='d'; double x=0.0,y=3.5;，求下列关系表达式的值。

① x!=y

② a%2==a

③ p>'m'

④ c>a<b

⑤ a!=b<=c>3

⑥ p+1=='e'!=a

分析：

① 由于 x=0.0，y =3.5，表达式 x!=y 的值为“真”，因此该表达式的值为 1。

② a%2=1，a=1，所以表达式 a%2==a 的值为“真”，即值为 1。

③ 因为 p='d'，'d'<'m'，所以表达式 p>'m'的值为“假”，即值为 0。

④ 同级关系运算符由左向右，先执行 c>a 值为 1，再执行关系运算 1<b，所以表达式值为 1。

⑤ a!=b<=c>3 中“<=”和“>”优先级高于“!=”，先执行 b<=c>3 值为 0，再执行 a!=0，所以表达式值为 1。

⑥ p+1=='e'!=a，代入 p 值，先求得 p+1='d'+1='e'，值为 1，再运算 1!=a，所以表达式值为 0。

2.9.6　逻辑运算符和逻辑表达式

关系表达式只能描述单一条件，例如：if(a>b) printf("%d",a);。如果 if 条件需要“a>b”并且“x>y”同时满足，该如何描述条件？再有，如果 if 条件需要“a>b”或者“x>y”满足其中 1 个条件即可，又该怎样描述条件？要想描述多个条件就要借助于逻辑表达式。

1．逻辑运算符及其优先次序

C 语言有以下 3 种逻辑运算符。

（1）&&：逻辑与（相当于“并且”）。

（2）|| ：逻辑或（相当于“或者”）。

（3）！：逻辑非（相当于“取反”）。

例如：(a>=0) && (x<10)；(x<1) || (x>5)；! (x==0)；

(year%4==0) && (year%100!=0)||(year%400==0)（闰年判断条件）。

关于优先次序：

!（逻辑非）运算符的级别与其他单目运算符级别一样是 2 级，其运算级高于算术运算符、关系运算符、赋值运算符等。&&优先级高于||（逻辑或）优先级。

运算规则：逻辑运算规则如表 2.9 所示。

表 2.9　逻辑运算的真值表

a	b	a&&b	a||b	!a	!b
真	真	真	真	假	假
真	假	假	真	假	真
假	真	假	真	真	假
假	假	假	假	真	真

说明：

（1）同级运算，自左向右。

例如：

① a && b && c 等价于 (a&&b)&&c。

② x || y || z 等价于 (x||y)||z。

（2）&&：当且仅当两个运算对象的值都为 1（“真”）时，结果为 1（“真”），否则为 0（“假”）。即：同时为真才为真，否则为假。

例如：

① 0 && (a+20<100)，结果为 0，因为 0&&任何运算对象，都为 0。

② 50 && 0.6 && −10，结果为 1，因为非 0 即为 1。

（3）||：当且仅当两个运算对象的值都为 0（“假”）时，结果为 0（“假”），否则为 1（“真”）。即：同时为假才为假，否则为真。

例如：

① 1 || a+10 <= 100，结果为 1，因为 1||任何运算对象，都为 1。

② x || 5−5 || y，只有 x、y 都为 0 时，结果为 0。

（4）!：当运算对象的值为 1（“真”）时，结果为 0（“假”）；否则，反之。

例如：

① !(1<20<100)，结果为 0，因为(1<20<100)值为 1，!1=0。

② int a=8,b=0;if(!a) b=a;，结果为 b=0，因为!a=0。

2．逻辑运算表达式

用逻辑运算符将关系表达式、逻辑表达式或其他运算对象（作为逻辑量）连接起来的式子就是逻辑表达式。逻辑表达式的运算对象要求是逻辑量“真”或“假”，如果是非逻辑量就将非 0 作为逻辑量“真”、将 0 作为逻辑量“假”来运算。逻辑表达式的运算结果也一定是逻辑值。例如，下面都是合法的逻辑表达式（已知 a=8,b=10,c=16,x=0）。

```
!!!(a>0)（值为 0）
!a+!!b（值为 1）
!x&&a++（值为 1）
a+3*b&&b+2*c||c+5（值为 1）
-8&&1（值为 1）
```

在一个逻辑表达式中如果包含多个逻辑运算符，例如：!a&&b||x&&b，由左向右，按运算级别进行运算，优先次序如下。

（1）运算!a，“!”为逻辑运算符最高级。

（2）运算!a&&b 和 x&&b。

（3）将!a&&b 的结果与 x&&b 的结果进行||运算。

如果在一个表达式中包含算术表达式、逻辑表达式、关系表达式等运算对象，例如：z=x+4<=!a||y||3*8==b（式中 x=5,y=0,a=3,b=2），同样按运算级别进行运算，方向由左向右，优先次序如图 2.9 和图 2.10 所示。

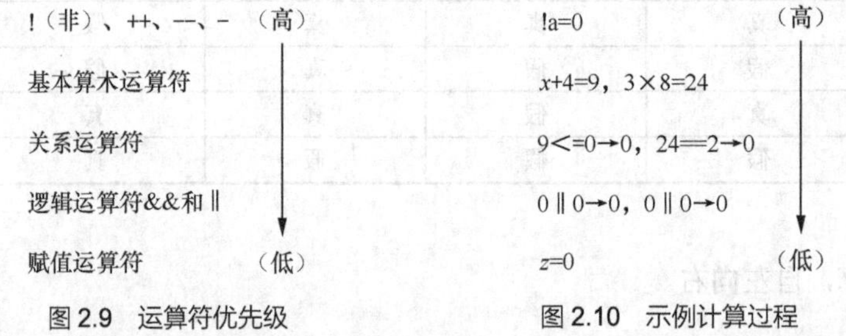

图 2.9 运算符优先级　　图 2.10 示例计算过程

对于上例，如果按运算级别进行运算，由图 2.9 可以得到图 2.10 的运算次序，但实际运算中，首先是对表达式进行由左向右的扫描，然后对运算对象两边的运算符进行等级判定，选择优先级高的运算符，再扫描判断下一个运算对象，直至结束。根据这一原则，上例次序应该是：x+4=9，!a=0，9<=0→0，0||0→0，3*8=24，24==2→0，0||0→0，z=0。

关于表达式中不同位置上的运算量，应仔细分析。如果两边都有运算符，要确定它应先参加哪一边运算符的运算。

例 2.12 已知表达式 8>2&&9<4+!0，计算其结果。

分析计算：表达式自左向右扫描，首先处理“8>2”（因为关系运算符优先于逻辑运算符&&），在关系运算符两侧的 8 和 2 作为数值参加关系运算，“8>2”的值为 1（“真”）。再进行“1&&9<4+!0”的运算，9 的左侧为“&&”，右侧为“<”运算符，根据优先规则，应先进行“<”的运算，即先进行 9<4+!0”的运算。现在 4 的左侧为“<”，右侧为“+”运算符，而“+”优先于“<”，因此应

先进行“4+!0”的运算，又由于“!”的级别最高，因此先进行“!0”的运算，得到结果是 1。然后进行“4+1”的运算，得到结果 3，再进行“9<3”的运算，得 0，最后进行“1&&0”的运算，其结果得 0。

在逻辑表达式的求解中，并不是所有的逻辑运算符都需要被执行，只是在必须执行下一个逻辑运算符才能求出表达式的解时，才执行该运算符。举例如下：

（1）a&&b&&c 中，只要 a 为假，就不必判断 b 和 c（此时整个表达式已确定为假）。只有当 a 为真（非 0）时，才需要执行 a&&b，a&&b 为真的情况下才需要执行下一个&&运算。如果 a 为真，b 为假，则不需要判断 c，如图 2.11 所示。

（2）a||b||c 中，只要 a 为真（非 0），就不必判断 b 和 c。因为对于“或”运算，只要有 1 个运算对象为“真”，结果就为“真”。当 a 为假，才需要判断 b。当 a 和 b 都为假才需要判断 c，如图 2.12 所示。

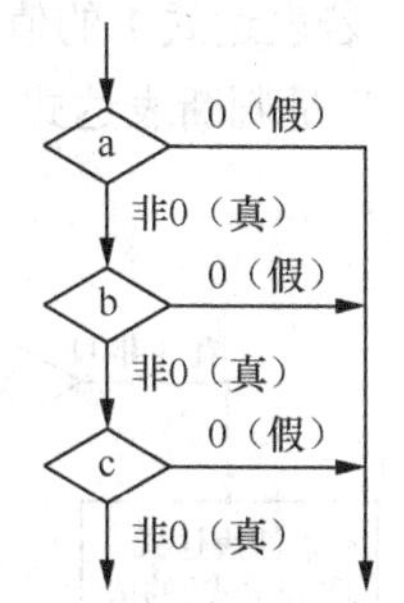

图 2.11　举例 1 执行过程

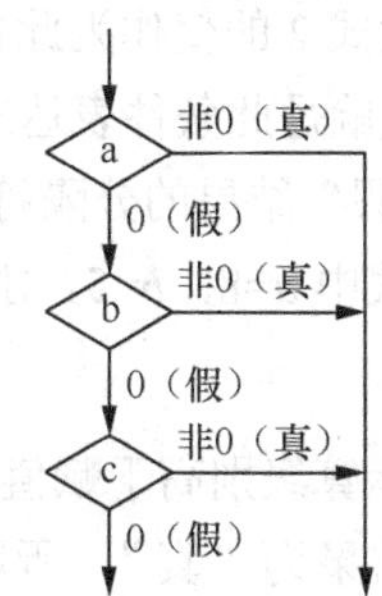

图 2.12　举例 2 执行过程

从图 2.11 和图 2.12 可以看到，对&&运算符来说，只有左边运算量为“真”即为非 0 时，才进行右面的运算。对||运算符来说，只有左边运算量为“假”即为 0 时，才进行其右面的运算。因此，对于逻辑表达式运算要注意采取以上方法，此方法称之为短路法。

例 2.13　已知表达式 a&&8−2*4&&b<4||a−8*10||x<y，式中 a=8，计算其结果。

分析计算：由于 a=8，执行 a&&8−2*4，算术运算符级别高于逻辑运算符，先执行 8−2*4=0，后执行 8&&0=0，即 a&&8−2*4=0，所以 a&&8−2*4&&b<4=0，&&b<4 不被执行（“<”高于“&&”）。下一步是 0||a−8*10||x<y，先运算 a−8*10=−72，−72 为非 0，即为 1（“真”），那么 0||a−8*10||x<y=1，x<y 不被执行，最后表达式结果为 1。

例 2.14　已知表达式 a||a−8||++a，式中 a=8，计算其结果并说明 a 的值。

分析计算：由于 a=8，所以表达式结果为 1。a 值没有改变，仍然为 8，因为表达式中的++a 没有机会被执行。

熟练掌握 C 语言的关系运算符和逻辑运算符后，可以巧妙地用一个逻辑表达式来表示一个复杂的条件。

例如，判断某一年是否为闰年，必须符合下面条件之一：①能被 4 整除，但不能被 100 整除，如 2008；②能被 400 整除，如 2000。我们可以用一个逻辑表达式来表示：用 year 表示某一年，if((year％4==0&&year％100!=0)|| year％400==0) printf("闰年");。

当 year 为某一整数值时，如果上述表达式值为真，则 year 为闰年；否则 year 为非闰年。

如果在上面表达式前加一个“!”，又是起到什么判断作用呢？

例如，!((year％4==0&&year％100!=0)|| year％400==0)，若此表达式是判断非闰年的，值为“真”即为 1，year 为非闰年，也可以用下面逻辑表达式判断非闰年。

```
if((year%4!=0)||(year%100==0&&year%400 !=0)) printf("非闰年");
```

请注意表达式中右面括号内运算符的运算优先次序。

2.9.7 条件运算符和条件表达式

条件运算符要求有3个操作对象，称其为三目（元）运算符。该条件运算符不是单一的符号，而是由“？”和“:”复合而成的。它是C语言中唯一的三目运算符。由3个操作对象与条件运算符“？”和“:”构成的表达式是条件表达式。

1．语法格式

表达式1? 表达式2:表达式3

2．语法解释

（1）它的执行过程如图2.13所示。条件表达式的执行顺序：先求解表达式1，若为非0（真）则求解表达式2，表达式2的值作为此条件表达式的结果；若表达式1的值为0（假），则求解表达式3，表达式3的值就是此条件表达式的结果。显然，“?”是判断表达式1“真”“假”的符号，而“:”是“真”与“假”结果的分隔符。

例如：条件表达式中*a*=8，*b*=5，求*max*。

```
max=(a>b)? a:b
```

因为条件运算符运算级别高于赋值运算符，要先进行条件运算，(a>b)?结果为“真”，所以将*a*的值赋予*max*，*max*=8。

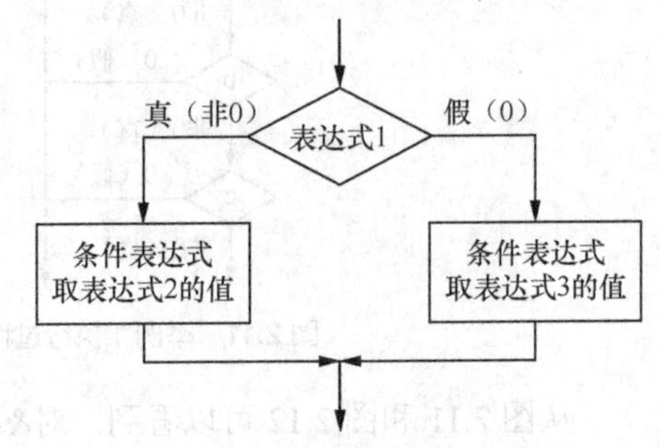

图2.13　条件表达式执行过程

（2）条件运算符优先于赋值运算符，低于逻辑运算符、关系运算符和算术运算符。上例可去掉括号写为max=a>b? a: b。

如果在if语句中当表达式的值为“真”或“假”时，都执行一个赋值语句且向同一个变量赋值，可以用一个条件表达式来替代。例如有以下if语句：

```
if(a>b) max=a;
else max=b;
```

当*a*>*b*时将*a*的值赋予*max*，当*a*≤*b*时将*b*的值赋予*max*，可以看到无论*a*>*b*是否满足，都是向同一个变量赋值。上例可以用下面的条件运算符来替代：

```
max=(a>b)? a:b;
```

其中“(a>b)? a:b”是一个“条件表达式”。它是这样执行的：如果(a>b)条件为真，则条件表达式取值*a*；否则取值*b*。如果有a>b? a:b+1，相当于a>b? a:(b+1)，而不相当于(a>b? a: b)+1。

（3）条件运算符可以嵌套，结合方向为“自右至左”。如果有以下条件表达式：

```
a>b?a:c>d?c:d
```

相当于a>b?a: (c>d?c:d)

当*a*=1，*b*=2，*c*=3，*d*=4，则条件表达式的值等于4。

（4）条件表达式还可以写成以下形式：

```
a>b? (a=100): (b=100)
```

或

```
a>b? printf("%d",a): printf("%d",b)
```

即“表达式 2”和“表达式 3”可以是数值表达式，还可以是赋值表达式或函数表达式。

（5）条件表达式中，表达式 1 的类型可以与表达式 2 和表达式 3 的类型不同。

例如：

```
x?'a': 'b'
```

整型变量 *x* 的值若等于 0，则条件表达式的值为'b'。表达式 2 和表达式 3 的类型也可以不同，此时条件表达式的值类型为二者中较高的类型。

例如：

```
x>y? 2: 2.7
```

如果 $x \leqslant y$，则条件表达式的值为 2.7；若 $x>y$，值应为 2.0，因为 2.7 是实型，比整型 2 级别高，所以将 2 转换成实型值 2.0。

例 2.15　输入一个整数，判断其是奇数还是偶数。

问题分析与程序思路：

用除 2 取余的方法测试是奇数还是偶数。

程序代码如下：

```
#include <stdio.h>
int main(){
    int a;
    printf("Input idnum:");
    scanf("%d",&a);
    a%2? printf("female\n"): printf("male\n");
}
```

例 2.16　输入一个字符，判断它是否是大写字母，如果是，将它转换成小写字母；如果不是，输出字符。

问题分析与程序思路：

关于大小写字母之间的转换方法，从 ASCII 码表中可以知道小写字母 ASCII 码值比它相应的大写字母 ASCII 码值大 32。

程序代码如下：

```
#include <stdio.h>
int main(){
    char w;
    printf("input AL: ");
    scanf("%c",&w);
    w=(w>='A'&&w<='Z')? (w+32): w;
    printf("%c\n",w);
}
```

说明：条件表达式“(w>='A'&&w<='Z')?(w+32): w)”的作用是如果字符变量 w 的值为大写字母，则条件表达式的值为(w+32)，即相应的小写字母 ASCII 的值，32 是小写字母 ASCII 的值与其对应的大写字母 ASCII 的值的差。如果 w 的值不是大写字母，则条件表达式的值为 w，即小写字母，不进行转换。

2.9.8　逗号运算符和逗号表达式

在 C 语言中，逗号运算符即“,”，可以用于将若干个表达式连接起来构成一个逗号表达式。其一般形式如下：

表达式 1, 表达式 2, …, 表达式 *n*

求解过程为：自左至右，先求解表达式 1，再求解表达式 2……，最后求解表达式 *n*。表达式 *n* 的值即为整个逗号表达式的值。例如，3+5, 6+8 是一个逗号表达式，它的值为第 2 个表达式 6+8 的值，即为 14。

逗号运算符在所有运算符中的优先级最低，且具有从左至右的结合性。它起到了把若干个表达式串联起来的作用。例如，a = 3*4, a*5, a+10，先计算 3*4，将值 12 赋予 a，然后计算 a*5 的值为 60，最后计算 a+10 的值为 12+10=22，所以整个表达式的值为 22。注意变量 a 的值为 12。

使用逗号表达式时应注意以下两点。

（1）一个逗号表达式可以与另一个表达式组成一个新的逗号表达式。例如：

```
(a=3*4,a*5), a+10
```

其中逗号表达式 a=3*4, a*5 与表达式 a+10 构成了新的逗号表达式。

（2）不是任何地方出现逗号都作为逗号运算符。例如，在变量声明中的逗号只起间隔符的作用，不构成逗号表达式。

下面总结一下本章所介绍运算符的优先级和结合性，参见表 2.10。

表 2.10　本章所介绍运算符的优先级和结合性

优先级	运算符	含义	运算对象个数	结合方向
1	!	逻辑非运算	1（单目运算符）	自右至左
	++	自增运算符		
	−−	自减运算符		
	−	负号运算符		
	sizeof	长度运算符		
2	*	乘法运算符	2（双目运算符）	自左至右
	/	除法运算符		
	%	求余运算符		
3	+	加法运算符	2（双目运算符）	自左至右
	−	减法运算符		
4	>　>=　<　<=	关系运算符	2（双目运算符）	自左至右
5	==			
	! =			
6	&&	逻辑与运算	2（双目运算符）	自左至右
7	||	逻辑或运算	2（双目运算符）	自左至右
8	? :	条件运算符	3（三目运算符）	自右至左
9	=　+=　−= *=　/=　%=	赋值运算符	2（双目运算符）	自右至左
10	,	逗号运算符		自左至右

2.10 习题

一、程序分析题

1. 写出以下程序运行的结果。

```
#include <stdio.h>
```

```
int main(){
    char c1 = '6', c2 = '0';
    printf("%c,%c,%d\n", c1, c2, c1-c2);
    return 0;
}
```

2. 写出以下程序运行的结果。

```
#include <stdio.h>
int main(){
    int x = 010, y = 10, z = 0x10;
    printf("%d,%d,%d\n", x, y, z);
    return 0;
}
```

3. 写出以下程序运行的结果。

```
#include <stdio.h>
int main(){
    int a = 2, b = 3;
    float x = 3.9, y = 2.3;
    float r;
    r = (float)(a + b) / 2 + (int)x % (int)y;
    printf("%f\n", r);
    return 0;
}
```

二、编程题

1. 编写一个程序，实现输入长方形的长和宽，输出长方形的周长和面积。
2. 编写一个程序，实现输入一个字符，输出其 ASCII 码。
3. 编写一个程序，实现输入 3 个整数，计算并输出它们的平均值。
4. 已知整型变量 a、b、c 的值，根据以下算式编写程序求 y 的值。

$$y=\frac{3.8\times(b^2+ac)}{6a}$$

三、简答题

设 a 和 n 已定义为整型变量，a=12，n=5，求下面表达式运算后 a 的值。

（1）a+=a　　（2）a−=2

（3）a*=2+3　　（4）a/=a+a

（5）a%=(n%=2)　　（6）a+=a−=a*=a

第3章 简单的C程序设计

上一章介绍了程序中用到的一些基本要素（常量、变量、运算符、表达式等），它们是构成程序的基本成分。本章介绍最简单的C程序设计。从程序流程的角度来看，程序可以分为3种基本结构，即顺序结构、分支结构、循环结构，这3种基本结构可以组成所有的各种复杂程序。C语言提供了多种语句来实现这些程序结构。最简单的程序是由若干顺序执行的语句构成的，程序运行时按照语句编写的顺序执行，这些语句可以是赋值语句、输入/输出语句等。通过对本章的学习，读者可以掌握赋值语句、数据输入/输出的概念及在C语言中的实现、字符数据的输入和输出、格式输入与格式输出。

例 3.1　按格式要求输入/输出数据。

程序代码如下：

```
#include <stdio.h>
int main(){
        int a, b, d;
        float x, y;
        char c1, c2;
        d=9;
        scanf("a=%d,b=%d", &a, &b);
        scanf("%f, %e", &x, &y);
        scanf("%c %c", &c1, &c2);
        printf("a=%d,b=%d,d=%d,x=%f,y=%f,c1=%c,c2=%c\n", a, b, d, x, y, c1, c2);
}
```

运行该程序，必须按如下方式在键盘上输入数据。

```
a=3,b=7
8.5,71.82a A
```

则程序运行结果如下：

```
a=3,b=7,d=9,x=8.500000,y=71.820000,c1=a,c2=A
```

本程序是按顺序执行的，即顺序结构，程序中包含了赋值语句、输入语句和输出语句等，下面分别介绍这些语句。

3.1　赋值语句

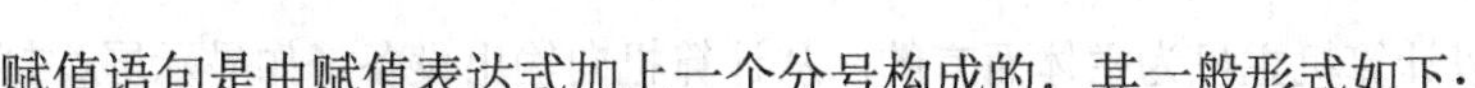

赋值语句是由赋值表达式加上一个分号构成的，其一般形式如下：

变量=表达式;

例如，a=6; b=a+1;

说明：赋值号的左边必须是变量，右边可以是常量、变量、表达式等。赋值语句的作用是先把右边表达式的值计算出来，再赋予左边变量。赋值语句的功能和特点都与赋值表达式相同。赋值语句是程序中使用最多的语句之一，用户在赋值语句的使用过程中需要注意以下几点。

（1）由于在赋值符“=”右边的表达式也可以是一个赋值表达式，因此，形式“变量=(变量=表达式);”是成立的，从而形成嵌套的形式。其展开之后的一般形式如下：

变量=变量=…=表达式;

例如，a=b=c=d=e=5;按照赋值运算符的右结合性，实际上等价于：

```
e=5;
d=e;
c=d;
b=c;
a=b;
```

（2）注意区别赋值语句与赋值表达式的使用场合，在需要表达式的位置不能使用赋值语句，反之亦然。赋值表达式可以包括在其他表达式之中，例如：

```
if ((a=b)>0) t=a;
```

其作用是先进行赋值运算（将 b 的值赋予 a），然后判断 a 是否大于 0，如果大于 0，执行 t=a。在

if语句中“a=b”不是赋值语句而是赋值表达式，这样写是合法的。如果写成if ((a=b;)>0) t=a;就错了，因为在if条件中不能包含赋值语句。

（3）注意赋值语句和变量赋初值的区别。

前面讲过C语言允许在定义变量的同时给变量赋初值，例如，int a=3,b=3,c=3;赋初值后的变量与其他变量之间仍用逗号分隔，而赋值语句的结尾必须是分号，例如，a=3;b=5;。另外，在对几个变量赋予同一个初值时不允许连续赋初值，例如，int a=b=c=3;是错误的。赋值语句允许连续赋值，例如，a=b=c=3;是正确的。

例3.2 赋值语句的应用。

程序代码如下：

```
#include <stdio.h>
int main(){
    int x,y,z;
    x=1; y=2; z=3;
    printf("x=%d,y=%d,z=%d\n",x,y,z);
    x=y=z;
    printf("x=%d,y=%d,z=%d\n",x,y,z);
}
```

说明：程序中的第6行x=y=z;语句，由于赋值运算符的结合方向是从右至左，故x,y,z的结果都是3。

3.2 数据的输出与输入

数据的输入与输出是以计算机主机为主体而言的。从计算机向输出设备（如显示屏、打印机等）传输数据称为“输出”；通过输入设备（如键盘、磁盘、光盘、扫描仪等）向计算机传输数据称为“输入”。

数据的输入与输出是程序的基本功能，是程序运行中与用户进行交互的基础。用户通过输入设备输入某些数据供程序使用，计算机要把运行结果通过输出设备反馈给用户。

C语言本身不提供输入与输出语句，输入和输出操作是由C函数库中的函数来实现的。在C标准函数库中提供了一些输入与输出函数，例如，printf函数和scanf函数等。要实现数据的输入与输出功能，必须调用标准函数。由于标准输入/输出库函数是在头文件“stdio.h”中定义的，因此，在使用标准输入与输出函数之前，要用预编译命令#include将“头文件”包含到源文件中。

在调用标准输入与输出库函数时，文件开头应该有以下预编译命令。

```
#include <stdio.h>
```

或

```
#include "stdio.h"
```

这两者的区别是：第1种形式表示从系统指定的存放位置开始查找“stdio.h”文件，第2种形式表示从用户工作的当前位置开始查找“stdio.h”文件。

stdio.h是standard input & output的缩写。考虑到printf函数和scanf函数使用频繁，有的C语言编译系统允许在使用这两个函数时不加#include命令，但有的编译系统则无此例外，因此建议只要在本程序中使用标准输入/输出函数，在文件开头一律加上#include <stdio.h>。

3.2.1　字符数据的输出与输入

1．字符输出函数 putchar

putchar 函数是字符输出函数，即在终端上输出一个字符。其一般形式如下：

putchar(ch);

说明：本函数输出 ch 的值，ch 可以是字符型常量（包括转义字符常量）、字符型变量或整型常量、整型变量。

例如：

```
putchar('A');          /*输出大写字母 A*/
putchar(x);            /*输出字符变量 x 的值*/
putchar('\101');       /*转义形式的字符常量，输出大写字母 A*/
                       /*'\101'代表 ASCII 码为 101（八进制数）的字符'A'*/
putchar('\n');         /*转义形式的字符常量，'\n'是格式控制字符，执行换行操作*/
putchar(97);           /*输出小写字母 a，'a'的 ASCII 码是 97*/
```

例 3.3　输出单个字符（变量为字符型）。

程序代码如下：

```
#include <stdio.h>
int main(){
    char c1,c2;
    c1='A';
    c2='B';
    putchar(c1);putchar('\n');putchar(c2);
}
```

说明：程序运行时，先输出字符型变量 c1 的值 A，然后换行，又输出一个字符型变量 c2 的值 B。

例 3.4　输出单个字符（变量为整型）。

程序代码如下：

```
#include <stdio.h>
int main(){
    int i;
    i=65;
    putchar(i);
    putchar('\n');
    putchar(66);
}
```

说明：整型变量 i 的值 65 是字符'A'的 ASCII 码。程序运行时，执行 putchar(i)输出一个字符 A，接着执行换行，最后输出一个字符 B（'B'的 ASCII 码是 66）。

例 3.5　输出字符型常量。

程序代码如下：

```
#include <stdio.h>
int main(){
    putchar('A');
    putchar('\n');
    putchar('\x61');
}
```

说明：首先输出字符型常量 A，之后执行换行，最后输出一个字符 a（'\x61'是十六进制数 61，即十进制数 97，故输出字符 a）。

2．字符输入函数 getchar

getchar 函数的作用是从标准输入设备上读入一个字符，其一般形式如下：

```
getchar( );
```

说明：

① getchar 是函数名，getchar 函数没有参数，但是 getchar 后的括号不能省略。其函数值就是从输入设备得到的字符。

② 程序运行时系统等待输入一个字符，然后必须按 Enter 键确认，程序才能继续执行后面的语句。

例 3.6 输入单个字符。

程序代码如下：

```
#include <stdio.h>
int main(){
    char c;
    printf(" input a character:\n");
    c=getchar();
    putchar(c);
}
```

说明：

① getchar 函数只能接收单个字符，输入数字也按字符处理，输入多个字符也只接收第一个字符。

② 程序最后两行可以用下面一行代码完成。

```
putchar(getchar());
```

也可以用 printf 函数输出，代码如下：

```
printf("%c",getchar());
```

例 3.7 从键盘输入一个小写字母，要求用大小写形式输出该字母及对应的 ASCII 码值。

程序代码如下：

```
#include <stdio.h>
int main(){
    char c1, c2 ;
    printf("input a lowercase letter:");
    c1 = getchar ( );
    putchar(c1);
    printf (",%d\n",c1);
    c2 = c1-32;                    /*将小写字母转换成对应的大写字母*/
    printf ("%c,%d\n",c2,c2);
}
```

说明：

本程序要将输入的小写字母转换成大写字母。从 ASCII 码表中可以看到小写字母比它相应的大写字母的 ASCII 码大 32，即'A'的 ASCII 码为 65，而'a'的 ASCII 码为 97；'B'的 ASCII 码为 66，而'b'的 ASCII 码为 98。C 语言允许字符数据与整数直接进行算术运算，例如，'a'−32 得到整数 65。

程序运行时，用 getchar 函数从键盘上得到输入的小写字母 a，赋予字符变量 c1，分别用字符形式（'a'）和整数形式（97）输出。再经过运算得到大写字母'A'，赋予字符变量 c2，将 c2 分别用字符形式（'A'）和整数形式（65）输出。

3.2.2 格式输出与格式输入

3.2.1 小节介绍的字符输入函数 getchar 和字符输出函数 putchar 每次只能输入或输出一个字

符，而格式输入函数 scanf 与格式输出函数 printf 一次可以输入或输出若干个任意类型的数据。

1．格式输出函数 printf

printf 函数称为格式输出函数，printf 函数的最后一个字母 f 即为“格式”（format）之意。它的作用是向终端（或系统隐含指定的设备）输出若干个任意类型的数据。printf 函数是一个标准库函数，它的函数原型在头文件“stdio.h”中。printf 函数调用的一般形式如下：

printf(格式控制,输出表列);

其中“格式控制”字符串用于指定输出格式，它可由格式字符串和非格式字符串两个部分组成。格式字符串是以%开头的字符串，在%后面跟有各种格式字符，以说明输出数据的类型、形式、长度、小数位数等，如“%d”表示按十进制整型输出，“%ld”表示按十进制长整型输出，“%c”表示按字符型输出等；非格式字符串在输出时原样输出，在显示中起提示作用。“输出表列”中给出了各个输出项，要求格式字符串和各输出项在数量和类型上必须一一对应。

例 3.8　用不同格式输出 a 和 b 的值。

程序代码如下：

```
#include <stdio.h>
int main(){
    int a=65,b=66;
    printf("%d %d\n",a,b);
    printf("%d,%d\n",a,b);
    printf("%c,%c\n",a,b);
    printf("a=%d,b=%d",a,b);
}
```

程序运行结果如下：

```
65 66
65,66
A,B
a=65,b=66
```

说明：本例中 4 次输出了 a,b 的值，但由于“格式控制”字符串不同，输出的结果也不相同。第 4 行中两个格式字符串%d 之间加了一个空格（非格式字符），所以输出的 a,b 值之间有一个空格；第 5 行的 printf 语句“格式控制”字符串中加入的是非格式字符逗号，因此输出的 a,b 值之间加了一个逗号；第 6 行的格式要求按字符型输出 a,b 值；第 7 行中为了提示输出结果又增加了非格式字符串。

例如：

```
printf("%d,%c\n",i,c);
```

括号内包括两个部分：格式控制和输出表列。其中“格式控制”部分必须用英文半角状态下的双引号括起来，它主要包括格式说明和需要原样输出的非格式符字符串。

“格式说明”：由“%”和格式字符组成，如%d 和%c 等，作用是将要输出的数据转换为指定格式后输出。printf 函数中使用的格式字符见表 3.1。

“非格式符字符串”：需要原样输出的字符。例如，printf("a=%d , b=%d",a , b);中双引号中的"a="
"b="和","等。

“输出表列”：是需要输出的一些数据，可以是合法的常量、变量和表达式；各输出项之间用逗号分开，其个数必须与前面格式说明的个数相等，顺序也要一一对应。

printf 函数中双引号括起来的字符，除了格式说明符%d 之外，还有非格式说明的普通字符，它们按原样输出。如果 a,b 的值分别是 1,2，则输出结果为：

```
a=1,b=2
```

在“格式控制”中的“a=”“b=”以及“,”是非格式符的字符串，按原样输出；用户也可以省略它们。

例如：

```
printf("%d %d",a , b);
```

如果 a,b 的值分别是 1,2，则输出结果为：

```
1 2
```

C 语言中提供的 printf 函数格式字符如表 3.1 所示。

表 3.1　printf 函数格式字符（含附加格式说明符）

格式字符	功能
d	按十进制形式输出带符号的整数（正数前无+号）
o	按八进制形式无符号输出（无前导 0）
x、X	按十六进制形式无符号输出（无前导 0x）
u	按十进制无符号形式输出
c	按字符形式输出一个字符
f	按十进制形式输出单、双精度浮点数（默认 6 位小数）
e、E	按指数形式输出单、双精度浮点数
g、G	选格式%f 或%e 中输出宽度较短的一种格式，且不输出无意义的 0
s	输出一个字符串
ld（l 用于长整型）	长整型输出
lo（l 用于长整型）	长八进制整型输出
lx（l 用于长整型）	长十六进制整型输出
lu（l 用于长整型）	按无符号长整型输出
m 附加格式说明符	按宽度 *m* 输出，右对齐；若宽度大于 *m*，则突破 *m* 的限制（以下同）
-m 附加格式说明符	按宽度 *m* 输出，左对齐
m.n 附加格式说明符	按宽度 *m* 输出，对实数表示输出 *n* 位小数；对字符串表示截取字符串前 *n* 个字符输出，右对齐
-m.n 附加格式说明符	按宽度 *m* 输出，对实数表示输出 *n* 位小数；对字符串表示截取字符串前 *n* 个字符输出，左对齐

说明：

（1）表 3.1 中的 d、o、x、u、c、f、e、g、s 等字符用在“%”后面就作为格式符号。一个格式说明以“%”开头，以上述 9 个格式字符之一为结束，中间可以插入附加格式字符。

（2）对格式说明符 c、d、s 和 f 等，可以指定输出字段的宽度。

① %md：*m* 为指定的输出字段宽度。如果数据的位数大于 *m*，则按实际位数输出，否则输出时向右对齐，左端补以“空格”符。

② %mc：*m* 为指定的输出字段宽度。若 *m* 大于一个字符的宽度，则输出时向右对齐，左端补以“空格”符。

③ %ms：*m* 为输出时字符串所占的列数。如果字符串的长度（字符个数）大于 *m*，则按字符串的本身长度输出，否则输出时字符串向右对齐，左端补以“空格”符。

④ %-ms：意义同上。如果字符串的长度小于 *m*，则输出时字符串向左对齐，右端补以“空格”符。

⑤ %m.ns：输出占 *m* 列，但只取字符串中左端 *n* 个字符。这 *n* 个字符输出在 *m* 列的右侧，左补空格。

⑥ %-m.ns：其中 *m*、*n* 含义同上，*n* 个字符输出在 *m* 列范围的左侧，右补空格。如果 *n*>*m*，则 *m* 自动取 *n* 值，即保证 *n* 个字符正常输出。

⑦ %m.nf：*m* 为浮点数据所占的总列数（包括小数点），*n* 为小数点后面的位数。如果数据的长度小于 *m*，则输出时向右对齐，左端补以“空格”符。

⑧ %-m.nf：*m*、*n* 的意义同上。如果数据的长度小于 *m*，则输出向左对齐，右端补以“空格”符。

（3）除了格式说明符及其输出字段的宽度外，在“格式控制”字符串中的其他字符将按原样输出。

（4）在显示数据时，可以不指定输出字段的宽度，而直接利用系统隐含的输出宽度。

（5）除了 X、E、G 外，其他格式字符必须用小写字母，如%d 不能写成%D。

（6）可以在 printf 函数中的“格式控制”字符串内包含“转义字符”，例如，换行转义字符“\n”、跳格转义字符“\t”、退格转义字符“\b”等。

（7）如果想输出字符%，则应该在“格式控制”字符串中用连续的两个百分号表示。例如：

```
printf("%f%%",.6);
```

输出结果为：

```
0.600000%
```

下面分别举例说明。

（1）d 格式符，用来输出十进制整数，其有%d、%md（m 为指定的输出字段宽度）和%ld 几种用法。

例 3.9　指定整数的输出宽度。

程序代码如下：

```
#include <stdio.h>
int main(){
    int a;
    int d;
    a=123;
    d=12345;
    printf("%4d,%4d\n",a,d);
}
```

说明：对长整数（long 型）可以用“%ld”格式输出整型数据。

（2）o 格式符，以八进制形式输出整数。由于是将内存单元中的值（0 或 1）按八进制形式输出，因此输出的数据不带符号，即将符号位也一起作为八进制数的一部分输出。

例 3.10　用八进制输出整数。

程序代码如下：

```
#include <stdio.h>
int main(){
    int b,d;
    b=-1;
    d=8;
    printf("%d,%o\n",b,b);
    printf("%d,%o\n",d,d);
}
```

说明：

十进制整数形式输出结果为-1，用八进制整数形式输出时，补码被看作一个无符号的二进制数，-1 补码的 16 个比特值均是“1”，所以八进制整数形式输出时结果为 177777。

不会输出带负号的八进制整数。对长整数（long 型）可以用“%lo”格式输出，还可以指定字段宽度，例如：

```
printf("%8o",b);
```

输出为 177777 （b 变量输出占 8 列，前 2 列补空格）。

（3）x 格式符，以十六进制数形式输出整数；同样不会出现负的十六进制数。

例 3.11 用十六进制输出整数。

程序代码如下：

```
#include <stdio.h>
int main(){
    int a,d;
    a=-1;
    d=16;
    printf("%x,%o,%d\n",a,a,a);
    printf("%x,%o,%d\n",d,d,d);
}
```

同样可以用“%lx”输出长整型数，也可以指定输出字段宽度（例如，%12x、%12lx）。

（4）u 格式符，用来输出 unsigned 型数据，即无符号数，以十进制形式输出。

一个有符号整数（int 型）也可以用%u 格式输出；反之，一个 unsigned 型数据也可以用%d 格式输出，按相互赋值的规则处理。unsigned 型数据也可以用%o 或%x 格式输出。

例 3.12 有符号数据传送给无符号变量。

程序代码如下：

```
#include <stdio.h>
int main(){
    unsigned a;
    int b=-1;
    a=b;
    printf("%u\n",a);
}
```

说明：变量 a 和变量 b 在内存中如果各占 2 字节，则均占用 16 比特，赋值时变量 b 的每个比特值传给变量 a 的对应比特。赋值过程如图 3.1 所示。

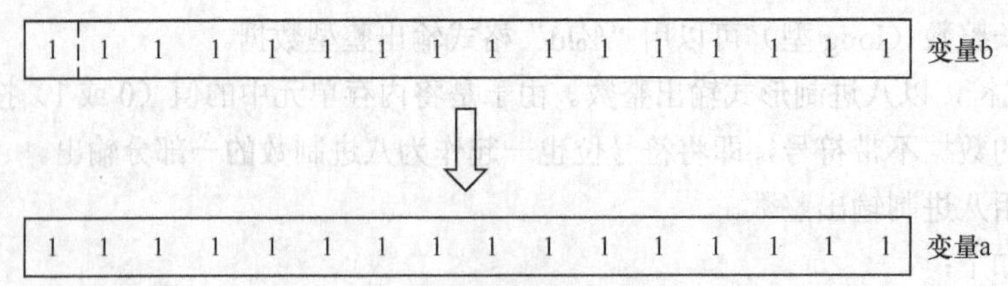

图 3.1 变量 b 赋值给变量 a 的过程

变量 b 的最高位比特是符号位，其值“1”表示“符号”，传给变量 a 的最高位后值还是“1”。在变量 a 中，该值不再表示符号，而是表示数值，故以十进制无符号形式输出，结果为 65535。

例 3.13 无符号数据的输出。

程序代码如下：

```
#include <stdio.h>
```

```
int main(){
    unsigned int a=65535;
    int b=-2;
    printf(" a=%d,%o,%x,%u\n",a,a,a,a);
    printf(" b=%d,%o,%x,%u\n",b,b,b,b);
}
```

说明：同一数据用不同输出格式输出，则输出数据不同。

（5）c 格式符，用来输出一个字符。例如：

```
char c='a';
printf("%c",c);
```

输出字符 a。

注意：

①“%c”中的 c 是格式符，逗号右边的 c 是变量名。

② 可以指定输出字符宽度，例如，printf("%3c",c);则输出为 a（c 变量输出占 3 列，前 2 列补空格）。

一个整数只要它的值在 0～255 范围内也可以用字符形式输出，在输出前系统会将该整数作为 ASCII 码转换成相应的字符；反之，一个字符数据也可以用整数形式输出。

例 3.14　字符数据的输出。

程序代码如下：

```
#include <stdio.h>
int main(){
    char c='b';
    int k=98;
    printf("%c,%d\n",c,c);
    printf("%c,%d\n",k,k);
}
```

（6）s 格式符，用来输出一个字符串，其有%ms、%-ms，%m.ns 和%-m.ns 几种用法。各种格式的用法说明见表 3.1。例如：

```
printf(" %s","welcome");
```

输出结果为 welcome。

例 3.15　字符串的输出。

程序代码如下：

```
#include <stdio.h>
int main(){
    printf("%3s,% -7.3s,%.3s,%6.2s\n","welcome","welcome","welcome","welcome");
}
```

说明：格式说明中的“%.3s”没有指定 m，则自动使 m=n=3，故占 3 列。

（7）f 格式符，用来输出实数（包括单、双精度），以小数形式输出，其有%f、%m.nf、%-m.nf 等几种用法。各种格式的用法说明见表 3.1。

例 3.16　输出实数和双精度数时的有效位数。

程序代码如下：

```
#include <stdio.h>
    int main(){
    float x;
    double y;
    x=33333.333333;
```

```
        y=2222222222222.222222222;
        printf(" x=%f,y=%f\n",x,y);
}
```

显然，单精度数据只有前 7 位数字是有效数字，千万不要以为凡是计算机输出的数字都是准确的。双精度数据有效数据位数是 16 位，可以看到最后 3 位小数是无意义的。

说明：

① 在输出时不指定字段宽度，则由系统自动指定，使整数部分全部输出，并输出 6 位小数。

② 在输出的数字中并非全部都是有效数字。单精度实数的有效位数一般为 7 位。双精度数的有效位数一般为 16 位，也给出 6 位小数。

例 3.17 输出实数时指定小数位数。

程序代码如下：

```
#include <stdio.h>
int main(){
        float f=123.967;
        printf("%f    %10f    %10.2f    %.2f    %-10.2f\n",f,f,f,f,f);
}
```

说明：f 的值应为 123.967，但输出结果是 123.967003，这是由于实数在内存中的存储误差造成的。第 4 个数据按“%.2f”格式输出，只指定 n=2，未指定 m，自动使 m 等于数据应占的长度，应为 6 列。

（8）e 格式符，以指数形式输出实数，其可有%e、%m.ne、%-m.ne 等几种用法。

用格式"%e"输出时，不指定输出数据所占的宽度和数字部分小数位数。有的 C 编译系统自动指定给出 6 位小数，指数部分占 4 位（如 e+02），其中 e 占 1 位，指数符号占 1 位，指数占 2 位，数值按规范化指数形式输出（即小数点前必须有且只有 1 位非零数字）。

例如，printf(" %e",1234.56);

输出结果为 1.234560e+03。

输出的实数共占 12 列，其中数字部分的小数占 6 位，指数部分占 4 位。注意：不同系统的规定略有不同。

例 3.18 按指数形式输出实数，并指定小数位数。

程序代码如下：

```
#include <stdio.h>
int main(){
        float f=123.967;
        printf("%e    %10e    %10.1e    %.1e    %-10.1e\n",f,f,f,f,f);
}
```

说明：第 2 个输出项按“%10e”格式输出，即只指定了 m=10，未指定 n，凡未指定 n，自动使 n=6，整个数据长度为 12 列，超过给定的 10 列，按实际长度输出。第 3 个数据共占 10 列，小数部分占 1 列。第 4 个数据按“%.1e”格式输出，只指定 n=1，未指定 m，自动使 m 等于数据应占的长度，应为 7 列。第 5 个数据应占 10 列，数值只有 7 列，由于是“%-10.1e”，数值向左靠，右补 3 个空格。

（9）g 格式符，用来输出实数。它根据数值的大小，自动选择 f 格式或 e 格式；选择的原则是选用输出时占宽度较小的一种格式。

例 3.19 输出实数。

程序代码如下：

```
#include <stdio.h>
int main(){
    float f=123.967;
    printf("%f   %e   %g\n",f,f,f);
}
```

说明：

由于用%f 格式输出占 10 列，用%e 格式输出占 12 列，用%g 格式时自动从%f 格式和%e 格式这两种格式中选择短者，故按%f 格式用小数形式输出，最后 3 个小数位为无意义的，不输出，因此输出 123.967，然后右补 3 个空格。%g 格式用得较少。

注意：使用 printf 函数时输出为输出表列中的求值顺序。不同的编译系统不一定相同，有的从左至右，有的从右至左。

例 3.20 写出下列程序的运行结果。

```
#include <stdio.h>
int main() {
    int a=6;
    printf(" %d,%d, %d,%d, %d,%d\n",++a,--a,a++,a--,-a++,-a--);
}
```

若把程序改为如下形式，则其运行结果又是怎样的呢？

```
#include <stdio.h>
int main(){
    int a=6;
    printf("%d,",++a);
    printf(" %d,",--a);
    printf(" %d, ",a++);
    printf(" %d, ",a--);
    printf(" %d, ",-a++);
    printf(" %d\n",-a--);
}
```

说明：以上两个程序的区别是用一个 printf 函数和多个 printf 函数输出，从结果可以看出是不同的。这是因为许多 C 语言版本是按自右而左的顺序求值的，在前一例中，先对最后一项“-a--”求值，由于“-”与“--”同优先级，结合方向是自右至左，所以先用 a 的原值加上负号输出-6，再对 a 自减 1 后得 5；再对“-a++”项求值得-5，然后 a 自增 1 后为 6。对“a--”项求值得 6，然后 a 自减后为 5。求“a++”项得 5，然后 a 自增后为 6。求“--a”项，a 先自减 1 后输出 5。最后才求输出表列中的第一项“++a”，此时 a 自增 1 后输出 6。注意：求值顺序是自右至左，而输出顺序仍然是从左至右。而在后一例中，则是按顺序执行各 printf 函数。故两个程序的输出结果是不同的。

例 3.21 整型数据的输出。

程序代码如下：

```
#include <stdio.h>
int main(){
    int a,b;
    long l=1367390;
    a=21;
    b=138;
    printf("a=%3d,a=%d\n",a,a);
    printf("b=%d,b=%o,b=%x\n",b,b,b);
    printf("l=%ld\n",l);
    printf("%d,%d\n",a*b,a-b);
}
```

例 3.22 字符型数据及字符串的输出。

程序代码如下：

```
#include <stdio.h>
int main(){
    char c;  c='a';
    printf("c=%3c,c=%c\n",c,c);
    printf("%c,%c\n",c+3,c-32);
    printf("%s\n","abcdefgh");
    printf("%6s\n","abcde");
    printf("%-6s\n","abcde");
    printf("%6.3s\n","abcdefgh");
}
```

说明：如果在格式控制符中规定了输出字符串的长度，实际字符串长度未达到规定长度，则前面补足空格到规定长度；实际字符串长度大于规定长度，仍按实际字符串输出。m.n 表示截取字符串前面 *n* 个字符输出，输出共占 *m* 位，字符个数不足 *m*，前面补足空格到规定长度 *m*。如果在长度前有负号，则表示将补足规定长度的空格移到字符串的后面输出。

例 3.23 实型数据的输出。

程序代码如下：

```
#include <stdio.h>
int main(){
    float x=23.618;
    double y=123.56783931635;
    printf("x=%f,x=%7.2f,x=%e\n",x,x,x);
    printf("y=%f,y=%e,y=%g\n",y,y,y);
    printf("y=%12e,y=%10.2e\n",y,y);
}
```

说明：

输出变量 x 的值时，“%f”以小数形式输出，含 6 位小数；“%7.2f”以小数形式输出，含两位小数，总宽度为 7，不足 7 位前面补两个空格；“%e”以指数形式输出，含 6 位小数，指数部分占 4 位（有的 C 编译系统占位不同）。

输出变量 y 的值时，“%f”以小数形式输出，含 6 位小数；“%e”以指数形式输出；“%g”以前两种形式中宽度较小的小数形式输出；“%12e”以指数形式输出，没有指定小数宽度，小数部分包含 6 位，指数部分占 4 位，给出宽度为 12，按原位数输出；“%10.2e”以指数形式输出，小数部分占两位，总宽度为 10，不足 10 位前面补空格。

2．格式输入函数 scanf

scanf 函数是一个标准库函数，它的函数原型在头文件“stdio.h”中。scanf 函数的作用是读入任意类型的数据，并把它赋予指定的变量。

（1）scanf 函数

scanf 函数的一般形式如下：

```
scanf(格式控制,地址表列);
```

其“格式控制”的含义与 printf 函数的相同，“格式控制”必须用英文的双引号括起来。“格式控制”由非格式控制字符和格式控制字符组成。非格式控制字符，在用键盘输入时，要按原样输入，一般起分隔或提示作用。格式控制字符串包括一个或多个以“%”开始的格式字符，各格式字符的含义如表 3.2 所示。“地址表列”是由若干个变量的地址组成的表列，地址可以是变量的地址或字符串的首地址等，以逗号（,）间隔。

例 3.24　用 scanf 函数输入数据。

程序代码如下：

```
#include <stdio.h>
int main() {
    int a,b,c;
    printf("input a,b,c\n");
    scanf("%d%d%d",&a,&b,&c);
    printf("a=%d,b=%d,c=%d\n",a,b,c);
}
```

说明：

① 在本例中，由于 scanf 函数本身不能显示提示字符串，故先用 printf 语句在屏幕上输出提示，请用户输入 a、b、c 的值。执行 scanf 语句，则退出当前屏幕状态进入等待用户输入状态。用户输入 6、7、8 后按 Enter 键，此时系统又将返回原屏幕状态。在 scanf 语句的格式字符串中由于没有非格式字符在“%d%d%d”之间作为输入时的间隔，因此在输入时要用空格（一个或者多个）、Tab 键或者 Enter 键作为每两个输入数据之间的间隔。上例若输入时用 Enter 键则输入：

```
6↙
7↙
8↙
```

以下输入均合法：

```
6    7↙
8
```

②“&”是地址运算符，它用于获取后面所跟随变量的内存地址，以便将输入的数据存储到指定的地址中。例如，&a、&b、&c 分别表示获取变量 a、变量 b 和变量 c 的地址。这里的地址是编译系统在内存中给 a、b、c 变量分配的地址。

（2）格式字符串

格式字符串的一般形式如下：

%格式字符

格式字符表示输入数据的类型，其格式字符和含义分别如表 3.2 和表 3.3 所示。

表 3.2　scanf 函数的格式字符

格式字符	说明
d、i	用来输入有符号的十进制整数
u	用来输入无符号的十进制整数
o	用来输入无符号的八进制整数
x、X	用来输入无符号的十六进制整数（大小写作用相同）
c	用来输入单个字符
s	用来输入字符串，将字符串保存到一个字符数组中，在输入时以非空白字符开始，以第一个空白字符结束。字符串以结束标志'\0'作为其最后一个字符
f	用来输入实数，实数可以用小数形式或者指数形式输入
e、E、g、G	与 f 作用相同

表 3.3　scanf 函数的附加格式说明符

字符	说明
l	用于输入长整型数据及 double 型数据
h	用于输入短整型数据

使用 scanf 函数还必须注意以下几点。

① scanf函数中要求给出变量地址，而不应是变量名。例如，若a和b是整型变量，则scanf("%d,%d",a,b);是不对的，应该改成 scanf("%d,%d",&a,&b);。

② scanf 函数中没有精度控制，输入数据时不能规定精度。例如，scanf("%7.2f",&a);是非法的，用户不能试图用这样的 scanf 函数输入数据 1234567 而使 a 的值为 12345.67。

③ 在输入多个数值数据时，若“格式控制”字符串中没有非格式字符作为输入数据之间的间隔，则可用空格、制表符或回车符作为间隔。C 编译系统在遇到空格、制表符、回车符或非法数据（如对“%d”输入“12A”时，A 即为非法数据）时即认为该数据结束。

④ 用整数指定输入的数据宽度。例如：

```
scanf("%3d%3d",&a,&b);
```

若输入 123789 则把 123 赋予 a，而把 789 赋予 b。

⑤ 在用“%c”格式输入字符时，空格字符和转义字符都作为有效字符输入，例如：

```
scanf("%c%c",&c1,&c2);
```

若输入：

```
a  b↙
```

则字符'a'送给 c1，空格字符送给 c2。由于%c 只要求读入一个字符，所以后面不需要用空格作为两个字符的间隔。如果要想把'b'字符送给 c2，则输入：

```
ab↙
```

⑥ 如果在“格式控制”字符串中除了格式说明外还有其他字符，则输入数据时在对应位置应输入与这些字符相同的字符。例如：

```
scanf("%d,%d",&a,&b);
```

输入数据时应用如下形式：

```
1,2↙
```

注意：1 与 2 是以逗号相隔，它与 scanf 函数中“格式控制”字符串的逗号相对应。如果用其他字符相隔则是不对的，并且在输入逗号时一定要在英文状态下输入。又如：

```
scanf("a=%d,b=%d,c=%d",&a,&b,&c);
```

输入数据时应为以下形式：

```
a=5,b=6,c=7↙
```

采用这种形式输入数据时，用户通过添加必要的信息而使含义清楚，并且不易发生输入数据的错误。

例 3.25 输入格式举例。

程序代码如下：

```
#include <stdio.h>
int main(){
      char ch;
      int k,m;
      float x;
      scanf("c=%ck=%d,%d%f",&ch,&k,&m,&x);
      printf("%c,%d,%d,%f\n",ch,k,m,x);
}
```

说明：输入格式中有普通字符“c=”和“k=”，则在输入时必须给出其对应数据或地址；两个 d 格式之间有逗号则输入数据时也必须给出；其他格式之间没有分隔符，输入时可用空格分隔。

例 3.26　从键盘输入一个整数和一个浮点数，并在屏幕上显示出来。

程序代码如下：

```
#include <stdio.h>
int main(){
    int i;
    float f;
    scanf("%d,%f",&i,&f);
    printf("i=%d,f=%f \n",i,f);
}
```

说明：printf 函数中“格式控制”字符串的每一个格式说明符都必须与“输出表列”中的某一个变量相对应，如上述程序中的“%d”与 i 对应、“%f”与 f 对应，而且格式说明符应当与其所对应变量的类型一致。

下面通过几个例子分析使用 scanf 函数时需要注意的问题。scanf 函数中的“格式控制”字符串中除了格式说明以外的其他字符，必须在输入数据时原样输入。

例如，阅读以下程序，并回答问题。

```
#include <stdio.h>
int main(){
    int a,b;
    scanf("%d %d",&a,&b);
    printf("a=%d,b=%d\n",a,b);
}
```

问题 1：当要求程序输出结果为 a=16,b=19 时，用户应如何输入数据？

问题 2：当限定用户输入数据以逗号为分隔符，例如，输入 16,19↙时，应修改程序中的哪条语句？写出修改语句。

问题 3：当程序中的语句 scanf("%d%d",&a,&b);修改成 scanf("a=%d,b= %d",&a,&b);时，用户应该如何输入数据？

问题 4：当限定用户输入数据格式为 1619↙，并且要求程序输出结果为 a=16,b=19 时，应该修改程序中的哪条语句？如何修改？

问题 5：当限定用户输入数据格式如下：

```
16↙
19↙
```

同时要求程序输出结果为 a="16",b="19"时，应修改程序中的哪条语句？如何修改？

下面依次对上述问题进行解答。

问题 1 解答：

由于两个格式说明符之间是空格符，这个空格符作为普通字符必须在输入时原样输入，所以用户应该按以下格式输入数据。

```
16 19↙
```

问题 2 解答：

将 scanf("%d %d",&a,&b); 修改成 scanf("%d,%d",&a,&b);

问题 3 解答：

```
a=16,b=19↙
```

问题 4 解答：

将 scanf("%d %d",&a,&b);修改成 scanf("%2d%2d",&a,&b);

问题 5 解答：

修改程序为如下形式。

```
#include <stdio.h>
int main(){
    int a,b;
    scanf("%d%d",&a,&b);
    printf("a=\"%d\",b=\"%d\"\n",a,b);
}
```

其中的“\"”是转义字符，代表输出一个双引号字符。

3.3 综合应用实例

例 3.27 编写一个程序，实现输入一个华氏温度可输出摄氏温度。两种温度表示方式的换算公式为: $c=\frac{5}{9}(f-32)$，要求输出温度取两位小数。

问题分析与程序思路：

本程序的功能是通过输入一个华氏温度来输出摄氏温度，所以我们可以采用的程序结构为顺序结构，按给出的计算公式计算结果。在编写程序时，首先需要注意把数学表达式转换成正确的 C 语言表达式，另外要注意两个整型量的运算结果仍然是整型。

程序代码如下：

```
#include <stdio.h>
int main(){
    float f,c;
    printf("Fahrenheit temperature:");
    scanf("%f",&f);
    c=5.0/9.0*(f-32);
    printf("Celsius temperature:%.2f\n",c);
}
```

说明：本程序的第 6 行语句不能写成 c=5/9*(f-32)，因为两个整数相除结果为整数，并且 5/9 结果在任何时候都为 0，使本赋值语句永远为 0，毫无意义。

例 3.28 编程实现从键盘输入圆的半径 *r*，输出圆的周长和圆的面积。

问题分析与程序思路：

本程序的功能是输入圆的半径 *r*，求圆的周长和面积，所以我们可以采用的程序结构为顺序结构。在编写程序时需要注意 C 语言表达式的正确写法，乘号不能省略；如果将π定义为符号常量，注意符号常量的正确用法。

程序代码如下：

```
#define PI 3.1415926
#include <stdio.h>
int main(){
    float r;
    float l,area;
    printf("input radius: ");
    scanf("%f",&r);
```

```
    l=2*PI*r;
    area=PI*r*r;
    printf("r=%f\n",r);
    printf("l=%7.2f,area=%7.2f\n",l,area);
}
```

说明：本程序中用#define 命令行定义 PI，代表常量 3.1415926，称 PI 为符号常量。此后，凡在本程序中出现的 PI 都代表 3.1415926，它可以与常量一样进行运算。习惯上，符号常量名用大写，变量名用小写，以示区别。

例 3.29 求 $ax^2+bx+c=0$ 方程的根，a、b、c 由键盘输入，设 $b^2-4ac>0$。一元二次方程式的根为 $x_1=\dfrac{-b+\sqrt{b^2-4ac}}{2a}$，$x_2=\dfrac{-b-\sqrt{b^2-4ac}}{2a}$。

令 $p=\sqrt{b^2-4ac}$，则 $x_1=\dfrac{-b+p}{2a}$，$x_2=\dfrac{-b-p}{2a}$。

问题分析与程序思路：

本程序的功能是输入二次方程的系数 a、b、c，求二次方程的根，本题目假设 $b^2-4ac>0$，所以本程序结构可以为顺序结构；另外，本程序需要求 $b^2-4ac>0$ 的开方，所以需要在程序的开头加上#include <math.h>。

程序代码如下：

```
#include <stdio.h>
#include <math.h>
int main(){
    float a,b,c,p,x1,x2;
    printf("please input a,b,c: ");
    scanf("%f%f%f",&a,&b,&c);
    p=sqrt(b*b-4*a*c);
    x1=(-b+p)/(2*a);
    x2=(-b-p)/(2*a);
    printf("x1=%5.2f\nx2=%5.2f\n",x1,x2);
}
```

说明：在本程序中出现的 sqrt 函数是求平方根函数，由于 sqrt 函数是数学函数库中的函数，因此在程序的开头要加一条#include 命令，把头文件“math.h”包含到程序中来。以后，在程序中要用到数学函数库中的函数时，都要将“math.h”头文件包含到程序中。

例 3.30 输入三角形三条边的边长，求三角形面积。

假设输入的边长 a、b、c 能构成三角形。从数学知识可知，求三角形面积的公式为：

$$area=\sqrt{s(s-a)(s-b)(s-c)}，其中s=\frac{1}{2}(a+b+c)$$

问题分析与程序思路：

本程序的功能是输入三角形三条边的边长，求三角形面积，所以本程序结构可以为顺序结构。另外，注意公式的正确用法，以及 C 语言表达式的正确写法。

程序代码如下：

```
#include <math.h>
#include <stdio.h>
int main(){
    float a,b,c,s,area;
    printf("plase input a,b,c:");
    scanf("%f,%f,%f ",&a,&b,&c);
    s=(a+b+c)/2;
    area=sqrt(s*(s-a)*(s-b)*(s-c));
```

```
    printf("a=%5.2f,b=%5.2f,c=%5.2f,s=%5.2f\n",a,b,c,s);
    printf("area=%7.2f\n",area);
}
```

说明：表达式要书写正确，表达式(a+b+c)/2 可以写成 s=1.0/2*(a+b+c)、s=1.0/2.0*(a+b+c)或 s=1/2.0*(a+b+c)，但不能写成 s=1/2*(a+b+c)，否则无论输入的数据是什么，结果都将为 0。

3.4 智能算法能力拓展

例 3.31 K-Means 算法是一种基于划分的聚类算法，以距离作为数据对象间相似性度量的标准，即数据对象间的距离越小，则它们的相似性越高，它们就越有可能属于同一个类簇。由于该算法认为簇是由距离靠近的对象组成的，因此把得到紧凑且独立的簇作为最终目标。在做分类时常常需要估算不同样本之间的相似性度量（Similarity Measurement），这时通常采用的方法就是计算样本间的"距离"（Distance）。数据对象间距离的计算有很多种，采用什么样的方法计算距离是很讲究的，甚至关系到分类的正确与否。K-Means 算法通常采用欧式距离来计算数据对象间的距离。

请编程实现欧式距离的计算问题，距离公式为$d_{12}=\sqrt{(x_1-x_2)^2+(y_1-y_2)^2}$。要求所有数据从键盘输入，经过计算后输出计算结果。

问题分析与程序思路：

对每个数据对象（点）可以定义两个浮点型变量分别表示横坐标和纵坐标。对开平方运算可以使用数学函数库 math.h 中的 sqrt()函数，该函数原型为"double sqrt (double);"。另外，也可以使用 pow()函数，其函数原型为"double pow(double x,double y);"，函数功能为计算 x 的 y 次幂。

例 3.32 请编程实现曼哈顿距离的计算问题，距离公式为$d_{12}=|x_1-x_2|+|y_1-y_2|$。要求所有数据从键盘输入，经过计算后输出计算结果。

问题分析与程序思路：

对每个数据对象（点）可以定义两个浮点型变量分别表示横坐标和纵坐标。对实型绝对值运算可以使用数学函数库 math.h 中的 fabs()函数，该函数原型为"double fabs(double);"。另外，abs()函数可以求整型的绝对值，函数原型为"int abs(int i);"，而 cabs()函数可以求复数的绝对值，函数原型为"double cabs(struct complex znum);"。

例 3.33 请编程实现切比雪夫距离的计算，距离公式为$d_{12}=\max(|x_1-x_2|,|y_1-y_2|)$。要求所有数据从键盘输入，经过计算后输出计算结果。

问题分析与程序思路：

对每个数据对象（点）可以定义两个浮点型变量分别表示横坐标和纵坐标。对实型绝对值运算可以使用数学函数库 math.h 中的 fabs()函数，该函数原型为"double fabs(double);"；对最大值的求解可以使用条件运算符来实现。

例 3.34 请编程实现余弦距离的计算问题，距离公式为$\cos\theta=\dfrac{x_1x_2+y_1y_2}{\sqrt{{x_1}^2+{y_1}^2}\sqrt{{x_2}^2+{y_2}^2}}$。要求所有数据从键盘输入，经过计算后输出计算结果。

问题分析与程序思路：

对每个数据对象（点）可以定义两个浮点型变量分别表示横坐标和纵坐标。对开平方运算可以使用数学函数库 math.h 中的 sqrt()函数，该函数原型为"double sqrt(double);"。

例 3.35　朴素贝叶斯分类是基于贝叶斯定理与特征条件独立假设的分类方法，贝叶斯公式为 $P(A|B)=\dfrac{P(B|A)P(A)}{P(B)}$。已知某疾病的发病率是 0.001，现有一种试剂可以检验患者是否得病，准确率为 0.99，即在患者确实得病的情况下，有 99%的可能呈现阳性。该试剂的误报率为 5%，即在患者没有得病的情况下，它有 5%的可能呈现阳性。现有一个人的检验结果为阳性，那么请问此人确实得了该种疾病的可能性有多大？要求：发病率、试剂准确率、试剂误报率均从键盘输入。

问题分析与程序思路：

假定用事件 A 表示得病，事件 B 表示阳性。可使用全概率公式改写条件概率公式中的分母，即：

$$P(A|B)=\frac{P(A)P(B|A)}{P(B|A)P(A)+P(B|\bar{A})P(\bar{A})}$$

例 3.36　在利用人工智能算法（GA、PSO、ANN 等）仿真时，经常需要随机生成初始种群（初始样本），请编程实现一个随机值生成器，生成[*a*,*b*]区间中的一个随机值并输出结果，其中 *a* 和 *b* 均为双精度浮点数并从键盘输入获得。

问题分析与程序思路：

使用“stdlib.h”中的 srand()函数和 rand()函数，以及“time.h”中的 time()函数。使用 srand()函数来人为指定种子数，可使用 time 函数值（即当前时间）作为种子数；使用 rand()函数返回范围在 0 至 RAND_MAX 之间的一个随机数。最后设计一个公式来生成[*a*,*b*]区间中的一个随机数。

3.5　习题

1．编写一个程序，实现从键盘上输入 3 个数，求其和并输出。

2．编写一个程序，实现输入一个正整数，分别输出它的八进制和十六进制数形式。

3．编程把 11325 秒转换成“小时:分钟:秒”的形式。

4．编写一个程序，求 *a*+|*b*|的值，*a*、*b* 为任意数。本题可调用求绝对值的函数 fabs()，此函数包含在 math.h 文件中。

第 4 章

选择结构程序设计

前面已经介绍了 3 种基本结构之一的顺序结构，本章介绍如何用 C 语言实现选择结构。在实际生活中，往往会根据不同的情况，采取相应不同处理事情的方法，例如，按学生考试分数输出成绩等级、按性别统计男女生人数等。在程序设计中，这种程序控制结构表现为根据不同的判定条件，控制执行不同的程序流程。

4.1 if 语句的基本形式

if 语句可以根据判定条件的结果（真或假）来决定执行哪一个分支的操作。if 语句最基本的形式有两种：if 单分支结构和 if 双分支结构。

4.1.1 if 单分支结构

1．语法格式

if(表达式) 语句;

例如：

```
scanf("%d, %d",&a,&b);
if(a>b) { t=a; a=b; b=t;}    /*1 条含有复合语句的 if 语句*/
printf("%d, %d\n",a,b);
```

2．语法解释

此 if 语句的执行过程是：如果 if 后面表达式的值为真，则执行其后的语句，否则不执行该语句。if 单分支语句的执行过程如图 4.1 所示。

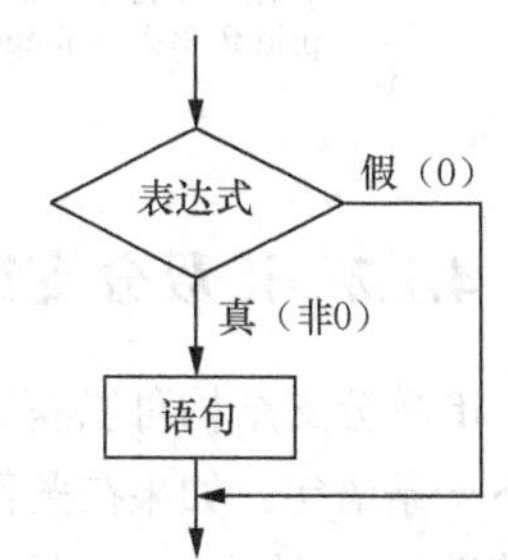

图 4.1　if 单分支语句的执行过程

说明：此 if 语句是以“;”结束的语句，其中“语句”是这条语句的一部分。

例 4.1　当 $x \geqslant 10$ 时，$y=3x-11$，求 y 的值，试编写程序。

问题分析与程序思路：

本程序中只有当 $x \geqslant 10$ 时，$y=3x-11$，因此需要条件判断，考虑使用单分支结构。

程序代码如下：

```
# include <stdio.h>
int main(){
    int x,y=0;
    scanf("%d",&x);
    if(x>=10)
        y=3*x-11;
    printf("%4d",y);    /*如果 x>=10 为真，输出对应的 y 值，否则输出 y 值为 0*/
}
```

例 4.2　输入一个十进制数 x，判别它是正数、零还是负数。

程序代码如下：

```
# include <stdio.h>
int main(){
    float x;
    scanf("%f",&x);
    if(x>0)  printf("positive\n");          /*输出“正”*/
    if(x==0)printf("zero\n");               /*输出“零”，注意：关系运算符“==”*/
    if(x<0)  printf("negative\n");          /*输出“负”*/
}
```

说明：上例中“==”是用键盘上两个连续等号实现的，它是一种关系运算符，含义是“是否相等”，例如 if(x==0) printf("zero\n");解释为：如果 x 与 0 相等，那就输出“zero”，否则，执行下条语句；单等号“=”是赋值号，它表示将等号右边的值赋予左边变量，例如 a=10;就是将 10 赋予变量 a。所以 if 后面括号中要用到等量条件判断时，必须用双等号“==”。

例 4.3 输入一学生学号 *x*（形式如 2008042133），输出其学院号码。

问题分析与程序思路：

对于学号 2008042133，“2008”为入学年份，“04”为学院号码，“21”为班级号码等。需要提取其中的学院号码“04”，该怎样做？

程序代码如下：

```
# include <stdio.h>
int main(){
    long x;             /*用长整型，因为学号已大于 32767 和无符号数 65535*/
    int y;              /*y 为学院号码，小于 32767*/
    scanf("%ld",&x);
    if(x>2000000000&&x<2050000000){
        y=(x/10000)%100;        /*得到学院号码的运算方法*/
        printf("%d  college\n", y);
    }
}
```

4.1.2 if 双分支结构

if 单分支结构可以满足单一分支的选择操作，条件满足就执行此分支语句，条件不满足就执行下一条语句。如果在条件不满足情况下，有另一分支操作要求，将如何实现呢？例如：输入两个整数 a,b，输出 a,b 中较大的数。分析：用 if(a>b)判定，如果 a>b，那么输出 a，否则要输出 b。这里无论条件为“真”或“假”都有各自的分支操作要求。下面介绍 if 的双分支结构。

1．语法格式

```
if(表达式) 语句 1;
else 语句 2;
```

例如：

```
if(a>b) c=a;
else c=b;
printf("%d\n",c);
```

2．语法解释

if 语句执行时，首先要计算 if 后面括号中表达式的值，如果表达式结果为“真”（非零），则执行 if 后“语句 1”，然后去执行 if 的下一条 printf("%d\n",c)语句；如果表达式结果为“假”（零），则执行 else 后“语句 2”，然后去执行 if 的下一条语句。这种 if 语句的执行过程如图 4.2 所示。

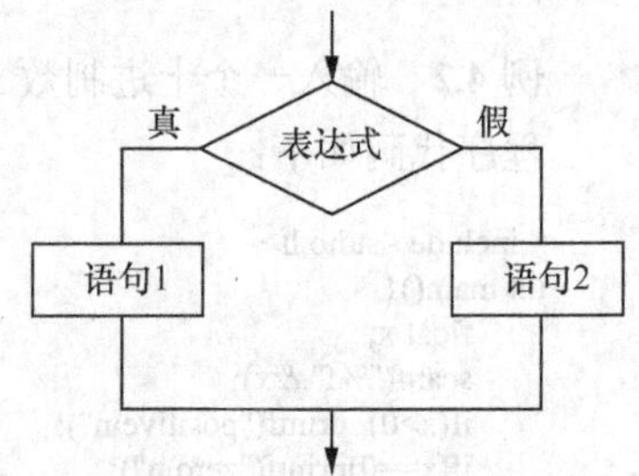

图 4.2 if 双分支语句的执行过程

3．其他说明

此 if 语句格式是由 if 和 else 两个分句构成的语句，if 分句和 else 分句都以自己的“;”结束。只要有 else 分句存在，其前面必须有最近 if 分句与其相呼应，这是 if 双分支结构的必需形式；但是 if 语句后面不一定有 else 分句，没有 else 分句的 if 形式是 if 的单分支结构，有 else 分句的 if 形式是 if 的双分支结构，注意 else 不可单独使用，必须与 if 配对使用。

例如：

```
int a,b;
printf("input two numbers: ");
scanf("%d, %d",&a,&b);                    /*1 条输入语句*/
if(a>b)
```

```
        printf("max=%d\n",a);
else                                        /*1 条 if 语句，包含 else 分句*/
        printf("max=%d\n",b);
```

例 4.4　用选择结构来实现 $y=\begin{cases} x & x<10 \\ 3x-11 & x\geqslant 10 \end{cases}$。

程序代码如下：

```
# include <stdio.h>
int main(){
    int x,y;
    scanf("%d",&x);
    if(x>=10)
        y=3*x-11;        /*判断 x 是否大于或等于 10，如果为真，y=3*x-11；否则 y=x*/
    else
        y=x;
    printf("y=%d\n",y);
}
```

例 4.5　火车行李托运规定每张票托运行李 50kg 内是 1.047 元/kg，而超过 50kg 的每公斤托运费用是原来的两倍，试设计程序实现自动计费。

问题分析与程序思路：

首先输入行李重量，然后判断是否超过 50kg。此题也可以用 if 单分支结构完成，但双分支结构更直观、简洁。

程序代码如下：

```
# include <stdio.h>
int main(){
    float x,y;
    scanf("%f ",&x);
    if(x>50)
        y=50*1.047+ (x-50)*1.047*2;                /*x 超重情况*/
    else
        y=x*1.047;                                 /*x 未超重情况*/
    printf("y=%f\n",y);
}
```

例 4.6　写出下面程序的输出结果。

```
# include <stdio.h>
int main(){
    int x;
    scanf("%d ",&x);
    if(x--<5)
        printf("%d ",x);
    else
        printf("%d ", x++);
}
```

说明：本程序运行后，如果从键盘上输入 5，则输出结果是 4。因为 if(x--<5)中，x 先用后减，所以(x--<5)表达式结果为假，完成比较后再执行 x--（x 自减 1），x 的值为 4，然后执行 else 分支，此时 x=4，又因为要输出 x++，先输出 x，再对 x 加 1，所以输出结果是 4。

4.1.3　关于 if 语句条件判断

if 语句中 if 后的括号内可以是任意运算量和任意表达式，系统最终以 0 和非 0 来判定它们属于“真”或“假”，其括号内的结果必定是逻辑量“真”或“假”。例如：

if(56)、if(-1)、if(a=8)、if('a')，左侧 if 语句条件判断都为真。

if(!-5)、if(8-8)、if(a=0)、if(0&&a&&b+9<=a++)，左侧 if 语句条件判断都为假。

if(a==0)、if(a-8!=0)，左侧 if 语句条件判断的结果要根据 a 的值而定。

关于 if 语句表达式的注意事项如下。

（1）if(a==0)与 if(a=0)是不同的，双等号“==”是关系运算符，含义为判断是否相等，而单等号“=”是赋值运算符，功能是将等号右边的值赋予等号左边的变量。在 if 语句中通常用双等号“==”进行相等判断，如 if(a==0)是判断 a 是否等于 0，如果相等，那 if 的条件就为真，否则为假。而 if(a=0)是将 0 赋予 a，if(a=0)等价于 if(0)，if 条件判断为假。

（2）if(10>x>1)与 if(x<10&&x>1)是不同的，对于 if(10>x>1)，是先进行 10>x 关系运算，再将其结果逻辑值 0 或 1 进行是否“>1”比较，显然 10>x>1 的结果永远为假（0），因为无论 10>x 的结果为 1 或 0 都不会“>1”，所以 if(10>x>1)等价于 if(0)；对于 if(x<10&&x>1)，先进行 x<10，再 x>1，最后是&&（与）运算，只有 x<10 和 x>1 两个表达式都为真的情况下 if(x<10&&x>1)的条件判断结果才为真。在 if 语句中要注意逻辑运算符&&（与）、||（或）、!（非）的使用。

（3）if()这种形式是不合法的，括号内不可为空。

例 4.7 输入 3 个整数 *num*1、*num*2、*num*3，求最大值。

问题分析与程序思路：

（1）任取一个数，如 *num*1，将其赋予 *max*（最大值）；

（2）用其余两个数依次与 *max* 比较，如果 *num*2 > *max*，则 *max* = *num*2。比较完所有的数后，*max* 中的数就是最大值。

程序代码如下：

```
#include "stdio.h"
int main(){
    int num1, num2, num3, max;
    printf(" Please input three numbers: ");
    scanf("%d,%d,%d", &num1, &num2, &num3);
    max = num1;
    if (num2 > max)
        max = num2;     /* max = max{num1, num2 } */
    if (num3 > max)
        max = num3;
    printf("The three numbers are:%d,%d,%d\n",num1,num2,num3);
    printf("max=%d\n",max);
}
```

例 4.8 编写一段程序，输入年份 *year*（4 位十进制数）判断是否为闰年。

问题分析与程序思路：

闰年的条件是能被 4 整除但不能被 100 整除，或者能被 400 整除。

（1）如果 *year* 能被 4 整除，则余数为 0，即 *year* %4 =0，%是求余数运算符。

（2）根据闰年的条件可知：

① 能被 4 整除，但不能被 100 整除，表示为(year % 4 == 0) && (year % 100 != 0)；

② 能被 400 整除表示为 year % 400 == 0；

③ 两个条件之间是逻辑或的关系，即((year%4==0) && (year%100!=0)) || (year%400==0)。

程序代码如下：

```
#include "stdio.h"
int main(){
    int year;
    printf("Please input a year:");
    scanf("%d", &year);
```

```
    if ((year % 4 == 0) && (year % 100 != 0)||(year % 400 == 0))
        printf("%d is a leap year.\n", year);          /*闰年*/
    else
        printf("%d is not a leap year.\n", year);      /*非闰年*/
}
```

4.2　多分支选择结构

前面介绍的 if 语句两种基本形式只能实现单分支或双分支选择操作，而实际问题中常常需要用到多分支的选择。例如，学生成绩分类（90 分以上为 A 等，80～89 分为 B 等，70～79 分为 C 等）、个人所得税（按收入分档纳税）、人口统计（按年龄分为老、中、青、少、儿童）、工资统计分类、银行存款分类等，根据不同的情况，需选择不同的分支操作。

在 C 语言程序中，常用两种多分支结构：一种是 if…else if…else 语句结构；另一种是 switch 语句结构。下面分别介绍这两种结构，并进行比较。

4.2.1　if 多分支结构

1．语法格式

```
if(表达式 1) 语句 1;
else if(表达式 2) 语句 2;
else if(表达式 3) 语句 3;
…
else if(表达式 m) 语句 m;
else 语句 n;
```

例如：

```
if(score>=90) grade='A';
else if(score>=80) grade='B';
else if(score>=70) grade='C';
else if(score>=60) grade='D';
else grade='E';
```

if 多分支结构的执行过程如图 4.3 所示。

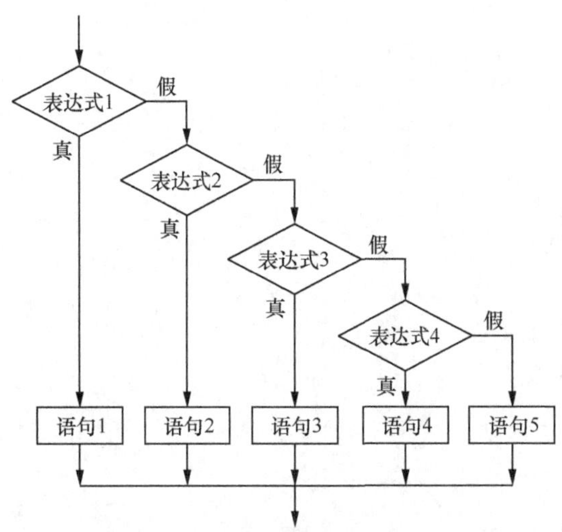

图 4.3　if 多分支结构的执行过程

2．语法解释

（1）在 if 后面括号内都有表达式，常用的包括逻辑表达式或关系表达式。例如：

```
if(a==b&&x==y) printf("a=b,x=y");
```

在执行 if 语句时先对表达式求解，若表达式的值为 0，按“假”处理；若表达式的值为非 0，按“真”处理，执行指定的语句。例如：

```
if('a') printf("%d",'a');
```

执行结果：输出字符 a 的 ASCIl 码 97。

（2）在每个 else 前面有一个分号，else 前的分号是 if 分句的分号，如果无此分号，则出现语法错误。不要误认为上面是两个语句（if 语句和 else 语句），它们都属于同一个 if 语句，是 if 分句和 else 分句，都以分号结束。再次强调：else 分句不能作为语句单独使用，它必须是 if 语句的一部分，与 if 配对使用。

（3）在 if 和 else 后面可以只含一个内嵌的操作语句（如上例），也可以有多个操作语句，此时用花括号“{}”将几个语句括起来形成一个复合语句。例如：

```
if(a+b>c && b+c>a && c+a>b){
      s=0.5*(a+b+c);
      area=sqrt(s*(s-a)*(s-b)*(s-c));
      printf("area=%f ", area);
}   /*{}中是复合语句，结构等价于 1 条语句*/
else
      printf("it is not a trilateral");
```

因为{}内是一个完整的复合语句，不需在花括号“{}”外面另附加分号。

例 4.9 从键盘输入 1 个成绩：0～100 内整数，根据成绩输出等级。

0～59：E；60～69：D；70～79：C；80～89：B；90～100：A。

问题分析与程序思路：

设成绩为 *score*，假设取值为 0～100 之间整数，正确输入情况下。

60>*score*≥0	E
70>*score*≥60	D
80>*score*≥70	C
90>*score*≥80	B
100≥*score*≥90	A

程序代码如下：

```
#include <stdio.h>

int main(void ){
    int score;
    printf("score= ");
    scanf("%d", &score);
    if(score<0 || score>100){
        printf("Input Error!");
        return -1;
    }else if(score<60 )
        printf("grade is E");
    else if(score<70)
        printf("grade is D");
    else if( score<80)
        printf("grade is C");
    else if(score<90)
        printf("grade is B");
    else
        printf("grade is A");
    return 0;
}
```

下面程序是否能实现上一程序的功能？

```
#include "stdio.h"
int main(){
    int score, grade;
    printf("score=" );
    scanf("%d", &score );
    if(score<60) grade='E';          /*60>score≥0*/
    if(score<70) grade='D';          /*70>score≥0*/
    if(score<80) grade='C';          /*80>score≥0*/
    if(score<90) grade='B';          /*90>score≥0*/
    if(score<100) grade='A';         /*100>score≥0*/
    printf( "grade is %c\n", grade);
}
```

显然是不能。使用 if 语句，要注意 else 运用，还要注意条件的表示形式和顺序。

例 4.10　输入一个数与预定的数比较，并给出“It’s large!”“It’s small!”“It’s right!”的提示。

程序代码如下：

```
#include "stdio.h"
int main(){
    int number=200,i;
    scanf("%d",&i);
    if(i>number)
        printf("It's large!\n");
else if (i<number)
        printf("It's small!\n");
else
        printf("It's right!\n");
}
```

if 多分支结构是在 else 分句中包含 if 语句，通过多个 if 的条件判断来选择相应的分支操作。但如果 if 语句层数较多，则条件判断也多，而且程序冗长，可读性降低。初学者要尽量避免使用这种方法解决分支较多的问题。C 语言提供了 switch 语句处理多分支选择问题。

4.2.2　switch 语句

switch 语句是专用于处理多分支选择问题的语句。对于分支较多的问题，switch 语句很有优势，它不仅结构清晰，编程也相对容易。

1．语法格式

```
switch(表达式) {
    case 常量表达式 1:语句 1;
    case 常量表达式 2:语句 2;
    …
    case 常量表达式 n:语句 n;
    default:语句 n+1;
}
```

用 switch 语句实现前面例 4.13：从键盘输入成绩（0～100 内整数），根据成绩输出等级。

0～59：E；60～69：D；70～79：C；80～89：B；90～100：A。

程序代码如下：

```
#include "stdio.h"
int main(){
    int score, grade;
    printf("score= ");
    scanf("%d" , &score);
    grade= score/10;            /*将成绩整除 10，转换成 case 标号*/
    switch(grade) {
```

```
        case 10:
        case 9: printf("A\n"); break;
        case 8: printf("B\n"); break;
        case 7: printf("C\n"); break;
        case 6: printf("D\n"); break;
        default: printf("E\n");
    }
}
```

算法如图 4.4 所示。

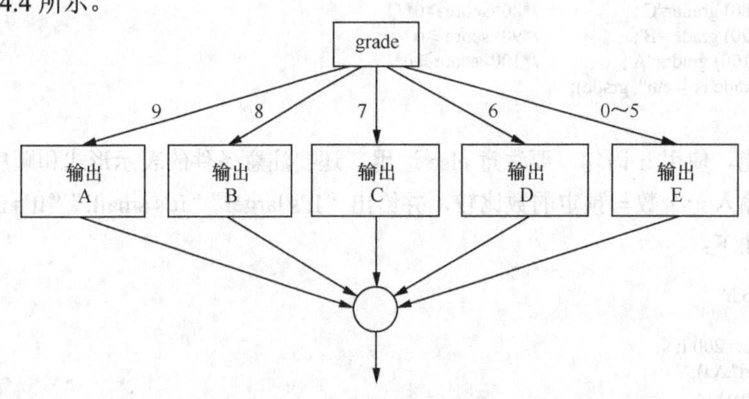

图 4.4　switch 结构解题过程

2．语法解释

（1）switch 后面括号内的“表达式”，ANSI 标准允许它为任何类型。

（2）当 switch 表达式的值与某 case 后常量表达式值相等时，就执行此 case “:” 后面的语句，若遇到 break 语句就跳出含有此 break 语句的 switch 结构（“}”之外），继续执行下一条语句；若所有 case 中的常量表达式的值都没有与表达式的值匹配，就执行 default 后面的语句。

（3）case 与后面的常量表达式要用空格隔开，否则不识别 case；每一个 case 后面的常量表达式的值必须是常量且互不相同，否则就会出现互相矛盾的现象（对表达式的同一个值，有两种或多种执行方案）。

（4）各个 case 和 default 的出现次序不影响执行结果。例如，可以先出现“default:…”，再出现“case 8:…”，然后是“case 9: …”。

（5）执行完一个 case 后面的语句后（如果没有 break 语句），流程控制转移到下面 case 后的语句继续执行。“case 常量表达式”只是起语句标号作用，并不是在该处进行条件判断。在执行 switch 语句时，根据 switch 后面表达式的值找到匹配的入口标号，就从此标号开始执行下去，不再进行判断。思考上面的例子：如果去掉程序中所有 break 语句，输入成绩 75，输出如何？答案是输出“C”后将继续输出“D”“E”。

因此，在执行一个 case 分支后，应该使流程跳出 switch 结构，即终止 switch 语句的执行是一个很重要的问题。如上例，可以用 break 语句来达到此目的，最后一个分支（default）可以不加 break 语句。在 case 后面虽然包含了一个以上执行语句，但可以不必用花括号括起来，会自动顺序执行本 case 后面所有的执行语句。当然加上花括号也可以。注意：switch 表达式后不可加“;”，因为 switch 语句没有结束。

例如：

```
switch(grade); { /*加 “;” 是不对的*/
    case…
}
```

（6）多个 case 可以共用一组执行语句，例如：

```
switch(grade){
    case 10:
    case 9:
    case 8:
    case 7:
    case 6: printf("pass\n"); break;
    default: printf("No pass\n");
}
```

grade 的值为 10、9、8、7 或 6 时，都执行同一组语句 “printf("pass\n"); break;”，值为 0～5 执行语句 “printf("No pass\n");”。

例 4.11　计算器功能程序。用户输入运算数和四则运算符，输出其计算结果。

问题分析与程序思路：

此题的关键在于运算符的选择，用 switch 语句实现。如果 switch 后面括号中的表达式是字符型的，那么 case 后的常量也应该是字符。

程序代码如下：

```
#include "stdio.h"
int main(){
    float x,y;
    char z;
    printf("input x+(-,*,/)y:");
    scanf("%f%c%f ",&x,&z,&y);
    switch(z){
        case '+': printf("%f\n",x+y);break;
        case '-': printf("%f\n",x-y);break;
        case '*': printf("%f\n",x*y);break;
        case '/': printf("%f\n",x/y);break;
        default: printf("Input error!\n");
    }
}
```

例 4.12　输入某一平年的月份，输出该月份对应的天数。

问题分析与程序思路：

此题主要问题是怎样使 case 语句数量较少？注意多个 case 可以共用一组执行语句。设月份为 *month*，天数为 *day*，则：

month=1,3,5,7,8,10,12	*day*=31
month=4,6,9,11	*day*=30
month=2	*day*=28

程序代码如下：

```
#include "stdio.h"
int main(){
    int month,day;
    printf("please input month:");
    scanf("%d",&month);
    switch(month){
        case 2 :day=28;break;
        case 4:
        case 6:
        case 9:
        case 11:day=30;break;
        default:day=31;
    }
    printf("day=%d\n",day);
}
```

例 4.13 某单位食堂员工底薪为 500 元，每月还按卖钱额 *mqe*（长整型）提成（单位：元），提成的计算方法如下：

0≤*mqe*≤10000　　没有提成；
10000＜*mqe*≤20000　　提成 5%；
20000＜*mqe*≤30000　　提成 10%；
30000＜*mqe*≤40000　　提成 15%；
40000＜*mqe*　　提成 20%。

问题分析与程序思路：

分析本题可知，提成比例的变化点都是 10000 的整数倍，如果将卖钱额 *mqe* 整除 10000，则

0≤*mqe*≤10000　　对应结果为 0、1
10000＜*mqe*≤20000　　对应结果为 1、2
20000＜*mqe*≤30000　　对应结果为 2、3
30000＜*mqe*≤40000　　对应结果为 3、4
40000＜*mqe*　　对应结果为 4、5、6……

思考：如何解决两个相邻区间对应结果的重叠问题？

最简单的方法：卖钱额 *mqe* 先减 1（最小增量），然后整除 10000 即可，但 0 减 1 会成负数，可以采用取绝对值的方法来解决。

−1≤*mqe*≤9999　　对应 0
9999＜*mqe*≤19999　　对应 1
19999＜*mqe*≤29999　　对应 2
29999＜*mqe*≤39999　　对应 3
39999＜*mqe*　　对应 4、5、6……

程序代码如下：

```
#include "stdio.h"
#include "math.h"
int main(){
    long mqe;
    int grade;
    float salary=500;
    printf("Input mqe: ");
    scanf("%ld", &mqe);
    grade=abs(mqe-1)/10000;          /*将(mqe-1)取绝对值（数学函数）*/
    mqe= mqe-10000;                  /*减去不提成的部分*/
    switch(grade){
        case 0: break;
        case 1: salary += mqe*0.05; break;
        case 2: salary += 10000*0.05+(mqe-10000)*0.1; break;
        case 3: salary += 10000*(0.05+0.1)+(mqe-20000)*0.15; break;
        default: salary += 10000*(0.05+0.1+0.15)+(mqe-30000)*0.2;
    }
    printf("salary=%.2f\n", salary);
}
```

注意：switch 语句可以嵌套，break 语句只跳出它所在的 switch 语句（跳出一层）。

例 4.14 阅读下面程序，写出运行结果。

```
#include "stdio.h"
int main(){
    int x=1,y=0,a=0,b=0;
    switch(x) {
        case 1: switch(y) {
                    case 0: a++;break;
                    case 1: b++;break;
                }
        case 2: a++;b++;break;
        case 3: a++;b++;
```

```
    }
    printf("a=%d,b=%d\n",a,b);
}
```

在 switch 语句中，case 的常量表达式相当于一个语句标号，根据某标号与表达式值的相等与否来决定是否转向该标号的执行语句，所以使用 switch 语句的关键是如何将一个问题用 switch 的表达式来表述，case 的标号要对应表达式的值，不同标号对应不同的分支处理语句。

if…else if…else 语句与 switch 语句的区别：if…else if…else 语句用于多个条件依次判别，每个条件对应一个出口，从多个条件中取一的情况；switch 语句用于单条件、多结果的测试，从其多种结果中取一的情况。要根据具体的问题，具体分析后选择适合的结构。

4.3　if 语句的嵌套结构

if 语句的嵌套是在 if 语句中又包含一个或多个 if 语句，通过使用嵌套的 if 语句可以解决一些比较复杂的选择问题。

例如：用 if 嵌套结构实现，判断某一年是否为闰年。

```
#include "stdio.h"
int main(){
    int year,leap;
    scanf("%d",&year);
    if(year%4==0)                       /*被 4 整除*/
        if(year%100==0)                 /*被 4、100 整除*/
            if(year%400==0) leap=1;     /*被 4、100、400 整除，leap=1（闰年）*/
            else leap=0;                /*被 4、100 整除，不能被 400 整除，leap=0*/
        else leap=1;                    /*被 4 整除，不能被 100 整除，leap=1*/
    else leap=0;                        /*不能被 4 整除，leap=0*/
    if(leap)
        printf("%d: leap\n",year);
    else
        printf("%d: non leap\n",yaer);
}
```

1．语法格式

形式 1：

```
if( )
    if( )语句 1;
    else 语句 2;
else
    if( )语句 3;
    else 语句 4;
```

形式 2：

```
if( )
    if( )语句 1;
    else 语句 2;
else
    语句 3;
```

形式 3：

```
if( )
    语句 1;
else
    if( )语句 2;
    else 语句 3;
```

2．语法解释

if 语句可以内嵌在 if 分支中，也可以内嵌在 else 分支中，当然也可以同时内嵌在 if 分支和 else 分支中。

需要注意的是，else 与它上面最近的且没有 else 配对的 if 相匹配。因此，为了避免视觉混淆，在 if 与 else 个数不相等的情况下，尽量使用花括号解决 if 和 else 的对应问题。在程序书写时，也要注意位置上的对称和相应的层次感，养成良好的程序书写习惯也是很重要的。

例如：

```
if( ){
    if( )
        语句 1;
```

```
    }                        /*复合语句属于第一个 if 子句*/
else
    语句 2;                  /* else 与外层 if 匹配*/
```

对上述 if 结构，如果第一个 if 子句的后面没有花括号，将代码书写为如下的形式，那么 else 子句将与第二个 if 子句匹配。

```
if (  )
    if (  )
        语句 1;
else
    语句 2;          /* else 与第二个 if 匹配*/
```

例 4.15 编写程序求解 $y=\begin{cases}x, x<1\\2x-1, 1\leqslant x<10\\3x-11, x\geqslant 10\end{cases}$，输入一个 x 值，输出 y 值。

问题分析与程序思路：

此题既可以用 if 语句序列，也可以用 if 语句嵌套结构完成，但两种方法有差异。

（1）用 if 语句序列实现，程序代码如下：

```
#include "stdio.h"
int main(){
    float x,y;
    printf("Input x:");
    scanf("%f", &x);
    if(x<1)
        y=x;
    if(x>=1&&x<10)
        y=2*x-1;
    if(x>=10)
        y=3*x-11;           /*3 个 if 语句序列*/
    printf("y=%.2f \n", y);
}
```

此程序不论 x 为何值，3 个 if 语句都要被执行。

（2）用 if 语句嵌套结构实现，算法如图 4.5 所示。

程序代码如下：

```
#include "stdio.h"
int main(){
    float x,y;
    printf("Input x:");
    scanf("%f", &x);
    if(x>=1)             /*不可加分号，语句没有结束*/
        if(x>=10)
            y=3*x-11;
        else
            y=2*x-1;
    else
        y=x;             /*为第一个 if 的 else，是 x<1 的情况) */
    printf("y=%.2f\n", y);
}
```

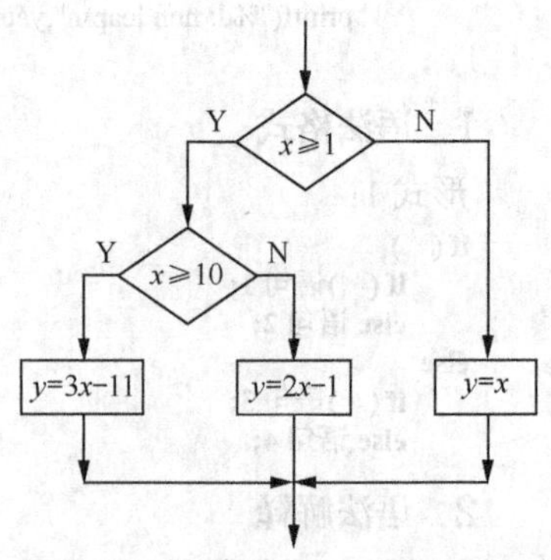

图 4.5　用 if 嵌套结构求解例 4.15

此程序当 x<1 时就跳到“else y=x;”语句，不是所有的语句都要被执行。与用 if 语句序列实现的程序相比，提高了工作效率，具有良好的可读性。

例 4.16 输入 3 个实数 a、b、c，要求按由大到小顺序输出。

问题分析与程序思路：

此题既可以用 if 语句序列实现，也可用 if 语句嵌套结构实现。

（1）用 if 语句序列实现的算法如下：

if a>b 将 a 和 b 对换（a 是 a、b 中的小者）；

if a>c 将 a 和 c 对换（a 是 a、c 中的小者，因此 a 是三者中最小者）；

if b>c 将 b 和 c 对换（b 是 b、c 中的小者，也是三者中次小者）。

然后顺序输出 a、b、c 即可。这种方法程序结构较为简单。

（2）用 if 语句嵌套结构实现，程序代码如下：

```
#include <stdio.h>
int main(){
    float a,b,c;
    printf("Input a,b,c:");
    scanf("%f,%f,%f",&a,&b, &c);
    if(a>b)
        if(a>c)
            if(b>c)
                printf("%5.2f, %5.2f, %5.2f \n", a,b,c);        /*当 a>b>c 时*/
            else
                printf("%5.2f, %5.2f, %5.2f \n", a,c,b);        /*当 a>b, a>c, b<c 时*/
        else
            printf("%5.2f, %5.2f, %5.2f \n", c,a,b);            /*当 a>b, a<c 时*/
    else
        if(b<c)     /* 当 a<b 时*/
            printf("%5.2f, %5.2f, %5.2f \n",c,b,a);             /*当 a<b<c 时*/
        else if(a<c)
            printf("%5.2f, %5.2f, %5.2f \n", b,c,a);            /*当 a<b, b>c 时*/
        else
            printf("%5.2f, %5.2f, %5.2f \n", b,a,c);            /*当 a<b, b>c, a>c 时*/
}
```

例 4.17 考虑下面程序输出结果。

```
#include <stdio.h>
int main(){
    int x=100,a=10,b=20;
    int v1=5,v2=0;
    if(a<b)
        if(b!=15)
            if(!v1)
                x=1;
            else
                if(v2) x=10;
                else x=-1;
    printf("%d",x);
}
```

输出结果为：−1。

4.4 综合应用实例

例 4.18 输入 4 个整数，要求从小到大顺序输出。

问题分析与程序思路：

用依次比较的方法，通过一个中间变量交换较大数与较小数。两个数比较大小需要比较 1 次，3 个数要比较 3 次，4 个数要比较 6 次等。

程序代码如下：

```
#include <stdio.h>
int main(){
    int a,b,c,d,t;
    printf("input a,b,c,d: ");
    scanf("%d,%d,%d,%d",&a,&b,&c,&d);
    if(a>b) {t=a;a=b;b=t;};
    if(a>c) {t=a;a=c;c=t;};
    if(a>d) {t=a;a=d;d=t;};
    if(b>c) {t=b;b=c;c=t;};
    if(b>d) {t=b;b=d;d=t;};
    if(c>d) {t=c;c=d;d=t;};
    printf("%d,%d,%d,%d\n",a,b,c,d);
}
```

例 4.19　输入一个不多于 5 位的正整数，求它是几位数并输出每一位数字。

问题分析与程序思路：

n>9999，*n* 为 5 位数；否则 *n*>999，*n* 为 4 位数……。对于输出的每一位数字，万位=*n*/10000 取整，千位=(*n*−万位*10000)/1000……。

程序代码如下：

```
#include <stdio.h>
#include "math.h"
int main(){
    long n;
    int g=0,s=0,b=0,q=0,w=0,c=0;
    printf("Input an integer(<100000): ");
    scanf("%ld",&n);
    if(n>9999) c=5;
    else if(n>999) c=4;
    else if(n>99) c=3;
    else if(n>9) c=2;
    else c=1;
    printf("count=%d\n",c);
    printf("digit: ");
    switch(c){
        case 5:w=n/10000; printf("%d,",w);
        case 4:q=(int)(n-w*10000)/1000; printf("%d,",q);
        case 3:b=(int)(n-w*10000-q*1000)/100; printf("%d,",b);
        case 2:s=(int)(n-w*10000-q*1000-b*100)/10; printf("%d,",s);
        default: g=n%10; printf("%d\n",g);
    }
}
```

例 4.20　求一元二次方程 $ax^2+bx+c=0$ 的根。

问题分析与程序思路：

算法步骤如图 4.6 所示。

一元二次方程的根有下列情况：

当 $a=0$，$b=0$ 时，方程无解；

当 $a=0$，$b\neq0$ 时，方程只有一个实根 $-c/b$；

当 $a\neq0$，$b^2-4ac\geqslant0$ 时，方程有两个实根；

当 $a\neq0$，$b^2-4ac<0$ 时，方程有两个虚根。

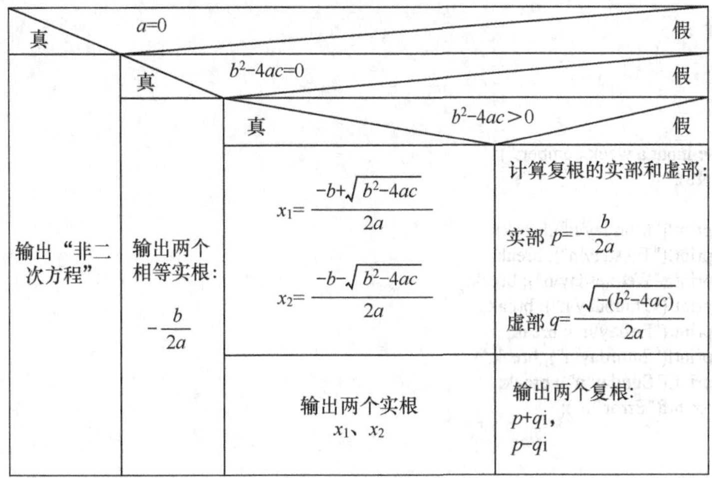

图 4.6　例 4.20 算法步骤

程序代码如下：

```
#include "stdio.h"
#include "math.h"
int main(){
    float a,b,c,disc,x1,x2,p,q;
    printf("a,b,c=");
    scanf("%f,%f,%f",&a,&b,&c);
    if(fabs(a)<=1e-6 && fabs(b)<=1e-6)
        printf("havn't root!\n");   /*a=0，b=0，方程无解 */
    else if (fabs(a)<=1e-6 && fabs(b)>1e-6)
        printf("single root: %8.4f\n",-c/b);   /*a=0，b≠0，方程只有一个实根-c/b*/
    else{
        disc=b*b-4*a*c;
        if (fabs(disc)<=1e-6||disc>1e-6){
            x1=(-b+sqrt(disc))/(2*a);
            x2=(-b-sqrt(disc))/(2*a);
            printf("two root!\n");        /*当 b2-4ac≥0 时有两个实根*/
            printf("x1=%8.4f\n",x1);
            printf("x2=%8.4f\n",x2);
        }
        else {
            p=-b/(2*a); q=sqrt(-disc)/(2*a);
            printf("two imaginary root !\n"); /*当 b2-4ac<0 时有两个虚根*/
            printf("x1=%8.4f+%8.4fi\n", p,q);
            printf("x2=%8.4f-%8.4fi\n",p,q);
        }
    }
}
```

注意：

（1）disc 代表 b^2-4ac，先计算 disc 的值，以减少以后的重复计算。p 代表实部，q 代表虚部，以增加可读性。

（2）由于 a、b、disc（即 b^2-4ac）为实数，而实数在计算和存储时会有一些微小的误差，因此不能直接进行如下判断：if (a==0) ……。所以采取的办法是判别 a 的绝对值 fabs(a)是否小于一个很小的数（如 10^{-6}），如果小于此数，就认为 a=0。

例 4.21　输入一个星期数字，输出其对应的英文单词。

问题分析与程序思路：

此题用 switch 语句实现，并注意使用 break 语句。

程序代码如下：

```
#include "stdio.h"
int main(){
    int a;
    printf("please input a week number:");
    scanf("%d",&a);
    switch(a){
        case 1:printf("Monday\n");break;
        case 2:printf("Tuesday\n"); break;
        case 3:printf("Wednesday\n"); break;
        case 4:printf("Thursday\n"); break;
        case 5:printf("Friday\n"); break;
        case 6:printf("Saturday\n"); break;
        case 7:printf("Sunday\n"); break;
        default:printf("Error!\n");
    }
}
```

例 4.22 用C语言编制一个在微机上练习加法、减法、乘法、除法（取整数部分）和求余数运算的程序。对程序功能的基本要求如下：

（1）随机产生运算所需的两个操作数（0～99）；

（2）程序自动判断用户的计算结果是否正确。

问题分析与程序思路：

randomize()函数为随机函数 random()提供不同的随机种子，这里用 random()产生 0～99 的随机整数，函数原型在"stdlib.h"和"time.h"中。本程序用 switch 语句结合 if…else…结构实现。

程序代码如下：

```
#include "stdio.h"
#include "conio.h"
#include "stdlib.h"
#include "time.h"
int main(){
    char options;                /*options 存储用户选择的运算符 */
    int n1, n2, result;
    randomize();                 /*为 random()提供不同的随机种子*/
    n1 = random(100);
    n2 = random(100);            /*产生两个 0～99 的随机整数*/
    printf("Please choose one option(+,-,*,/,%) : ");
    scanf("%c", &options);
    switch(options){
        case '+':
            printf("%2d+%2d = ", n1, n2);
            scanf("%d",&result);
            if (result == n1+n2)          /*计算正确*/
                printf("Great! Your answer is correct. \n ");
            else      /*计算不正确*/
                printf("Sorry! Correct answer: %2d+%2d=%d\n ", n1, n2, n1+n2);
            break;
        case '-':
            printf("%2d-%2d =", n1, n2);
            scanf("%d" , &result);
            if (result ==n1-n2)           /*计算正确*/
                printf("Great! Your answer is correct. \n ");
            else        /*计算不正确*/
                printf("Sorry! Correct answer: %2d-%2d=%d\n ", n1, n2, n1-n2);
            break;
        case '*':
            printf("%2d*%2d = ", n1, n2);
            scanf("%d" , &result);
            if (result ==n1*n2)           /*计算正确*/
```

```
                printf("Great! Your answer is correct. \n ");
            else        /*计算不正确*/
                printf("Sorry! Correct answer: %2d *%2d=%d\n ", n1, n2, n1*n2);
            break;
        case '/':
            printf("%2d/%2d = ", n1, n2);
            scanf("%d" , &result);
            if (result == n1/ n2)            /*计算正确*/
                printf("Great! Your answer is correct. \n ");
            else        /*计算不正确*/
                printf("Sorry! Correct answer: %2d/%2d=%d\n ", n1, n2, n1/n2);
            break;
        case '%':
            printf("%2d rem %2d = ", n1, n2);
            scanf("%d" , &result);
            if (result == n1% n2)            /*计算正确*/
                printf("Great! Your answer is correct. \n ");
            else        /*计算不正确*/
                printf("Sorry! Correct answer: %2d rem%2d=%d\n ", n1, n2, n1%n2);
            break;
        default: printf("Input error!\n");
    } /*switch()结束*/
}
```

4.5 智能算法能力拓展

例 4.23 单层神经元构成的感知机是最早出现的人工神经网络，如图 4.7 所示。

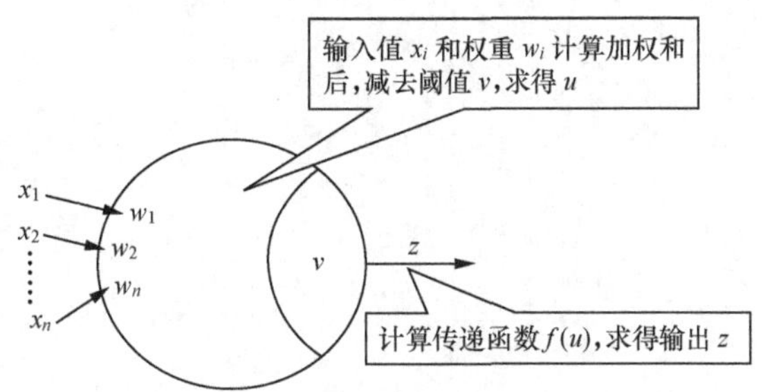

图 4.7 单个人工神经元结构

神经元以实值向量 $x_1, x_2, \cdots, x_n$ 作为输入，乘以预先确定的权重向量 $w_1, w_2, \cdots, w_n$，计算其线性累加和，然后减去称为阈值的常数 v。即：

$$u = \sum_{i=1}^{n} w_i x_i - v$$

最后通过传递函数（transfer function）$f(u)$，得到人工神经元的输出 $z=f(u)$。传递函数可用阶梯函数、sigmoid 函数等常用函数。阶梯函数公式为：

$$f(u) = \begin{cases} 1, u > 0 \\ -1, 其他 \end{cases}$$

上述感知机可看作是一种线性的人工神经单元。人工神经元的行为随着权重和阈值的变化而变化，如果希望人工神经元完成某种特定的行为，就需要决定这一行为所对应的权重和阈值。因此，人工神经元的学习是指确定适当的权重和阈值的过程。

编程实现上述单层感知机，并假设神经元有两个输入 x_1 和 x_2，权重 w_1 和 w_2 均为 1。现从键盘对(x_1,x_2)分别输入(0,0)、(0,1)、(1,0)和(1,1)，请分析在以下两种情况中，该神经元所完成的操作与什么运算功能是等价的？

（1）阈值 v=1.5；

（2）阈值 v=0.5。

问题分析与程序思路：

由于输入数量少，因此只需要简单的四则运算即可；若输入数量较多，则采用数组作为数据结构，同时结合使用循环结构更便于计算。对于传递函数，用户可以使用阶梯函数，通过简单的选择结构即可完成判断。

4.6 习题

1. 编写一个程序，实现如下功能：输入一个实数，按 1 输出此数的相反数；按 2 输出此数的平方根；按 3 输出此数的平方。

2. 编写一个程序，实现输入某年某月某日，判断这一天是这一年的第几天。

3. 编写一个程序，实现输入一个不多于 3 位的正整数，要求：

（1）求出它是几位数；

（2）用 switch 语句逆序输出各位数字，例如原数 321，应输出 123。

第 5 章

循环结构程序设计

本章致力于使读者了解循环结构程序设计，重点介绍 while 循环、for 循环和 do…while 循环结构，并且对这 3 种循环结构的嵌套使用，以及不同特点进行详细讲解。在此基础上，对提前终止循环 break 语句和提前结束本次循环 continue 语句进行讲解。通过对本章的学习，读者能够理解循环结构，掌握 while 循环、for 循环和 do…while 循环语句的使用方法，区分 3 种循环结构的不同特点和嵌套使用方式，以及如何用 break 语句和 continue 语句控制程序的流程。

5.1 while 循环

5.1.1 while 循环结构

while 循环的一般形式如下：

```
while(表达式) {
    语句;
}
```

while 循环在执行时首先判断循环条件，即括号内的表达式。若判断结果为真，执行其后的语句（即循环体）。循环体每执行一次，都会重新判断循环条件。若初次判断循环条件结果为假，则跳过循环，执行循环后面的语句。若初次判断循环条件结果为真，在其后的循环过程中，必须有判断循环条件结果为假的情况，否则循环将陷入死循环。循环体可以是一条简单的语句，也可以是复合语句。while 循环的执行流程图如图 5.1 所示。

while 循环的执行步骤如下。

（1）求解表达式的值。

（2）若其值为真，则执行 while 循环中的循环体，然后执行步骤（1）；若其值为假，则执行步骤（3）。

（3）循环结束，执行 while 循环后面的语句。

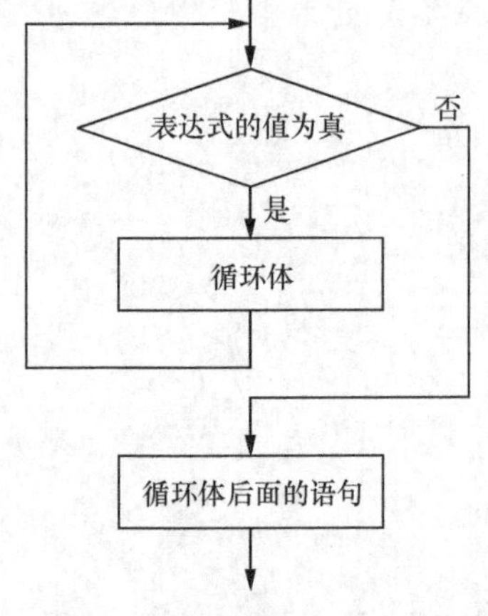

图 5.1　while 循环的执行流程图

5.1.2 while 循环实例解析

例 5.1　计算 1～50 内所有自然数的总和。

问题分析与程序思路：

利用 while 循环将 1～50 的自然数进行累加运算，直到表达式的值为假，循环结束，执行 while 循环后面的语句。

首先定义两个变量 *SUM* 和 *NUM*。*SUM* 表示计算 1～50 累加和的结果，*NUM* 表示 1～50 的所有数字。*SUM* 初始赋值为 0，*NUM* 初始赋值为 1。然后根据 while 循环条件判断 *NUM* 是否小于或等于 50，若结果为真，则执行 while 循环中的循环体；若结果为假，则跳过循环执行后面的语句。在循环体中，*SUM* 等于先前计算结果加上 *NUM* 当前的值，完成累加操作。执行“NUM++;”语句，表示自身加 1。循环体执行结束，while 重新判断新的 *NUM* 值。当 *NUM* 大于 50 时，循环终止，输出 *SUM* 结果。

程序代码如下：

```
#include <stdio.h>
int main(){
    int SUM=0;
    int NUM=1;
    while(NUM<=50) {
        SUM=SUM+NUM;
        NUM++;
    }
    printf("the result is:%d\n",SUM);
    return 0;
}
```

5.2 for 循环

5.2.1 for 循环结构

for 循环与 while 循环相似，但它的循环逻辑更加丰富。相较于其他循环结构，在 C 语言中，for 循环用法最为灵活。for 循环的一般形式如下：

```
for(表达式 1;表达式 2;表达式 3) {
    语句;
}
```

for 循环括号内包含 3 个用分号隔开的表达式，其后紧跟着循环语句（即循环体）。for 循环执行时，首先求解第一个表达式，接着求解第二个表达式。若第二个表达式的值为真，程序就执行循环体的内容，并求解第 3 个表达式；然后检验第二个表达式，执行循环；如此反复，直到第二个表达式的值为假，跳出循环。

for 循环的执行流程如图 5.2 所示。

for 循环的执行步骤如下。

（1）求解表达式 1 的值。

（2）求解表达式 2 的值，若其值为真，则执行 for 循环中的循环体，然后执行步骤（3）；若其值为假，则转到步骤（5）。

（3）求解表达式 3 的值。

（4）执行步骤（2）。

（5）循环结束，执行 for 循环后面的语句。

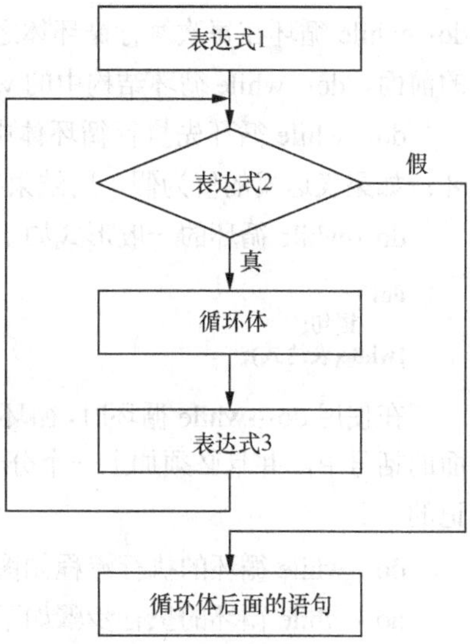

图 5.2　for 循环的执行流程图

5.2.2 for 循环实例解析

例 5.2　输入 15 名学生的成绩，统计及格率和平均成绩。

问题分析与程序思路：

利用 for 循环将 1～15 名学生的成绩累加求和并统计及格人数，直到表达式 3 的值为假，循环结束，执行 for 循环后面的语句，即计算及格率和平均成绩。

首先定义整型变量 *N* 和循环变量 *i*，*N* 表示及格人数，初始值 *N*=0；在 for 循环中对 *i* 进行赋初值 *i*=1，判断 *i*<=15 的条件是否为真，根据判断的结果选择是否执行循环体。然后定义浮点型变量 *G* 和 *S*，*G* 表示学生成绩，*S* 表示总成绩，初始值 *S*=0，利用输入函数，根据指定的格式从键盘上把 15 名学生的成绩输入指定的变量 *G* 中。在循环体中计算这些学生成绩的总和 *S*，并通过 if 语句判断输入的每个成绩是否大于或等于 60。最后通过将总和 *S* 除以 15 计算平均成绩，通过成绩大于或等于 60 的学生人数除以 15.0 计算及格率，并输出结果。

程序代码如下：

```
#include <stdio.h>
int main(){
```

```
    int N=0,i;
    float G,S=0;
    for(i=1;i<=15;i++) {
        scanf("%f",&G);
        S=S+G;
        if(G>=60)
            N++;
    }
    printf("平均成绩=%.2f\n",S/15);
    printf("及格率=%.2f%%\n",N/15.0*100);
    return 0;
}
```

5.3 do…while 循环

5.3.1 do…while 循环结构

while 循环和 do…while 循环的主要区别为 while 循环在每次执行循环体之前检验条件，do…while 循环在每次执行循环体之后检验条件。while 循环结构中的 while 关键字出现在循环体的前面，do…while 循环结构中的 while 关键字出现在循环体的后面。

do…while 循环先执行循环体中的循环，然后求解表达式的值是否为真，如果为真则继续循环；如果表达式的值为假，则结束循环。因此，do…while 循环至少要执行一次循环。

do…while 循环的一般形式如下：

```
do{
    语句;
}while(表达式);
```

在使用 do…while 循环时，循环条件要放在 while 关键字后面的括号中，并且必须加上一个分号，这是许多初学者容易忘记的。

do…while 循环的执行流程如图 5.3 所示。

do…while 循环的执行步骤如下。

（1）执行循环体。

（2）求解表达式的值，若其值为真，则执行步骤（1）；若其值为假，则执行步骤（3）。

（3）循环结束，执行 do…while 循环后面的语句。

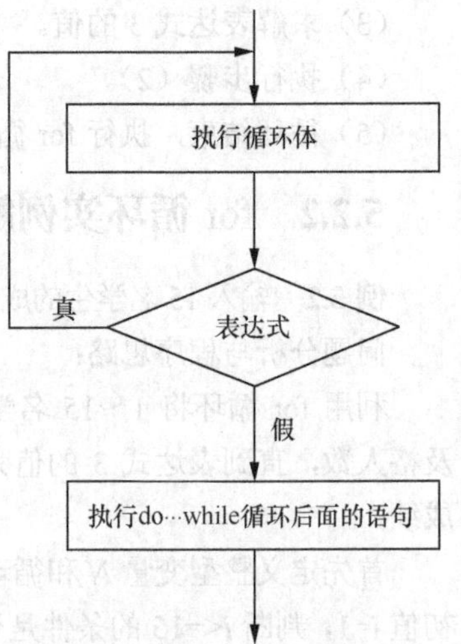

图 5.3　do…while 循环执行流程图

5.3.2 do…while 循环实例解析

例 5.3　利用 do…while 循环显示 1～7 天的日期。

问题分析与程序思路：

利用 do…while 循环将 1～7 按顺序显示，首先第一次循环显示 *day* 的初始值 1，并将 *day* 的值加 1，*day*=2。然后进行条件判断，*day*≤7 的结果为真，返回到循环体进入下一次循环，直到 *day* 的值为 7 时，显示 *day* 的值为 7，*day* 的值加 1。最后 *day*=8，进行条件判断，*day*≤7 的结果为假，结束循环。

程序代码如下：

```
#include <stdio.h>
int main(){
    int day=1;
    do {
        printf("%d\n",day);
        day++;
    }while(day<=7);
    return 0;
}
```

5.4 循环的嵌套

循环的嵌套是一个循环体内又包含另一个完整的循环结构。若内层循环又包含了一个完整的循环，则构成多重循环。

例 5.4　打印乘法口诀表。

```
1×1=1
1×2=2    2×2=4
1×3=3    2×3=6    3×3=9
1×4=4    2×4=8    3×4=12   4×4=16
1×5=5    2×5=10   3×5=15   4×5=20   5×5=25
1×6=6    2×6=12   3×6=18   4×6=24   5×6=30   6×6=36
1×7=7    2×7=14   3×7=21   4×7=28   5×7=35   6×7=42   7×7=49
1×8=8    2×8=16   3×8=24   4×8=32   5×8=40   6×8=48   7×8=56   8×8=64
1×9=9    2×9=18   3×9=27   4×9=36   5×9=45   6×9=54   7×9=63   8×9=72   9×9=81
```

问题分析与程序思路：

利用两次 for 循环完成乘法口诀表的顺序显示，第一个 for 循环可看成乘法口诀表的行数，同时也是每行进行乘法运算的第一个因子；第二个 for 循环范围的确定建立在第一个 for 循环的基础上，即第二个 for 循环的最大取值是第一个 for 循环中变量的值。

首先定义变量 y 控制每行数据中乘法运算第二个因子的最大值，y 的初始值为 1，终值为 x。输出的每组数据又与变量 x 和 y 有关，每组数据由变量 x、y 及 $x×y$ 构成。最后输出共 9 行数据，每行要输出若干组数据和换行。每行数据的数量与行数有关，即第 x 行输出 x 组数据，这 x 组数据又可用另一个循环结构控制输出，每次输出一组数据。

程序代码如下：

```
#include <stdio.h>
int main(){
    int x,y;
    for(x=1;x<=9;x++) {
        for(y=1;y<=x;y++) {
            printf("%d*%d=%-4d",y,x,x*y);
        }
        printf("\n");
    }
}
```

循环嵌套的注意事项如下。

（1）内循环和外层循环不能交叉，外层循环必须完整包含内层循环。

（2）若内循环和外层循环均为 for 循环，循环控制变量不能同名。

（3）3 种循环可以相互嵌套。

5.5 循环结构的讨论

5.5.1 while 循环、for 循环和 do…while 循环的比较

while 循环、for 循环和 do…while 循环都可以用来处理同一个问题，一般可以互相代替。while 和 do…while 循环，循环体中应包括使循环趋于结束的语句。利用 while 和 do…while 循环时，循环变量的初始化应在 while 和 do…while 语句之前完成，而 for 语句可以在表达式 1 中实现循环变量的初始化。

例 5.5 利用 for 循环实现例 5.1。

问题分析与程序思路：

利用 for 循环执行循环操作，括号中第一个表达式为循环变量 *NUM* 进行赋值 *NUM*=1。第二个表达式是判断条件，条件为真，执行循环体中的内容；条件为假，不进行循环操作。在循环体中，进行累加操作。然后执行 for 括号中的第 3 个表达式，"NUM++"是对循环变量进行自增操作。循环结束后，将保存计算结果的变量 *SUM* 进行输出。

程序代码如下：

```
#include <stdio.h>
int main(){
    int NUM;
    int SUM=0;
    for(NUM=1;NUM<=50;NUM++) {
        SUM=NUM+SUM;
    }
    printf("the result is:%d\n",SUM);
    return 0;
}
```

例 5.6 利用 do…while 循环实现例 5.1。

问题分析与程序思路：

对于 do…while 循环，do 关键字之后先执行循环体，在循环体中进行累加操作，并对 *NUM* 变量进行自增操作。对于 while 语句循环条件，如果表达式的值为真，则继续执行上面的循环体；若其值为假，则循环结束，执行 do…while 循环后面的语句。

程序代码如下：

```
#include <stdio.h>
int main(){
    int NUM=1;
    int SUM=0;
    do {
        SUM=SUM+NUM;
        NUM++;
    }while(NUM<=50);
    printf("the result is:%d\n",SUM);
    return 0;
}
```

对于相同的问题，比较例 5.1、例 5.5 和例 5.6，在使用 while 循环之前，变量要先进行赋初值，*NUM*=1 相当于 for 循环中第一个表达式的作用；在 while 括号中的表达式 *NUM*<=50 与 for 循环中第二个表达式相对应；while 循环体中的 *NUM*++与 for 循环括号中的最后一个表达式相对应。对

应 do…while 循环是先执行 do 关键字之后的循环体，再进行条件求解。一般情况下，while 循环、for 循环和 do…while 循环能完成相同的功能。

5.5.2　提前终止循环 break 语句

break 语句通常用来提前结束循环，即不管表达式的结果如何（不是循环条件），强行终止循环。当 break 语句用于 while 循环、for 循环和 do…while 循环时，可使程序终止循环而执行循环后面的语句，通常 break 语句总是与 if 语句联系在一起，即满足条件时跳出循环。

break 语句的一般形式如下：

```
break;
```

例 5.7　在输出 1～10 序列的循环中，使用 break 语句在输出值为 4 时跳出循环。

问题分析与程序思路：

首先变量 iCount 在 for 语句中被赋初值为 0，因为 iCount<10，所以循环执行 10 次。在循环语句中使用 if 语句判断当前 iCount 的值，当 iCount 值为 5 时，if 判断为真，使用 break 语句跳出循环。

程序代码如下：

```
#include <stdio.h>
int main(){
    int iCount;
    for(iCount=0; iCount<10; iCount++) {
        if(iCount==5) {
            printf("break here\n");
            break;
        }
    printf("the counter is:%d\n",iCount);
    }
    return 0;
}
```

提前终止循环 break 语句的注意事项如下。

（1）break 语句对 if…else 的条件语句不起作用。

（2）在嵌套循环中，一个 break 语句只向外跳一层循环。

5.5.3　提前结束本次循环 continue 语句

continue 语句的作用是跳过循环本中剩余的语句而强行执行下一次循环。continue 语句只用于 while 循环、for 循环和 do…while 循环体中，常与 if 条件语句一起使用，以用来加速循环。

continue 语句的一般形式如下：

```
continue;
```

例 5.8　在输出 1～10 序列的循环中，使用 continue 语句跳过 5。

问题分析与程序思路：

对于相同的问题，比较例 5.7 和例 5.8，区别在于将使用 break 语句的位置改写成了 continue 语句。continue 语句只结束本次循环，所以剩下的循环还是会继续执行。

程序代码如下：

```
#include <stdio.h>
int main(){
    int iCount;
    for(iCount=0;iCount<10;iCount++) {
        if(iCount==5) {
```

```
            printf("continue here\n");
            continue;
        }
    printf("the counter is:%d\n",iCount);
    }
    return 0;
}
```

5.6 综合应用实例

例 5.9 计算 1!+2!+3!+4!+5!的值。

问题分析与程序思路：

计算多项式值是循环结构的典型应用，解决这类问题的关键是找出多项式的通项表达式。通项表达式一般是与前几项有关的函数，或是与项数有关的函数。根据问题分析，设循环变量为 *i*，*i* 从 1 变化到 5，赋初始值 *x*=1，依次 *i* 与 *x* 相乘，并将乘积赋予 *x*，再将 *x* 与 *y* 相加。

程序代码如下：

```
#include <stdio.h>
int main(){
    int i;
    int x=1,y=0;
    for(i=1;i<6;i++) {
        x=x*i;
        y=y+x;
    }
    printf("1!+2!+3!+4!+5!=%d\n",y);
}
```

例 5.10 输出 Fibonacci 数列的前几项，直到该项的值大于 10000 为止（每行输出 5 项）。Fibonacci 数列为 1,1,2,3,5,8,13,21,34,…，即第一项和第二项为 1，其他项为前两项之和。

问题分析与程序思路：

Fibonacci 数列的第 1 项和第 2 项分别是 1，从第 3 项起，每项是其前两项之和。第 1 项和第 2 项可直接初始化并输出；第 2 项至第 *n* 项需经过计算，然后输出，可以使用循环结构完成，循环次数为 *n*−2 次。

程序代码如下：

```
#include <stdio.h>
int main(){
    int x1=1,x2=1,x3=2,i=3;
    printf("%d\t%d\t%d\t",x1,x2,x3);
    while(x3<=10000) {
        x1=x2;x2=x3;
        x3=x1+x2;
        printf("%d\t",x3);
        i++;
        if(i%5==0)
            printf("\n");
    }
}
```

例 5.11 输出 1000～9999 中所有的回文数(回文数是指从左到右读与从右到左读都一样的正整数，如 11,22,3443 等)。

问题分析与程序思路：

若输出 1000～9999 中所有的回文数，应对输出结果及其个位、十位、百位和千位进行定义，然后限制输出结果个位与千位相等，十位与百位相等。

程序代码如下：

```
#include <stdio.h>
int main(){
    long i;
    int UNI,TEN,HUN,THO,k=0;
    for(i=1000;i<=9999;i++) {
        UNI=i%10; THO=i/1000;
        TEN=i/10%10; HUN=i/100%10;
        if(UNI==THO&&TEN==HUN) {
            k++;
            printf("%12d",i);
            if(k%5==0) printf("\n");
        }
    }
}
```

例 5.12 输出 10～100 之间所有各位数之积大于各位数之和的数，例如 23，因为 2*3>2+3。

问题分析与程序思路：

根据题意，应对输出结果及其个位和十位进行定义，然后限制输出结果个位和十位之积大于个位和十位之和。

程序代码如下：

```
#include <stdio.h>
int main(){
    int i, ge, shi;
    int cnt=0;
    for(i=10;i<=99;i++) {
        ge=i%10;
        shi=i/10;
        if((ge*shi)>(ge+shi)) {
            printf("%d\t",i);
            ++cnt;
            if(cnt%10==0)
                printf("\n");
        }
    }
}
```

例 5.13 找出所有“水仙花数”。水仙花数是指一个三位数，其各位数字立方和等于该数本身。例如，153 是水仙花数，因为 $153=1^3+5^3+3^3$。

问题分析与程序思路：

针对问题，应对输出结果及其个位、十位和百位进行定义，然后限制输出结果个位的立方、十位的立方和百位的立方之和等于其本身。

程序代码如下：

```
#include <stdio.h>
int main(){
    int i,UNI,TEN,HUN;
    for(i=100;i<=999;i++) {
        UNI=i%10;
        TEN=i/10%10;
        HUN=i/100;
        if(i==(UNI*UNI*UNI+TEN*TEN*TEN+HUN*HUN*HUN))
            printf("%d\t",i);
    }
}
```

例 5.14 将整数 1～16 输出为一个 4×4 的矩阵。

问题分析与程序思路：

根据题意，该题可以通过两个 for 循环嵌套完成。外层 for 循环控制行，内层 for 循环控制列。

程序代码如下：

```
#include <stdio.h>
int main(){
    int i, j;
    for(i=1; i<=4; i++) {
        for(j=1; j<=4; j++) {
            printf("%-4d", i*j);
        }
        printf("\n");
    }
    return 0;
}
```

例 5.15 输出如下所示高为 *n* 的直角三角形。

```
*
**
***
****
*****
******
*******
……
**************
```

问题分析与程序思路：

根据题意，该题可以通过两个 for 循环嵌套完成。外层 for 循环控制要输出的行数，内层 for 循环控制每行输出*的个数。在程序开始时输入任意 *n* 的值，并输出结果。

程序代码如下：

```
#include <stdio.h>
int main(){
    int i,j,n;
    scanf("%d",&n);
    for(i=0;i<n;i++) {
        for(j=0;j<=i;j++) {
            printf("*");
        }
        printf("\n");
    }
    printf("\n");
    return 0;
}
```

5.7 习题

一、程序分析题

1. 请分析如下程序运行结果。

```
#include <stdio.h>
int main(){
    int s=0,k;
```

```
    for (k=7;k>=0;k--) {
        switch(k) {
            case 1:
            case 4:
            case 7: s++; break;
            case 2:
            case 3:
            case 6: break;
            case 0:
            case 5: s+=2; break;
        }
    }
    printf("%d\n",s);
}
```

2. 请分析如下程序运行结果。

```
#include <stdio.h>
int main(){
    int i=1,s=3;
    do
    {
        s+=i++;
        if (s%7==0)
            continue;
        else
            ++i;
    } while (s<15);
    printf("%d\n",i);
}
```

3. 请分析如下程序运行结果。

```
#include <stdio.h>
int main(){
    int i,j;
    for (i=4;i>=1;i--) {
        printf("*");
        for (j=1;j<=4-i;j++)
            printf("*");
        printf("\n");
    }
}
```

4. 请分析如下程序运行结果。

```
#include <stdio.h>
int main(){
    int i,x,y;
    i=x=y=0;
    do {
        ++i;
        if(i%2!=0){x=x+i;i++;}
        y=y+i++;
    }while(i<=7);
    printf("x=%d,y=%d\n",x,y);
}
```

5. 请分析如下程序运行结果。

```
#include <stdio.h>
int main(){
    int a,b;
    for(a=1,b=2;b<50;) {
        printf("%d %d\n",a,b);
        a=a+b;
        b=a+b;
    }
```

```
    printf("%d %d\n",a,b);
}
```

6. 请分析如下程序运行结果。

```
#include <stdio.h>
int main(){
    char ch='*';
    int n=5;
    while(1) {
        for(int i=0;i<n;i++)
            printf("%c",ch);
        printf("\n");
        if(--n==0)break;
    }
}
```

二、编程题

1. 有一分数序列 2/1,3/2,5/3,8/5,13/8,21/13,…请编写一个程序，求出这个数列的前 20 项之和。

2. 请编写一个程序，求 $S = a + aa + aaa + \cdots + \overbrace{a\cdots a}^{n个}$ 的值。其中 a 是一位数字，a、n 由键盘输入。例如，当 a=2, n=5 时，S＝2+22+222+2222+22222。

第6章 数组

在第 4 章的例 4.20 中已讨论过用选择结构对 3 个数排序的问题，在该程序中采用了 3 个变量，程序长约为 18 行。试想一下：若对 100 个数进行排序应该如何编写程序？程序的长度会是多少？用多少个变量？显然用选择结构书写的程序可以解决此问题，但程序太长，且可读性差，调试和查找错误很困难。此外需要 100 个变量来表示这些数，那么如何命名这些变量才能使其更简洁呢？

参考一下数学上数列的表示方法。正整数数列可用 $a_1,a_2,a_3,\cdots$ 来表示，且 $a_n=a_{n-1}+1$。正奇数数列可用 $b_1,b_2,b_3,\cdots$ 来表示，且 $b_n=b_{n-1}+2$。其中字母 a、b 分别代表两个数列，下标代表该数在数列中的序号。通过计算下标可找到数列中的数。

在 C 语言中，用数组表示数学上数列的概念。数组是有序的数据集合，且数组中每一个元素的数据类型都相同，存储时在内存中占据连续的存储单元。不同的数组名代表不同的集合，下标代表某数在集合中的位置。C 语言不支持 a_1 这种数学下标表示方式，而是把它写成 a[1]。将数组与循环结合起来可以解决对大量的数据进行存储、排序、检索统计等问题。

6.1 成组数据处理问题实例及解决方法

日常中经常会遇到大量的成组数据问题，如需要对某班某门课的成绩进行排序，找出不及格的学生，统计各分数段的人数，找出最高分、最低分并进行其他分析和计算工作。下面以一个班级学生成绩为例来阐述解决方法。

例 6.1 20100611 班有 10 人，“大学计算机基础”课程的期末考试成绩为：90,80,95,56,65,47,93,82,75,61，求最高分。

问题分析与程序思路：

（1）设第 1 个人的成绩为最高，将其值存入变量 *max* 中。

（2）用第 2 个人的成绩与 *max* 比较，若大于 *max* 的值，则用该值更新 *max*。

（3）再用下一人的成绩与 *max* 比较，若大于 *max* 的值，则用该值更新 *max*。

（4）依此方法类推，直到所有人的成绩都处理完毕。

（5）此时 *max* 的值即为最高分。

分析上述方案，第（2）步至第（4）步有重复的部分，算法实现时可考虑使用循环来完成；比较的部分可以用分支来实现。

例 6.2 在例 6.1 的基础上，求完最高分后再求 20100611 班“大学计算机基础”不及格的人数。

问题分析与程序思路：

（1）用变量 *count* 表示不及格人数，并将 *count* 清 0。

（2）用第 1 个人的成绩与 60 进行比较。若小于 60，则执行 *count=count*+1。

（3）再用下一个人的成绩与 60 进行比较。若小于 60，则执行 *count=count*+1。

（4）依此方法类推，直到所有人的成绩都处理完毕。

（5）此时 *count* 的值即为不及格人数。

分析上述方案，第（2）步至第（4）步有重复的部分，算法实现时可考虑使用循环来完成。比较的部分可以用分支来实现。

通过上述两个例子可见，对成批数据进行处理时主要的处理操作是循环和分支，编程方法已在前面章节介绍过。如果单独考虑每个例子的实现，可以考虑构造一个循环次数是 10 次的循环，在循环中读入学生的成绩，然后进行处理。如果要求两个例子在实现时有先后顺序关系，那么每处理一次就需输入一批数据会增加操作者的负担，显然是不合理的。程序设计的目的就是要利用计算机来减轻操作者的负担。

现在需要一种方案，一批数据仅输入一次，并存入计算机，下次处理时可以直接对存在计算机内的数据进行处理。利用数组正好可以解决此问题，而且通过对数组元素的下标进行计算，可以对数组内任意元素进行处理。

6.2 一维数组的定义、引用及初始化

6.2.1 一维数组的定义

定义一维数组的语法格式如下：

类型说明符 数组名[常量表达式];

说明：

① 类型说明符指定数组中每个元素的数据类型。

② 数组名的命名规则与变量名的命名规则相同。

③ 常量表达式指定数组包含元素的个数，即数组长度。

④ 数组元素的下标从 0 开始排序。

⑤ 数组名代表数组首元素的存储地址。

例如：

```
int a[5];        /*定义整型数组 a，共有 5 个元素：a[0]、a[1]、a[2]、a[3]、a[4]*/
```

6.2.2 一维数组元素的引用

一维数组元素的引用格式如下：

数组名[下标]

说明：

① 对数组只能引用数组元素。

② 下标可以是整型常量或整型表达式。

③ 数组元素可当作变量编程。

例 6.3 用有 10 个元素的数组代表前 10 个自然数并输出，输出时每个数的宽度为 4。

程序代码如下：

```
#include <stdio.h>
int main(void){
    int a[10],i;                /*定义有 10 个元素的整型数组 a 用来代表自然数*/
    /*变量 i 为数组的下标*/
    for(i=0;i<10;i++)           /*为数组元素赋值*/
        a[i]=i+1;               /*注意元素下标与元素值的对应关系*/
    for(i=0;i<10;i++)           /*输出每个元素的值*/
        printf("%4d",a[i]);     /*用%4d 指定输出的宽度为 4*/
    return 0;
}
```

6.2.3 一维数组的初始化

定义数组时可以对数组元素进行初始化。

（1）对全部元素赋初值。例如：

```
int a[3]={1,2,3};               /*初值个数与数组元素的个数相等*/
```

相当于

```
int a[3];
a[0]=1;a[1]=2;a[2]=3;
```

（2）给数组前面的部分元素赋初值。未被赋值的元素，其值默认为“0”。例如：

```
int a[5]={1,2,3};               /*初值个数与数组元素的个数不等，即有 5 个元素、3 个初值*/
```

相当于

```
int a[5];
a[0]=1;a[1]=2;a[2]=3;           /*前 3 个元素被赋指定初值*/
a[3]=0;a[4]=0;                  /*后两个元素初值为 0*/
```

（3）在定义的同时给全部元素赋初值这种情况下，可以省略数组长度。例如：

```
int a[3]={1,2,3};                    /*初值个数与数组元素的个数相等*/
```

可省略为

```
int a[ ]={1,2,3};
```

例 6.4 求斐波那契数列的前 20 项，存入数组中并输出，每行 5 个数，每个数占 8 列。

问题分析与程序思路：

从题目的要求上粗略看来，与前面章节中用循环的方式求斐波那契数列没有太大的差别。编程时定义一个存放数列的数组，编写两个循环，用第 1 个循环计算数列每一项的值并存入数组，用第 2 个循环输出。

程序代码如下：

```
#include <stdio.h>
#include <stdlib.h>
int main(void){
    int a[20]={1,1},i;          /*定义整型数组存储斐波那契数列*/
    /*前两个数不用计算，在数组定义时直接给出*/
    system("cls");              /*此函数是库函数，功能是清屏*/
    for(i=2;i<20;i++)           /*从第 3 个数开始计算每一个数*/
        a[i]=a[i-1]+a[i-2];
    for(i=0;i<20;i++){          /*输出每个元素的值*/
        if(i%5==0)              /*控制 5 个数一行*/
        printf("\n");
        printf("%8d",a[i]);
    }
    return 0;
}
```

6.3 二维数组的定义、引用及初始化

6.3.1 二维数组的定义

C 语言允许定义多维数组。此处仅以二维数组为例，其基本规则与一维数组相同。

定义二维数组的语法格式如下：

类型说明符 数组名[常量表达式 1][常量表达式 2];

说明：

① 常量表达式 1 指定第一维的长度，常量表达式 2 指定第二维的长度。

② 二维数组元素在内存中占用连续的存储空间，按行存放，即先存第 1 行的各元素再存第 2 行的各元素。

③ 我们可以从两个角度去看二维数组：一个是二维数组由元素组成；另一个是二维数组由行组成。按第二种观点，二维数组是一种特殊的一维数组，其每个元素又是一个一维数组。

例如：

```
int a[2][3];        /*定义整型二维数组 a，共有 6 个元素*/
```

数组 a 被定义成二维数组，由 6 个元素组成，其逻辑结构如图 6.1 所示。

a[0][0]　a[0][1]　a[0][2]
a[1][0]　a[1][1]　a[1][2]

图 6.1　数组 a 的逻辑结构

我们也可以将其看成一个特殊的一维数组，它由 a[0]和 a[1]两个元素组成。其中 a[0]、a[1]又分别是另外两个一维数组，a[0]和 a[1]是两个一维数组名，其逻辑结构如图 6.2 所示。

a[0]　→　a[0][0]　a[0][1]　a[0][2]
a[1]　→　a[1][0]　a[1][1]　a[1][2]

图 6.2　把数组 a 看作一维数组

6.3.2　二维数组元素的引用

二维数组元素的引用格式如下：

数组名[下标 1][下标 2]

用与一维数组类似的方法可以对二维数组元素编程。

例 6.5　定义一个 2 行 3 列的二维数组，第 1 行的值为 1、2、3，第 2 行的值为 4、5、6，并按矩阵的方式输出。

问题分析与程序思路：

程序由以下两个部分组成。

第一部分构造数组。各元素的值有规律，可由行列号计算出来：元素值=行号*3+列号+1；用一个双重循环遍历数组元素，外层循环变量 *i* 代表行号，内层循环变量 *j* 代表列号。

第二部分输出数组。同样用双重循环完成，外层循环每执行一次输出一个回车换行就会实现矩阵的效果。

程序代码如下：

```
#include <stdio.h>
#include <stdlib.h>
int main(void){
    int a[2][3],i,j;              /*定义 2×3 的数组，i 代表行号，j 代表列号*/
    system("cls");
    for(i=0;i<2;i++)              /*构造数组元素的值*/
        for(j=0;j<3;j++)
            a[i][j]=i*3+j+1;
    for(i=0;i<2;i++){             /*输出数组*/
        for(j=0;j<3;j++)
            printf("%4d",a[i][j]);
        printf("\n");             /*每行元素输出完成后输出一个回车换行*/
    }
    return 0;
}
```

6.3.3　二维数组的初始化

定义二维数组的同时可进行初始化。

（1）可分行对二维数组赋初值。例如：

```
int a[2][3]={{1,2,3},{4,5,6}};            /*外层花括号包含两对子花括号*/
                                          /*第 1 对子花括号代表第 1 行的值*/
                                          /*第 2 对子花括号代表第 2 行的值*/
```

相当于

```
int a[2][3];
a[0][0]=1;a[0][1]=2;a[0][2]=3;a[1][0]=4;a[1][1]=5;a[1][2]=6;
```

（2）可将所有数据写在一对花括号中，按顺序给各元素赋值。例如：

```
int a[2][3]={1,2,3,4,5,6};              /*与前一种方法等价*/
```

（3）可对部分元素赋初值。例如：

```
int a[3][3]={{1},{},{4,5}};              /*中间空子花括号表示对应行无值/*
```

相当于

```
int a[3][3];
a[0][0]=1;a[2][0]=4;a[2][1]=5;
```

未被赋值的元素初值为 0。

（4）在定义的同时给全部元素赋初值这种情况下，可以省略数组第一维的长度。例如：

```
int a[][3]={1,2,3,4,5,6};
```

相当于

```
int a[2][3]={1,2,3,4,5,6};
```

例 6.6 数组 a 的值为 $\begin{bmatrix}1 & 2 & 3\\4 & 5 & 6\end{bmatrix}$，将其转置后存于数组 b 中，使 b 的值为 $\begin{bmatrix}1 & 4\\2 & 5\\3 & 6\end{bmatrix}$。

问题分析与程序思路：

转置时数组 a 中第 i 行第 j 列的元素在数组 b 中变为第 j 行第 i 列，即进行了行列互换。编写程序时，注意行列的对应关系。

程序代码如下：

```
#include <stdio.h>
int main(){
    int a[2][3]={1,2,3,4,5,6},b[3][2],i,j;      /*定义 a 和 b 两个数组*/
    for(i=0;i<2;i++)                            /*i 代表数组 a 中的行号*/
        for(j=0;j<3;j++)                        /*j 代表数组 a 中的列号*/
            b[j][i]=a[i][j];                    /*数组 a 中的 i 行 j 列变为数组 b 中的 j 行 i 列*/
    for(i=0;i<3;i++){                           /*输出转换后的结果*/
        for(j=0;j<2;j++)
            printf("%4d",b[i][j]);
        printf("\n");                           /*每行后输出回车换行*/
    }
    return 0;
}
```

例 6.7 将矩阵 a 进行自身转置，转换前 a 的值为 $\begin{bmatrix}1 & 2 & 3\\4 & 5 & 6\\7 & 8 & 9\end{bmatrix}$，转换后 a 的值为 $\begin{bmatrix}1 & 4 & 7\\2 & 5 & 8\\3 & 6 & 9\end{bmatrix}$。

问题分析与程序思路：

自身转置时，我们是以主对角线为轴，互换对称元素。编写程序时，以下三角元素为主进行遍历。

程序代码如下：

```
#include <stdio.h>
int main(void){
    int a[3][3]={1,2,3,4,5,6,7,8,9},i,j,x;     /*x 用作互换的中间变量*/
    for(i=0;i<3;i++)                            /*以下三角为主进行遍历*/
```

```
        for(j=0;j<i;j++){
            x=a[i][j];                  /*互换对称元素*/
            a[i][j]=a[j][i];
            a[j][i]=x;
        }
    for(i=0;i<3;i++){                   /*输出结果*/
        for(j=0;j<3;j++)
            printf("%4d",a[i][j]);
        printf("\n");                   /*每行后换一新行*/
    }
    return 0;
}
```

6.4 字符数组的定义与引用

字符数组的每个元素均为字符型，其定义和引用方式与前述数组相同。

6.4.1 字符数组的初始化

字符数组也允许在定义时进行初始化赋值。

（1）对全部元素赋初值。例如：

```
char c[5]={'a','b','c','d','e'};        /*初值个数与数组元素的个数相等*/
```

相当于

```
char c[5];
c[0]='a';
c[1]='b';
c[2]='c';
c[3]='d';
c[4]='e';
```

（2）给数组前面的部分元素赋初值。未被赋值的元素，其值默认为'\0'。例如：

```
char c[5]={'a','b','c'};                /*初值个数与数组元素的个数不等，即有 5 个元素、3 个初值*/
```

相当于

```
char c[5];
c[0]='a';                               /*前 3 个元素被赋指定初值*/
c[1]='b';
c[2]='c';
c[3]='\0'; c[4]='\0';                   /*后两个元素初值为'\0'*/
```

（3）在定义的同时给全部元素赋初值这种情况下，可以省略数组长度。例如：

```
char c[5]={'a','b','c','d','e'};        /*初值个数与数组元素的个数相等*/
```

可省略为

```
char c[]={'a','b','c','d','e'};
```

6.4.2 字符串和字符串结束标志

在 C 语言中没有专门的字符串变量，通常用一个字符数组来存放一个字符串。前面介绍字符串常量时已说明字符串总是以'\0'作为结束符，因此当把一个字符串存入一个数组时，也把结束符'\0'存入数组，并以此作为该字符串是否结束的标志。有了'\0'标志后，就不必再用字符数组的长度来判断字符串的长度了。

C 语言允许用字符串的方式对数组进行初始化赋值。例如：

```
char c[10]={'c', ' ','p','r','o','g','r','a','m'};                /*9 个常量*/
```

相当于以下几种形式：

```
char c[10]={'c', ' ','p','r','o','g','r','a','m', '\0'};          /*最后一个是空值*/
char c[]={'c', ' ','p','r','o','g','r','a','m', '\0'};            /*可省略数组长度*/
char c[]={"C program"};                                           /*写成字符串的方式*/
char c[]="C program";                                             /*可去掉{}*/
```

6.4.3 字符数组的输入/输出

在采用字符串方式后，字符数组的输入/输出将变得简单、方便。我们可用以下两种格式进行字符数组的输入/输出。

① %c 格式：每次输入/输出一个字符。

② %s 格式：每次输入/输出一个字符串。

说明：

① 用%s 格式输出时，输出项用数组名。例如：

```
char c[]="C program";
printf("%s",c);
```

② 用%s 格式输出时，输出字符不包含结束符'\0'。

③ 用%s 格式输出时，输出是从第一个字符开始，到'\0'为止。例如：

```
char c[10]={'A', 'B', '\0', 'C', 'D', 'E', 'F', '\0', 'G', 'H'};
```

则用语句 printf("%s",c); 输出时，输出结果为 AB。

④ 用%s 格式输入时，可输入一个字符串，输入项用数组名。例如：

```
char c[10];
scanf("%s",c);
```

6.4.4 字符串处理函数

C 语言提供了丰富的字符串处理函数，使用这些函数可极大减轻编程的负担，它们大致可分为字符串的输入、输出、连接、复制、比较、求长度、大/小写转换、修改、查找等几类。用于输入/输出的字符串函数，在使用前应包含头文件"stdio.h"；使用其他字符串函数则应包含头文件"string.h"。

1．字符串输入函数 gets

语法格式如下：

```
gets(字符数组名)
```

功能：从标准输入设备（一般为键盘）输入一个字符串，并将其存入指定的数组中。本函数得到一个函数值，即为该字符数组的首地址。

注意：用该函数可以接收包含空格的字符串，输入时必须按 Enter 键结束。

例 6.8 先输入一个字符串，再输出它。

程序代码如下：

```
#include <stdio.h>
int main(){
```

```
    char st[15];
    printf("Please input a string:\n");
    gets(st);
    printf("The result string is:\n");
    puts(st);
    return 0;
}
```

2．字符串输出函数 puts

语法格式如下：

puts(字符数组名)

功能：将字符数组中的字符串输出到显示器，即在屏幕上显示该字符串。输出时，系统自动将'\0'转换为'\n'输出。

例 6.9　定义一个字符数组并输出。

程序代码如下：

```
#include <stdio.h>
int main(void){
    char c1[10]={'A', 'B', '\0', 'C', 'D', 'E', 'F', '\0', 'G', 'H'};
    char c2[]="My name is :\nZhang Ling";
    puts(c1);
    puts(c2);
    return 0;
}
```

3．字符串连接函数 strcat

语法格式如下：

strcat(字符数组名 1,字符数组名 2)

功能：把字符数组 2 中的字符串连接到字符数组 1 中的字符串后面，并删去字符串 1 后的串结束标志'\0'。本函数返回值是字符数组 1 的首地址。

例 6.10　输入一个人名，连接上前缀后并输出。

程序代码如下：

```
#include <stdio.h>
#include <string.h>
int main(void){
    char st1[30]="My name is ";
    char st2[10];
    printf("Please input your name:\n");
    gets(st2);
    strcat(st1,st2);
    printf("The result string is:\n");
    puts(st1);
    return 0;
}
```

4．字符串复制函数 strcpy

语法格式如下：

strcpy(字符数组名 1,字符数组名 2)

功能：把字符数组 2 中的字符串复制到字符数组 1 中，字符串结束标志'\0'也一同被复制。字符数名 2 也可以是一个字符串常量，这时相当于把一个字符串赋予一个字符数组。

例 6.11　复制一个字符串后并输出。

程序代码如下：

```
#include <stdio.h>
#include <string.h>
int main(){
    char st1[15]="0123456789abcd",st2[]="C Language";
    strcpy(st1,st2);
    puts(st1);
    return 0;
}
```

5．字符串比较函数 strcmp

语法格式如下：

strcmp(字符数组名 1,字符数组名 2)

功能：比较两个字符串的大小。比较时，以两个字符串中第 1 对不相同的字符决定字符串的大小。按 ASCII 码值决定字符的大小，函数的返回值为比较结果。

当字符串 1=字符串 2，返回值＝0。

当字符串 1>字符串 2，返回值>0。

当字符串 1<字符串 2，返回值<0。

本函数也可用于比较两个字符串常量或比较数组和字符串常量。例如，"ABC"="ABC"、"ABD">"ABCE"、"ABCDE"<"AD"。

例 6.12 输入一个字符串，并与字符串"C Language"进行比较。

程序代码如下：

```
#include <stdio.h>
#include <string.h>
int main(){
    int k;
    char st1[15],st2[]="C Language";
    printf("input a string:\n");
    gets(st1);
    k=strcmp(st1,st2);
    if(k==0) printf("st1=st2\n");
    if(k>0) printf("st1>st2\n");
    if(k<0) printf("st1<st2\n");
    return 0;
}
```

6．求字符串长度函数 strlen

语法格式如下：

strlen(字符数组名)

功能：求字符串的实际长度（即有效字符的个数）。若用字符数组存储字符串，则其长度为第 1 个'\0'之前的字符个数。函数的返回值为求出的字符串长度。

例 6.13 求一个字符串的长度。

程序代码如下：

```
#include <stdio.h>
#include <string.h>
int main(void){
    int k;
    char st[]="C language";
    k=strlen(st);
    printf("The length of the string is %d\n",k);
    return 0;
}
```

6.5 综合应用实例

例 6.14 求斐波那契数列前 20 项中第 1、5、9、13、17 项的和。

问题分析与程序思路：

若仅仅计算斐波那契数列前若干项的值，那么用数组或用循环都可以。若想对数列中的数进行进一步的计算，则这两种方法的效率是完全不同的。若用循环解本题，需要记住当前计算到了第几项，还要判断是否是被求和项，非常麻烦。若用数组解本题，我们可考虑用两个循环：第 1 个循环计算数列的每一项；第 2 个循环求和。

程序代码如下：

```
#include <stdio.h>
int main(){
    int a[20]={1,1},i,s=0;              /*变量 s 表示和，定义时直接赋初值清零*/
    for(i=2;i<20;i++)                   /*计算数列各项*/
        a[i]=a[i-1]+a[i-2];
    for(i=0;i<20;i++)
        if(i+1==1||i+1==5||i+1==9||i+1==13||i+1==17)   /*判断当前项是否为求和项*/
            s+=a[i];
    printf("s=%d",s);
    return 0;
}
```

说明：按这种方式编写的程序，其适用性会非常广。例如，先求第 18 项与第 12 项的差，再求第 5 项与第 9 项的和，然后比较这两个结果的大小。

本例在判断是否为求和项时用了一个很长的 if 语句。请考虑被求和项的下标是否有规律？能否对 if 语句进行化简？把 if 语句改写成 if(i%4==0)后，能实现要求吗？若能实现要求，请比较一下两种方法的优缺点。

例 6.15 从键盘接收任意 10 个整数存入数组，求出最小数及其下标位置。

问题分析与程序思路：

设计程序时，我们可以考虑采用循环完成对数组的遍历。设计两个变量：用 *value* 存放最小数的值；用 *pos* 存放下标位置。*value* 的初值为数组首元素，*pos* 的初值为 0。从下标为 1 的元素开始遍历数组时，若某元素的值比 *value* 还小，则更新 *value* 和 *pos* 的值。

程序分成 3 个部分：第 1 部分输入 10 个数据；第 2 部分计算；第 3 部分输出。

程序代码如下：

```
#include <stdio.h>
int main(){
    int a[10];                          /*定义有 10 个元素的数组*/
    int i,value,pos;                    /*i 做循环变量*/
    for(i=0;i<10;i++)                   /*输入 10 个初始数据*/
        scanf("%d",&a[i]);
    value=a[0];                         /*为 value 和 pos 赋初值*/
    pos=0;
    for(i=1;i<10;i++)                   /*从下标为 1 的元素开始遍历数组*/
    if(a[i]<value){                     /*若找到新的最小值，则更新 value 和 pos 的值*/
        value=a[i];
        pos=i;
    }
    printf("value=%d,pos=%d",value,pos);          /*输出结果*/
```

```
    return 0;
}
```

请思考：变量 *value* 和 *pos* 有什么关系？编程时是否可以省略变量 *value*？若可以，请改写程序。

例 6.16 将有 10 个元素数组的最小值与首元素互换位置。

问题分析与程序思路：

例 6.15 已可完成查找最小值及其位置的操作，我们可以在前例的基础上继续进行编程。此时还需要设计一个临时变量 *x* 作为两数互换时的中间变量。

程序代码如下：

```
#include <stdio.h>
int main(){
    int a[10];                          /*定义有 10 个元素的数组*/
    int i,value,pos;                    /*i 为循环变量*/
    int x;                              /*x 为互换时的中间变量*/
    for(i=0;i<10;i++)                   /*输入 10 个初始数据*/
    scanf("%d",&a[i]);
    printf("\n 原始数组数据:\n");        /*输出原始数组数据*/
    for(i=0;i<10;i++)
        printf("%4d",a[i]);
    value=a[0];                         /*为 value 和 pos 赋初值*/
    pos=0;
    for(i=1;i<10;i++)                   /*从下标为 1 的元素开始遍历数组*/
        if(a[i]<value){                 /*若找到新的最小值，则更新 value 和 pos 的值*/
            value=a[i];
            pos=i;
        }
    x=a[0];                             /*互换两数的位置*/
    a[0]=a[pos];
    a[pos]=x;
    printf("\n 最后结果:\n");            /*输出最后结果*/
    for(i=0;i<10;i++)
        printf("%4d",a[i]);
    return 0;
}
```

请思考：语句 a[0]=a[pos];可否改为 a[0]=value;？为什么？如果不用 *x* 作为互换的中间变量，是否可以完成互换？若可以，请改写程序。

例 6.17 从键盘接收任意 10 个整数，用选择排序法升序排列后输出。

问题分析与程序思路：

选择排序法的基本思想是将一组数中最小的数调整到最前面（升序）。设有 *n* 个数，算法具体实现过程如下。

① 设第 1 个数最小，用变量 *k* 记录其位置。

② 用 *k* 所在位置的数与第 2 个数比较，若第 2 个数小，则 *k* 记录新的最小数的位置，否则不变。

③ 依此类推。

④ 用 *k* 所在位置的数与第 *n* 个数比较，若第 *n* 个数小，则 *k* 记录新的最小数的位置，否则不变；互换 *k* 所在位置的数与第 1 个数。经过上述步骤后，完成 1 遍扫描，最小的数被调整到了最前面。

⑤ 对剩余的 *n*−1 个数进行①至④步的第 2 遍扫描。第 2 小数被调整到了第 2 个位置。

⑥ 依此类推。

⑦ 进行 *n*−1 遍扫描后，只剩 1 个数即最大的数，不用再比较，排序完成。

将程序分成 3 个部分：第 1 部分输入 10 个任意整数；第 2 部分进行排序；第 3 部分输出排序后的结果。

程序代码如下：

```
#include <stdio.h>
int main(void){
    int a[10],i,j,x,k;          /*变量 k 表示当前最小数的位置*/
    for(i=0;i<10;i++)           /*读入 10 个数*/
        scanf("%d",&a[i]);
    for(j=0;j<=8;j++){
        /*变量 j 控制比较的遍数，且表示每 1 遍最小数的最终位置*/
        k=j;                    /*设第 1 个数最小*/
        for(i=j+1;i<=9;i++)     /*从下一个数开始找新的最小数*/
            if(a[i]<a[k])
                k=i;
        x=a[k];                 /*调整最小数的位置*/
        a[k]=a[j];
        a[j]=x;
    }
    for(i=0;i<10;i++)           /*输出*/
        printf("%5d",a[i]);
    return 0;
}
```

例 6.18　从键盘接收任意 10 个整数，用插入排序法升序排列后输出。

问题分析与程序思路：

插入排序法的基本思想是将一个数插入升序数列中所有比它大的数前面后，数列仍然有序（升序）。设有 n 个数，算法具体实现过程如下。

① 只有 1 个数时，数列是升序的。

② 第 2 个数与第 1 个数比较，若第 2 个数不小于第 1 个数，排列顺序不变，否则互换两数，完成 1 遍排序。

③ 设有 $n-1$ 个数已升序排好。

④ 第 n 个数与第 $n-1$ 个数比较，若不小于第 $n-1$ 个数，排列顺序不变，本遍排序完成，否则互换两数。

⑤ 再与其前面的数（即第 $n-2$ 个数）比较，若不小于，则排列顺序不变，本遍排序完成，否则互换两数。

⑥ 依此类推，直至第 1 个数处理完为止，排序完成。

将程序分成 3 个部分：第 1 部分输入 10 个任意整数；第 2 部分进行排序；第 3 部分输出排序后的结果。

程序代码如下：

```
#include <stdio.h>

int main(void){
    int a[11], i,j,temp;
    printf("Please input ten integers:\n");
    for(i=1;i<=10;i++)
        scanf("%d",&a[i]);
    for(i=2;i<=10;i++){/*从第 2 个数到最后一个数，分别将其插入到合适位置*/
        for(j=i;j>1;j--) {/* 将第 i 个数插入到合适的位置 */
            if(a[j]<a[j-1]){/* 如果后面的数小于前面的数，则交换这两个数 */
                temp = a[j];
                    a[j] = a[j-1];
                    a[j-1] = temp;
            }
        }
    }
    for(i=1;i<=10;i++)
        printf("%d\t",a[i]);
            return 0;
}
```

例 6.19 输入一个数，并在有序数列中用二分查找法（又称折半查找法）进行查找。若有相同数，则输出其位置，否则给出提示信息“Not found.”。

问题分析与程序思路：

在一数组中查找是否存在某数完全可以用顺序的方法从头到尾一个一个地查。若有 n 个数，最好的情况是 1 次比较就有结论，最坏的情况是 n 次比较才有结论，总体效率并不高。无序的数列必须用此方法；有序的数列可用二分查找法提高效率，这种方法类似于查英文字典。单词是按字母顺序排列的，假设想查单词“people”可随手打开词典，若当前页的单词都是以字母“k”开头的，可想而知目标单词“people”应在当前页的后面，当前页前面的部分都不用查了。

二分查找基于数的有序性：数轴上的一点大于某数，则该点右侧的所有点均大于该数。其基本思想是：用有序数列的中间数与目标数相比，若相等，则找到；若大于目标数，则在左半侧查找，否则在右半侧查找。当数列范围缩小到空时，表示没找到。

二分查找的效率比顺序查找高很多。当有 10 个数时，最好的情况是 1 次比较就有结论，最坏的情况是 4 次比较才有结论。请推算一下，有 n 个数时，最坏时比较多少次才有结论？

设有 n 个数，算法具体实现过程如下。

① 置 l=1，表示左边界位置；r=n，表示右边界位置。

② 若 l>r，表示没找到，查找结束。

③ 计算中间位置 m=(l+r)/2。

④ m 位置的数与目标数相比。

若相等表示找到该数，查找结束。

若大于目标数，修改右边界位置，r=m−1，转第②步继续。

若小于目标数，修改左边界位置，l=m+1，转第②步继续。

程序代码如下：

```
#include <stdio.h>
int main(){
    int a[10]={1,3,5,7,12,14,16,27,45,99},l,r,m,x;     /*变量 x 用于存放目标数*/
    printf("Please input a number\n");                 /*输入前做一个提示*/
    scanf("%d",&x);
    l=0;                                               /*置左、右边界的初值*/
    r=9;
    while(l<=r){                                       /*满足 l≤r 时意味着范围非空，需继续查找*/
        m=(l+r)/2;                                     /*计算中间位置*/
        if(a[m]==x){                                   /*等于目标数，表示找到*/
            printf("Position is %d",m);
            break;
        }
        if(a[m]>x)                                     /*大于目标数，修改右边界*/
            r=m-1;
        if(a[m]<x)                                     /*小于目标数，修改左边界*/
            l=m+1;
    }
    if(l>r)
        printf("Not found.\n");                        /*范围为空，表示找不到*/
    return 0;
}
```

例 6.20 将数组中元素的值按逆序重新存放。

问题分析与程序思路：

逆序存放时，原序排第 1 的数现在排最后，原序排最后的数现在排第 1，即将数组中的数与按中间轴对称的数进行互换。

进行互换时要注意元素的个数，可以以中间轴左侧的元素作基准进行遍历，将其与对称元素进行互换。编程时注意中间轴的位置，若数组 a 有 10 个数，下标从 0 开始，中间轴在 a[4]和 a[5]之间，遍历时左侧元素下标从 0 遍历到 4；若数组 a 有 9 个数，下标从 0 开始，中间轴是 a[4]，遍历时左侧元素下标从 0 遍历到 3。编写循环时循环变量的终值小于表达式“数组长度/2”即可。另外，还要注意对称元素的下标之间的关系：对称元素下标之和=数组长度−1，即下标为 i 的元素，其对称的元素下标为数组长度−1−i。

程序代码如下：

```
#include <stdio.h>
int main(void){
    int a[10],i,x;                    /*变量 x 用作互换时的中间变量*/
    for(i=0;i<10;i++)                 /*输入数组元素的值*/
        scanf("%d",&a[i]);
    for(i=0;i<10/2;i++){              /*以中间轴左侧的元素作基准进行遍历*/
        x=a[i];                       /*互换对称元素*/
        a[i]=a[10-1-i];
        a[10-1-i]=x;
    }
    for(i=0;i<10;i++)                 /*输出结果*/
        printf("%5d",a[i]);
    return 0;
}
```

例 6.21 从键盘输入一个 3×4 矩阵的值，并求出最大元素及其位置。

问题分析与程序思路：

编写程序时，预设下标为[0][0]的元素为最大值。遍历数组元素时每一数都与当前最大值相比，比最大值大时，更新所存的数据。

程序代码如下：

```
#include <stdio.h>
int main(){
    int a[3][4],i,j,x,l,r;                /*变量 x 存放最大值，l 存放行号，r 存放列号*/
    for(i=0;i<3;i++)
        for(j=0;j<4;j++)
            scanf("%d",&a[i][j]);         /*读入数组*/
    x=a[0][0];                            /*设 a[0][0]为最大值*/
    l=r=0;                                /*记录下标*/
    for(i=0;i<3;i++)                      /*遍历数组*/
        for(j=0;j<4;j++)
            if(a[i][j]>x){                /*找到新的最大值时，更新原值*/
                x=a[i][j];
                l=i;
                r=j;
            }
    printf("Max number is %d,position is %d,%d\n",x,l,r);
    return 0;
}
```

例 6.22 输入 5 个国家的名称并按字母顺序排列输出。

问题分析与程序思路：

国家名是字符串，5 个国家名应用一个二维字符数组来表示。此题相当于对 5 个字符进行升序排列，排序时用 strcmp 函数比较各字符串的大小。这里用选择排序法排序。

程序代码如下：

```
#include <stdio.h>
#include <string.h>
int main(){
    char st[20],cs[5][20];          /*定义二维数组存放 5 个国家名*/
    /*一维数组作为临时数组*/
    int i,j,p;
    printf("input country's name:\n");
    for(i=0;i<5;i++)                /*输入 5 个国家的名称*/
        gets(cs[i]);
    for(i=0;i<4;i++){               /*用选择排序法排序*/
        p=i;strcpy(st,cs[i]);
        for(j=i+1;j<5;j++)
            if(strcmp(cs[j],st)<0){
                p=j;
                strcpy(st,cs[j]);
            }
        if(p!=i){
            strcpy(st,cs[i]);
            strcpy(cs[i],cs[p]);
            strcpy(cs[p],st);
        }
    }
    printf("The result is:\n");
    for(i=0;i<5;i++)                /*输出结果*/
        puts(cs[i]);
    return 0;
}
```

6.6 智能算法能力拓展

例 6.23 杰卡德相似系数（Jaccard similarity coefficient）是指两个集合 A 和 B 交集元素个数与 A 和 B 并集元素个数的比值，记为 $J(A,B)=\dfrac{|A\cap B|}{|A\cup B|}=\dfrac{|A\cap B|}{|A|+|B|-|A\cap B|}$，显然有 $J(A,B)\in[0,1]$，另外当集合 A 和 B 均为空时，将 $J(A,B)$ 定义为 1。例如，集合 $A=\{1,3,4,5,7,8,9\}$，集合 $B=\{1,2,3,5,6,8\}$，$A\cap B=\{1,3,5,8\}$，$A\cup B=\{1,2,3,4,5,6,7,8,9\}$，$J(A,B)=4/9$。

杰卡德相似系数是衡量两个集合相似度的一种指标，$J(A,B)$值越大说明两个集合的相似度越高。杰卡德相似系数主要用于计算符号度量或布尔值度量的个体间的相似度。因为个体的特征属性都是由符号度量或者布尔值标识，无法衡量差异具体值的大小，只能获得“是否相同”这个结果，所以杰卡德相似系数只关心个体间共同具有的特征是否一致这个问题。杰卡德相似系数常用来比较文本相似度，进行文本查重与去重，例如相似新闻过滤、网页去重、考试防作弊系统、论文查重系统等；也常用来计算对象间的距离，进行数据聚类。

现有两个整数集合 X 和 Y，集合 X 有 5 个元素，集合 Y 有 6 个元素，两个集合元素值均从键盘输入获得，请编程计算杰卡德相似系数 $J(X,Y)$，并输出计算结果。

问题分析与程序思路：

使用一维整型数组定义集合 X 和 Y，只需求得 $|X\cap Y|$，可以对集合 X 和 Y 的每个元素逐一进行比较并统计两个集合元素相等的个数。另外，还需注意通过键盘输入元素值时，应使每个集合内的元素值均不同。

例 6.24　杰卡德相似系数也常用来处理非对称二元变量，非对称是指状态的两个输出不是同等重要。例如，在医学检查中，许多检查指标都有阴性或阳性两种取值结果，假设阴性表示指标正常或身体健康，而阳性表示可能存在疾病，那么从疾病治疗的角度看，结果为阳性就比阴性更为重要。通常，我们把出现概率较大的结果（如阳性）编码为 0，出现概率较小的结果（如阴性）编码为 1。对于给定的两个非对称二元变量，如果两个都取 1，则称为正匹配；如果两个都取 0，则称为负匹配。由于正匹配比负匹配更有意义，且认为负匹配是不重要的，因此在计算时会忽略负匹配的数量。

假设有序集合 A 和 B 都是 n 维向量（属性），每个维度（属性）都取值 0 或 1，则对集合 A 和 B 相同序号的属性值进行比较的结果有以下 4 种情况。

（1）M_{11} 表示 A 和 B 对应位都为 1 的属性数量。

（2）M_{10} 表示 A 和 B 对应位 A 为 1 且 B 为 0 的属性数量。

（3）M_{01} 表示 A 和 B 对应位 A 为 0 且 B 为 1 的属性数量。

（4）M_{00} 表示 A 和 B 对应位都为 0 的属性数量。

显然，有 $M_{11}+M_{10}+M_{01}+M_{00}=n$。由于 M_{00} 为负匹配，因此，杰卡德相似系数为：

$$J(A,B)=\frac{M_{11}}{M_{11}+M_{10}+M_{01}}$$

为简单起见，设 n=5，集合 A 和 B 的元素值均从键盘输入获得，请编程计算杰卡德相似系数 $J(A,B)$，并输出计算结果。

问题分析与程序思路：

使用一维整型数组定义集合 A 和 B，只需对两个数组中下标相同的数组元素值进行比较并统计即可最终求得 $J(A,B)$。

例 6.25　皮尔逊相关系数（Pearson correlation coefficient）用来度量两个随机变量 X 和 Y 之间的线性相关程度，定义为两个变量 X 和 Y 之间的协方差和标准差的商。

（1）当用于总体（population）时，记作 ρ，则 ρ_{XY} 的计算公式为：

$$\rho_{XY}=\frac{\operatorname{Cov}(X,Y)}{\sigma_X\sigma_Y}=\frac{E((X-\mu_X)(Y-\mu_Y))}{\sigma_X\sigma_Y}=\frac{E(XY)-E(X)E(Y)}{\sqrt{E(X^2)-E^2(X)}\sqrt{E(Y^2)-E^2(Y)}}$$

其中，$\operatorname{Cov}(X,Y)$ 是 X 和 Y 的协方差；σ_X 是 X 的标准差，σ_Y 是 Y 的标准差。ρ 值介于−1 与 1 之间。

（2）当用于样本（sample）时，记作 r，则 r 的计算公式为：

$$r=\frac{\sum_{i=1}^{n}(X_i-\bar{X})(Y_i-\bar{Y})}{\sqrt{\sum_{i=1}^{n}(X_i-\bar{X})^2}\sqrt{\sum_{i=1}^{n}(Y_i-\bar{Y})^2}}$$

其中，n 是样本数量；X_i 和 Y_i 分别是变量 X 和 Y 对应的 i 点观测值；$\bar{X}$ 是 X 样本平均数，$\bar{Y}$ 是 Y 样本平均数。

ρ 和 r 的取值在−1 与 1 之间。取值为 1 时，表示两个随机变量之间呈完全正相关关系；取值为−1 时，表示两个随机变量之间呈完全负相关关系；取值为 0 时，表示两个随机变量之间线性无关。皮尔逊相关系数适用于：① 两个变量之间是线性关系，都是连续数据；② 两个变量的总体是正态分布或接近正态的单峰分布；③ 两个变量的观测值是成对的，每对观测值之间相互独立。

表 6.1 给出了某公司年广告费与月均销售额情况的样本数据。

表 6.1　某公司年广告费与月均销售额情况的样本数据

年广告费投入/万元	12.5	15.3	23.2	26.4	33.5	34.4	39.4	45.2	55.4	60.9
月均销售额/万元	21.2	23.9	32.9	34.1	42.5	43.2	49.0	52.8	59.4	63.5

请编程计算皮尔逊相关系数，要求从键盘输入上述数据。

问题分析与程序思路：

定义两个一维实数数组存储样本数据。开平方运算可以使用数学函数库 math.h 中的 sqrt()函数，该函数原型为“double sqrt(double);”。

例 6.26　现有某中学某年级所有女学生的体测样本数据，如表 6.2 所示，试计算各变量之间的皮尔逊相关系数，要求所有数据从键盘输入，经过计算后输出计算结果。

表 6.2　某中学某年级所有女学生的体测样本数据

身高/cm	体重/kg	肺活量/ml	50 米跑/s	立定跳远/cm	坐位体前屈/cm
155	51	1687	9.7	158	9.3
158	52	1868	9.3	162	9.6
160	59	1958	9.9	178	9.5
163	59	1756	9.7	183	10.1
165	60	1575	9	156	10.4
151	47	1700	9.1	154	11.1
150	45	1690	9.7	164	12.5
147	43	1888	8.9	178	11.2
158	42	1949	12.1	168	10.6
161	51	1548	11.1	180	9.6
162	47	1624	10.1	191	9.8
165	47	1657	9.8	193	7.8
157	45	1574	9.6	190	8.7
154	41	1544	9.2	187	9.8
149	40	1687	9	167	9.7
……	……	……	……	……	……

问题分析与程序思路：

定义 6 行 15 列二维实数数组存储样本数据。开平方运算可以使用数学函数库 math.h 中的 sqrt()函数，该函数原型为“double sqrt(double);”。

例 6.27　假设单层感知机神经元有 10 个输入 $x_1, x_2, \cdots x_{10}$，权重 w_i（$1 \leqslant i \leqslant 10$）为[-1,1]区间内的一个随机数，$x_i$（$1 \leqslant i \leqslant 10$）和阈值 v 均从键盘输入获得，请计算 $u = \sum_{i=1}^{N} w_i x_i - v$，进而计算人工神经元的输出 $z = f(u)$，其中传递函数（激活函数）$f(u)$采用 sigmoid 函数，公式为：

$$f(u) = sig(u) = \frac{1}{1 + \mathrm{e}^{-u}}$$

问题分析与程序思路：

定义两个一维数组来分别存储 10 个输入值 x_i 及其权重 w_i，结合使用循环结构完成计算。我们可以使用 stdlib.h 中的 srand()函数和 rand()函数及 time.h 中的 time()函数来随机生成各权重值。对于幂函数 e^x 的计算，我们可使用数学函数库 math.h 中的 exp()函数来实现，其函数原型为“double exp(double x);”。

6.7 习题

一、程序分析题

1. 请分析如下程序运行结果。

```
#include <stdio.h>
int main(void){
    char ch[7]={"12ab56"};
    int i,s=0;
    for(i=0;ch[i]>='0'&&ch[i]<='9';i+=2)
        s=10*s+ch[i]-'0';
    printf("%d\n",s);
    return 0;
}
```

2. 请分析如下程序运行结果。

```
#include <stdio.h>
int main(void){
    int a[10]={1,2,2,3,4,3,4,5,1,5};
    int n=0,i,j,c,k;
    for(i=0;i<10-n;i++) {
        c=a[i];
    for(j=i+1;j<10-n;j++)
        if(a[j]==c){
            n++;
            for(k=j;k<10-n;k++)
                a[k]=a[k+1];
        }
    }
    for(i=0;i<(10-n);i++)
        printf("%d",a[i]);
    return 0;
}
```

3. 请分析如下程序运行结果。

```
#include <stdio.h>
int main(void){
    int i;
    char a[]="Time",b[]="Tom";
    for(i=0;a[i]!='\0'&&b[i]!='\0';i++)
        if(a[i]==b[i])
            if(a[i]>='a'&&a[i]<='z')
                printf("%c",a[i]-32);
            else
                printf("%c",a[i]+32);
        else
            printf("*");
    return 0;
}
```

4. 请分析如下程序运行结果。

```
#include <stdio.h>
#define LEN 4
```

```
int main(){
    int j,c;
    static char n[2][LEN+1]={"8980","9198"};
    for(j=LEN-1;j>=0;j--){
        c=n[0][j]+n[1][j]-2*'0';
        n[0][j]=c%10+'0';
    }
    for(j=0;j<=1;j++) puts(n[j]);
    return 0;
}
```

二、编程题

1. 在一组数中找出最大值与最小值之差。

2. 用选择排序法将一组整数按降序排列。

3. 在一个按升序排列的数组中插入一个数，使数组仍有序。

4. 用“顺序”查找法，在一组数中查找一个值为 *K* 的元素。若有，输出 YES；若无，输出 NO。

5. 输出以下形式的图形。

```
*******
 *****
  ***
   *
```

6. 将一个数组按逆序重新存放在数组中。

7. 输出一个 5 行的杨辉三角形。

8. 用二维字符数组存储下列图形并输出。

```
*****
 ****
  ***
   **
    *
```

9. 计算二维数组主对角线元素之和。

10. 用“折半”查找法，在一组按降序排列的数中查找一个值为 *K* 的元素。若有，输出 YES；若无，输出 NO。

11. 编写一个程序计算一个字符串的长度（不使用库函数）。

12. 比较两个字符串 S1、S2 的大小（不使用库函数）。若 S1>S2，输出 1；若 S1=S2，输出 0；若 S1<S2，输出-1。

13. 用“冒泡”法将一组数按升序排列。

14. 在一个二维数组中形成并输出如下矩阵。

```
1  1  1  1  1
2  1  1  1  1
3  2  1  1  1
4  3  2  1  1
5  4  3  2  1
```

15. 有一个 3×4 的矩阵，求其中最大元素的值及位置。

第7章

函数

前面的章节介绍了基本数据类型、运算符、3 种结构化控制语句和数组，我们可以利用这些语言成分构造程序来求解问题。然而复杂问题求解程序的复杂度会比较高，程序设计、调试和维护等操作会变得困难。通常，采用模块化程序设计方法来求解复杂问题，把一个大程序按照功能划分为若干小程序模块，每个小程序模块完成一个确定的功能，并在这些模块之间建立必要的联系。程序设计语言提供了函数或过程来实现程序模块，这样可以实现程序的模块化，使程序设计更加简单和直观，从而提高程序的易读性和可维护性。

7.1 模块化程序设计与 C 函数

C 语言是一种模块化程序设计语言。模块化是一种对复杂问题“自顶向下，分而治之”的程序设计方法，即将一个复杂问题划分为若干较小问题，然后根据实际需要又把一些较小问题划分成若干个小问题，直到一些简单问题，从而使一个复杂问题得到解决。

一般地，一个复杂问题对应一个大型的程序。根据模块化程序设计方法，大型的程序应分为若干个程序模块，每一个模块用来实现一个特定的功能，解决一个特定的子问题。任何高级程序设计语言都提供了子程序功能，可以用子程序实现模块。在 C 语言中，用函数完成子程序的功能。C 程序是由一系列函数构成的，函数是构成 C 程序的基本单位。C 语言程序设计，无论问题是复杂还是简单，任务只有一个，就是编写函数，至少编写一个名为 mian 的函数（主函数）。执行 C 程序就是执行 main 函数，从它的第一个“{”开始，依次执行后面的语句，直到最后一个“}”为止，其他函数只有在 main 函数执行过程中被调用才执行。

例如，我们要解决任务 T，任务 T 可以划分为较小任务 T1 和 T2，而 T1 又可以分为 T11 和 T12 小任务，T2 可以分为 T21、T22 和 T23 小任务，如图 7.1 所示。

用 C 语言设计程序时，可以把任务 T 看成 main 函数，在 main 函数中调用完成任务 T1 的函数 t1 和完成任务 T2 的函数 t2，而 t1 函数又调用 t11 函数和 t12 函数，t2 函数又调用 t21、t22 和 t23 函数，如图 7.2 所示。

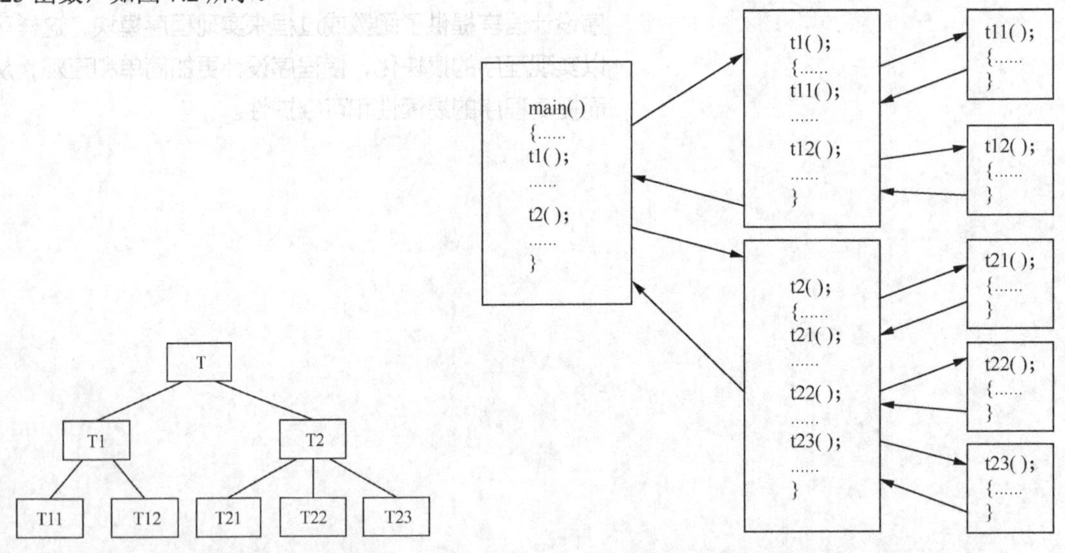

图 7.1 任务模块化分解示意图

图 7.2 程序函数实现模块化程序设计示意图

C 语言提倡把一个大问题划分为若干个小问题，每一个小问题编写一个函数来完成，所以 C 程序一般是由许多小的函数构成。各函数之间相互独立，任务单一。

C 函数可分为两种：系统函数（库函数）和用户自定义函数。系统函数是由系统提供的，用户只需在程序中根据需要调用即可，而无须自己定义。但是在使用系统函数时，应在文件首部用 #include 命令将调用的系统函数的信息包含到本文件中来。例如，在使用有关字符串处理的系统函数（如 strcpy、strlen 等）时，应该在文件首部使用下面的命令。

```
#include <string.h>
```

其中.h 是头文件的扩展名，在文件 string.h 中存放了字符串系统函数所用到的一些常量、变量、宏定义及函数原型说明。

本章将详细介绍自定义函数的定义、说明、调用等内容。

7.2 函数定义和函数说明

7.2.1 函数的定义

函数的定义就是编写完成特定功能的程序模块。它包含对函数类型（即函数返回值类型）、函数名、形式参数个数和类型、函数体等的定义。其一般格式如下：

```
类型标识符  函数名(形式参数列表) {
    变量说明
    函数执行语句;
}
```

例 7.1 编写函数求 1～n 的整数和。

程序代码如下：

```
#include <stdio.h>
int main(void){
    int sum(int n);
    int m,s;
    printf("Input an integer number:");
    scanf("%d", &m);
    s = sum(m);
    printf("Sum of 1 to %d is : %d", m, s);
    return 0;
}

int sum(int n){
    int i, s=0;
    for(i=1;i<=n;i++)
        s+=i;
    return(s);
}
```

在程序中，函数 sum 是求 1～n 的整数总和。程序运行情况如下：

```
Input an integer number:100 <CR>
Sum of 1 to 100 is:5050
```

1．函数名

函数名的命名应符合 C 语言对标识符的规定，函数名后一定要有一对括号，它是函数的标识。上例中，函数名 sum 符合标识符规定，其后有一对括号。

2．形式参数

形式参数在函数名后面的一对括号内，参数的类型在其下的参数说明中说明。形式参数表和参数说明也可以没有，但函数名后的括号不能省略，此函数即为“无参函数”，否则即为“有参函数”。例 7.1 中的 sum 函数为有参函数，有参函数的形式参数可以是多个，它们之间用逗号隔开。

3．函数体

函数中用“{”和“}”括起来的部分称为函数体。函数体一般由变量说明（定义）部分和函数执行语句部分组成，在函数体中定义的变量及函数的形式参数只有在执行该函数时才存在。函数体中也可以不定义变量，而只有语句，还可以二者皆无，此时称该函数为空函数。例如：

```
printstar(){              /*函数体内无变量*/
    printf("***");
}

void function(){    }     /*空函数*/
```

4．函数的返回

函数执行遇到 return 语句或执行完函数体内的最后一条语句时，函数返回。函数返回语句的含义如下。

（1）使程序流程返回到调用它的函数调用语句之后，继续执行，并且函数执行时为变量所分配的存储单元被释放。

（2）将 return 语句后面表达式的值送到表达式中。但这一点并非是必需的，因为有些函数有返值，有些函数无返回值。

5．函数类型

通常把函数返回值的类型称为函数的类型，即定义函数时类型标识符所指定的类型。如果函数的类型为 int 或 char，在定义时可以省略类型标识符，系统隐含为 int 类型。如果函数无返回值，函数类型标识符应定义为 void 类型。

6．函数定义的外部性

C 语言不允许函数嵌套定义，即一个函数不能定义在别的函数的内部，只能定义在别的函数的外部，函数与函数之间是互相独立、平等的。例如：

```
main() {
    …
}
f1() {
    …
}
f2() {
    …
}
```

函数 f1()和 f2()都定义在 main 函数之外，并且 f1()和 f2()相互独立。

7.2.2 函数的说明

在一个函数（主调函数）中调用另一个函数（被调函数）时，要在主调函数中或主调函数之前对被调函数进行说明。

函数说明的一般格式如下：

类型说明符 被调函数名(类型标识符 形参 1,类型标识符 形参 2,…);

在主调函数中，被调函数名后面的括号内的形参表可以省略，此时函数说明格式是传统的 C 语言格式，否则为现代风格的函数说明格式。建议读者采用现代风格的函数说明，这样编译系统将检查实际参数和形式参数的类型是否匹配，如果不匹配，则给出提示错误信息，便于程序员发现错误。对传统的函数说明来说，编译系统将默认实际参数和形式参数是匹配的；如果不匹配，就按一般赋值规则进行类型转换，而不是给出提示错误信息。另外，现代风格的函数说明允许省略形式参数，只给出形式参数的类型标识符。因此，7.5 节定义的函数 max 可以有以下 3 种说明形式。

（1）int max(int x, int y);

（2）int max(int, int);

（3）int max();

例 7.2　函数说明示例。

程序代码如下：

```
#include <stdio.h>
int main(void){
      float add(float,float); /*对被调函数说明*/
      float a, b;
      printf("Enter data:\n");
      scanf("%f, %f ", &a, &b);
      printf("Sum of %f and %f is %f ",a, b, add(a,b));
      return 0;
}

float add(float x, float y){
      return x+y;
}
```

程序运行情况如下：

```
Enter data:
4.2, 5.9 <CR>
Sum of 4.2 and 5.9 is 10.100000
```

这是一个简单的函数调用，add 函数的作用是求两个实数之和，得到的函数值也是实数。程序的第三行“float add(float, float);”是对被调函数 add 的返回值做类型说明。注意：函数的“定义”和“说明”是完全不同的。函数的“定义”真正规定了相应函数的功能、类型、形参个数与形参类型，它是一个完整、独立的函数单位。一个函数只能被“定义”一次。而函数“说明”则是对已“定义”了的函数进行说明，以便于编译系统对函数值正确处理。一个函数可以被“说明”多次。

我们在例 7.1 中的 main 函数中并未对被调函数加以说明，原因是 C 语言规定，在下列情况下可以缺省对被调函数的说明。

（1）如果被调函数的类型是 int 类型或 char 类型，则可以不必进行说明，系统自动按 int 类型说明。

（2）如果被调函数的定义放在主调函数之前，可以不必加以说明。因为编译系统已知道函数的类型，它会自动处理。例如：

```
#include <stdio.h>
float add(float x,float y){
      return x+y;
}
int main(void){
      float a,b;
      printf("Enter data:\n");
      scanf("%f,%f", &a, &b);
      printf("Sum of %f and %f is %f",a,b,add(a,b));
      return 0;
}
```

（3）如果在所有函数定义之前（即文件头部）已对函数进行了说明，则主调函数不必对所调用的函数再做说明。例如：

```
#include <stdio.h>
float f1(float x,float y);
float f2(float x);
int main(void){
      float a,b,c;
```

```
        c = f1(a,b);
        return 0;
}

float f1(float x,float y){
        float d,e;
        e = f2(d);
}
float f2(float x){
        ;
}
```

此程序中，在源文件的首部对函数 f1 和 f2 进行了说明，故在 main 函数中未对所调用的 f1 函数说明，同样在 f1 函数中也未对被调函数 f2 说明。

7.3 函数的参数和返回值

7.3.1 形式参数和实际参数

在定义函数时，函数名后面括号中的变量称为“形式参数”（简称“形参”）。形参均为变量，且在定义函数时必须指定其类型。在函数未被调用时，系统并不为它们分配存储单元。只有在函数被调用时，系统才为它们分配存储单元。在调用返回时，它们所占用的存储单元被释放。

在函数被调用时，函数名后面括号中的参数称为“实际参数”（简称“实参”）。实参可以是常量、变量或表达式。实参的个数和类型与形参的个数和类型应与定义函数时的顺序完全一致。如果实参为整型而形参为实型，或者相反，则会发生“类型不匹配”的错误。字符型与整型可以互相通用。

当实参为变量时，实参对形参的数据传递是“值传递”，即实参的值在函数调用时被传递给形参，但形参的值在函数返回时并不反馈给实参。

例 7.3 值传递方式示例。

程序代码如下：

```
#include <stdio.h>
int main(void){
        void swap(int x,int y);/*对被调函数 swap 的说明*/
        int a,b;
        scanf("%d,%d",&a,&b);
        swap(a,b);/*函数调用，a 和 b 是实参*/
        printf("a=%d,b=%d\n",a,b);
        return 0;
}
void swap(int x,int y){/*函数定义，x 和 y 是实参*/
     int temp;
        temp = x;
        x = y;
        y = temp;
        printf("x=%d,y=%d\n",x,y);
}
```

程序运行情况如下：

```
3,6 <CR>
x=6,y=3
```

```
a=3,b=6
```

本程序中 swap 函数的作用是交换两个形参 x 和 y 的值，并输出。从程序运行结果可以看出，虽然形参 x 和 y 的值互换了，但实参 a 和 b 的值没有改变。实际上，当通过 swap(a,b)来调用 swap 函数时，系统首先为形参 x 和 y 分配相应的存储单元，然后将实参 a、b 的值传递给 x、y（即将 3、6 分别放入 x、y 的存储单元中，如图 7.3（a）所示。接着执行 swap 函数的函数体部分，将 x、y 的值互换。由于 a、b 和 x、y 分别占据不同的存储单元，故 a、b 的值并没有交换，如图 7.3（b）所示。当调用返回时，形参 x 和 y 的存储单元被释放，其值消失，实参 a 和 b 的存储单元仍保留原值，如图 7.3（c）所示。

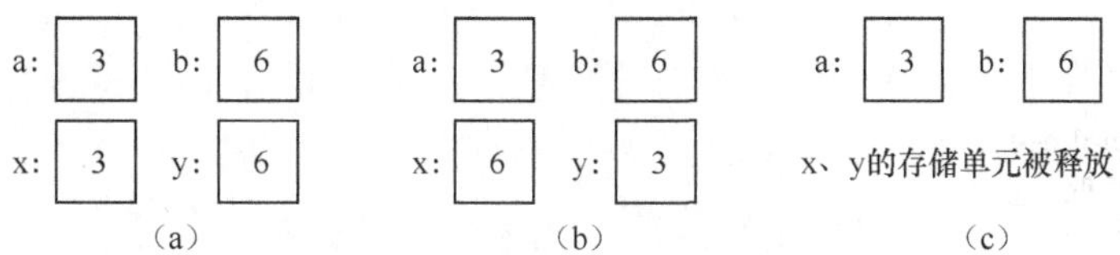

图 7.3　值传递方式示意图

因此，在执行一个被调用函数时，形参的结果发生改变并不会改变主调函数中实参变量的值。

7.3.2　函数的返回值

函数可以返回一个值，这个值称为函数的返回值。函数的返回值是通过函数中的 return 语句获得的。其一般格式如下：

return (表达式);　或 return　表达式;

二者是等价的，所完成的动作是先求解表达式，然后返回该表达式的值。

（1）如果需要从被调用函数返回一个值，被调用函数中必须包含 return 语句。

例 7.4　编写函数求 *n*!。

程序代码如下：

```
#include <stdio.h>
int main(void){
    int fac(int);
    int i;
    for(i=1;i<=5;i++)
        printf("%d！ =%d\n",i,fac(i));
    return 0;
}
int fac(int n){                /*求 n 的阶乘*/
   int value;
    for(value=1;n>1;n--)
        value *= n;
    return (value);            /*返回 n 的阶乘*/
}
```

程序运行情况如下：

```
1！ =1
2！ =2
3！ =6
4！ =24
5！ =120
```

（2）如果不需要被调函数返回值，则函数中可以没有 return 语句或语句后不带任何表达式。

例 7.5 不带返回值的函数示例。

程序代码如下：

```
#include <stdio.h>
int main(void){
    int fac(int);
    void print_int(int);
    int i,m;
    for(i=1;i<=5;i++){
        m=fac(i);
        print_int(m);
    }
    return 0;
}
int fac(int n){
    int value;
    for(value=1;n>1;n--)
        value *= n;
    return (value);
}
void print_int(int n){
    printf("%d\n",n);
}
```

以上程序中，print_int 函数只是用来输出一个整数的值，其本身不需要返回值。因此，函数体中没有使用 return 语句。另外，在函数体中也可以加上 return 语句（后面不带表达式），将其改写如下：

```
void print_int(int n){
    printf("%d\n",n);
    return ;
}
```

此时，print_int 函数中 return 语句的作用是提前结束函数的运行，因此，后面 printf 函数语句不会被执行，这样也就没有任何输出。

（3）一个函数中可以有多个 return 语句，当执行到该函数的任意一条 return 语句时，该函数都结束运行并返回。

例 7.6 一个函数含有多条 return 语句示例。

程序代码如下：

```
#include <stdio.h>
int main(void){
    int sgn(int);
    int data;
    printf("Input an integer:");
    scanf("%d",&data);
    printf("%d",sgn(data));
    return 0;
}
int sgn(int n){
    if(n>0)
        return (1);
    else if(n<0)
        return (-1);
    return (0);
}
```

本例中，sgn 函数用于判断一个整数的符号，其对应的计算公式为：

$$\mathrm{sgn}(n)=\begin{cases}1 & n>0\\0 & n=0\\-1 & n<1\end{cases}$$

7.4　函数调用

7.4.1　函数调用的一般形式

函数调用的一般形式如下：

函数名(实参表)

如果调用无参函数，则实参表为空，但函数名后的括号不能省略。如果调用带参数的函数，实参与形参的个数和类型应该一致。

函数调用的方式有两种：函数语句方式和函数表达式方式。函数语句方式是把函数调用作为一条语句，函数表达式方式则把函数调用作为表达式或函数参数。二者的主要区别在于，是否引用被调用函数的返回值。如果引用被调函数的返回值，则调用是函数表达式方式，否则调用为函数语句方式。例如，例 7.5 中的函数调用“print_int(m);”就是按函数语句方式调用 print_int 函数，而“m = fac(i);”或“print_int(fac(i));”都是按函数表达式方式调用 fac 函数。

通常，无返回值的函数以函数语句方式来调用，而有返回值的函数以函数表达式方式来调用。然而，函数调用所采用的方式是与被调函数是否有返回值无关。

（1）有返回值的函数也可以按函数语句方式来调用。例如：getchar();是按函数语句方式调用 getchar 函数，用户输入的字符不赋予任何变量。而 putchar(getchar());是按函数表达式方式调用 getchar 函数。

（2）无返回值的函数也可以按函数语句方式来调用，但此时所得到的是一个不确定的、无意义的值。例如，在例 7.5 中，尽管没使用 return 语句明确地让 print_int 函数返回一个值，但是在程序中出现下例中的语句也是合法的。

例 7.7　函数表达式调用示例。

程序代码如下：

```
#include <stdio.h>
int fac(int n){
    int value;
    for(value=1;n>1;n--)
        value *= n;
    return (value);
}
print_int(int n){
    printf("%d\n",n);
}
int main(void){
    int i,m,k;
    for(i=1;i<=5;i++){
        m = fac(i);
        k= print_int(m);          /*按函数表达式方式调用 print_int 函数*/
    }
    printf("\nk=%d",k);
    return 0;
}
```

本程序运行时，除了可以得到与例 7.5 一样的结果外，还可以输出 k 的值。k 的值不一定有实际意义。

（3）不允许按函数表达式方式来调用“void”类型的函数。为了明确表示函数无返回值，用户可以用“void”定义函数类型，即空类型。例如，例 7.5 中 print_int 函数的定义可以改写为：

```
void print_int(int n){
    printf("%d\n",n);
}
```

但此时应在 main 函数中添加对 print_int 函数的说明。如果已将 print_int 函数定义为 void 类型，则下面的语句就是错误的。

```
k = print_int(m);
```

程序在编译时，系统会给出提示错误信息。因为系统不允许在主调函数中引用明确定义为无返回值（void 类型）函数的值。

7.4.2　函数的嵌套调用

在 C 语言中，函数定义是平行的，不允许嵌套。但 C 函数允许嵌套调用，即在调用一个函数的过程中又调用另一个函数。

例 7.8　函数嵌套调用示例。

程序代码如下：

```
#include <stdio.h>
int fun2(int x){
    int y=10,z=0;
    return (z);
}
int fun1(int x,int y){
    int z;
    z = fun2(x+y);
    return (z+y/x);
}
int main(void){
    int a,b,c;
    c = fun1(a,b);
    return 0;
}
```

函数 fun1 和函数 fun2 分别定义，互相独立。但是，main 函数在调用 fun1 函数的过程中又要调用 fun2 函数，这样就出现了函数的嵌套调用。

例 7.5 中的程序就是函数的嵌套调用，即在 main 函数中调用 print_int 函数，而 print_int 函数又调用标准函数 printf。

7.4.3　函数的递归调用

函数的递归调用则是指在调用一个函数的过程中又调用了该函数本身。函数的递归调用分为直接递归调用和间接递归调用。例如：

```
f(){
    ……
    f();
    ……
}
```

这是直接递归调用，即在调用 f 函数的过程中，又调用 f 函数。

下面是间接递归调用。

```
f1(){
    ......
    f2();
    ......
}

f2(){
    ......
    f1();
    ......
}
```

在调用 f1 函数的过程中又调用 f2 函数，而在调用 f2 函数过程中又要调用 f1 函数。在编写递归调用函数时，应避免无终止的自身调用（即无穷递归调用）。鉴于此，在递归调用函数中可以用条件语句（if 语句）来控制递归结果，即在条件成立时，执行递归调用，否则终止递归调用。

通常，在编写递归调用函数之前，要确定如下两项内容：递归结束条件和递归公式。如果没有递归结束条件，则递归将会无终止地进行；如果没有递归公式，则无所谓递归。

例 7.9 用递归方法求 *n*!。

求 *n*!可以用如下递归公式表示：

$$n! = \begin{cases} 1 & n = 0,1 \\ n \times (n-1)! & n > 1 \end{cases}$$

由上式可知，递归结束条件为 *n*=1 或者 *n*=0。程序如下：

程序代码如下：

```
#include <stdio.h>
long fac (int n){
    if(n < 0){
        printf("data error！ n < 0！ ");
        return (-1);
    } else if(n ==1||n==0)
        return (1);
    else
        return (n*fac(n-1));
}
int main(void){
    int n;
    scanf("%d",&n);
    printf("%d！ =%1d",n,fac(n));
    return 0;
}
```

程序运行情况如下：

```
5 <CR>
5！ =120
```

本程序中，fac 函数通过递归调用其本身来求形参的阶乘。当 *n*<0 时，fac 函数输出错误信息，并结束整个程序；当 *n*=0 或 1 时，fac 函数返回值为 1；当 *n*>1 时，函数返回值为 n*fac(n-1)，其中 fac(n-1)又是一次函数调用，而调用的正是 fac 函数。因此，该函数是递归函数。

运行上面的程序，求 5 的阶乘，则在 main 函数中函数调用为 fac(5)，其调用过程是：返回值为 5*fac(4)，而 fac(4)调用的返回值为 4*fac(3)，fac(3)调用的返回值为 3*fac(2)，fac(2)调用的返回值为 2*fac(1)，至此，fac(1)的返回值为 1，调用结束。然后，根据 fac(1)的返回值求出 fac(2)，将 fac(2)的值乘以 3 求出 fac(3)，将 fac(3)的值乘以 4 求出 fac(4)，最后将 fac(4)的值乘以 5 求出 fac(5)，整个调用过程如图 7.4 所示。

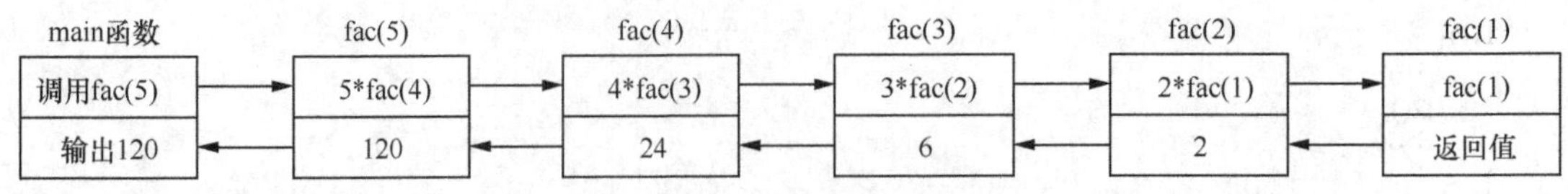

图 7.4　求解阶乘问题的递归调用过程

由上可知，递归函数执行时分为调用和回代两个过程，反复执行调用直到递归条件满足得到一个确定值（例如 fac(1)=1），然后利用已知值进行回代推出下一个值。

例 7.10　汉诺（hanoi）塔问题。

汉诺塔问题是一个应用递归方法可解决的典型问题。该问题是这样的：古印度布拉码庙里的一块铜板上面竖有 3 根宝石针，最左边针上由下到上串有 64 个金盘构成一个塔（见图 7.5）。庙里的僧侣正在做这样的一种游戏，他们要把最左面针上的金盘全部移到最右边的针上。条件是可以借助中间那根针，但每次只能移动一个金盘，并且在移动的时候，不允许大盘压在小盘上面。不难推出，n 个盘子从一根针移到另一根针需要移动 2^n-1 次，所以 64 个盘的移动次数为：$2^{64}-1=$ 18466744073709551615。这是一个天文数字，假设计算机 1 微秒计算出一次移动（1 秒=10^6 微秒），那么也需要 100 万年。如果僧侣们每秒移动一次，则需近 5800 亿年。

假设 3 根针从左至右编号依次为 A、B、C，僧侣们把 64 个金盘从 A 针借助 B 针移往 C 针。下面我们给出移动金盘的算法。

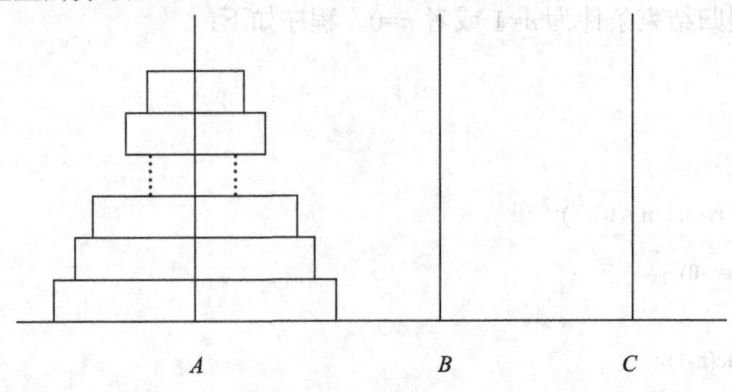

图 7.5　汉诺塔问题

将 n 个金盘从 A 针借助 B 针移到 C 针可以分解为以下 3 个步骤。

（1）将 A 针上 n-1 个金盘借助 C 针先移到 B 针上。

（2）把 A 针上剩下的（最下面的）1 个金盘移到 C 针上。

（3）将 B 针上的 n-1 个金盘借助 A 针移到 C 针上。

以上给出了将 A 针上 n 个金盘移到 C 针的递归步骤，其中第一个和第三个是递归过程。递归结束条件是：当 n=1 时，只需移动一次。当 n>1 时，移动金盘可分解为两个步骤，即将 n-1 个金盘从一根针上移到另一根针上及将剩余 1 个金盘从一根针上移到第三根针上。

下面给出将 n 个盘从 A 针借助 B 针移到 C 针上的程序。

```
#include <stdio.h>
void hanoi(int n,char a,char b,char c){
    if(n==1)
        printf("%c-->%c\n",a,c);
    else{
        hanoi(n-1,a,c,b);                /*算法中的第一步*/
        printf("%c-->%c\n",a,c);         /*算法中的第二步*/
        hanoi(n-1,b,c,a);                /*算法中的第三步*/
    }
}
```

```
int main(void){
    int m;
    printf("Please input the number of disks:");
    scanf("%d",&m);
    printf("The step to move %d disks:\n",m);
    hanoi(m,'A','B','C');
}
```

程序运行情况如下：

```
Please input the number of disks:3 <CR>
The step to move 3 disks:
A-->C
A-->B
C-->B
A-->C
B-->A
B-->C
A-->C
```

可以看出，递归函数解决此问题是那么简洁。递归是一种非常有用的程序设计技术，请读者仔细阅读上面的程序，理解递归算法的思路。

7.5 数组作为函数参数

数组作为函数参数，可以采用以下两种方法。

① 数组元素作为函数实参，其效果与变量相同。

② 数组名作为函数的形参和实参，此时形参数组是与实参数组共享同一段存储空间，对形参的修改实际就是对实参的修改。

7.5.1 数组元素作为函数实参

数组元素可以充当函数的实参，其用法和作用与普通变量的用法和作用相同。函数发生调用时，将实参数组元素的值传递给形参，参数传递方式与变量作为实参时一样，都是“值传递”。

例 7.11　求 10 个整数中的最大数。

程序代码如下：

```
#include <stdio.h>
int max(int x,int y){
    return(x>y?x:y);
}
int main(void){
    int a[10],i,m;
    printf("\nInput data:");
    for(i=0;i<10;i++)
        scanf("%d",&a[i]);
    m = a[0];
    for(i=1;i<10;i++)
        m=max(m,a[i]);
    printf("max=%d",m);
    return 0;
}
```

程序运行情况如下：

```
Input data:12 78 98 20 35 24 40 53 62 97 <CR>
max=98
```

本例中，max 函数用于求两个数中的最大者。在 main 函数中，先将记录最大数的变量 m 初始化为 a[0]，然后通过 for 语句循环调用 max 函数 9 次，每次求得 a[0]到 a[i]中的最大数，并赋值给变量 m。

7.5.2 数组名作为函数参数

在 C 语言中，允许数组名作为函数参数，此时实参和形参都为数组名（或数组指针）。由于数组名代表数组的首地址，因此当发生函数调用时，将实参数组的首地址传递给形参数组，使得形参数组与实参数组占据相同的内存单元。此时，对形参数组的操作实质上是在实参数组上进行的，对形参数组元素值的修改实质上就是对实参数组元素值的修改。可以认为，形参数组与实参数组为同一数组，形参数组名为实参数组的别名。因此，在函数中对函数形参数组的改变就相当于对实参数组的改变。

例 7.12 利用数组名作为函数参数交换两个变量的值。

程序代码如下：

```
#include <stdio.h>
void swap(int a[2]){
    int temp;
    temp=a[0];
    a[0]=a[1];
    a[1]=temp;
}
int main(void){
    static int b[2]={5,8};
    swap(b);
    printf("%d,%d",b[0],b[1]);
}
```

程序运行结果为：8,5

可以看出，形参数组两个元素的值互换导致实参数组两个元素的值互换，其原因是在函数执行时，形参数组 a 和实参数组 b 同占一段内存单元，如图 7.6 所示。

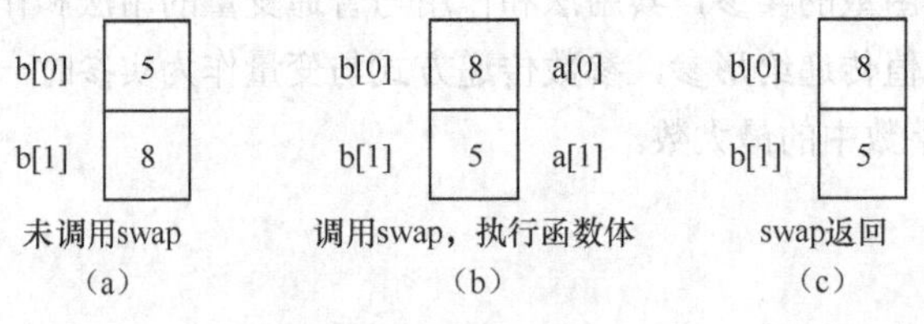

图 7.6 地址传递方式

在用数组名作为函数参数时，应该注意实参数组与形参数组的类型要相一致。形参是一维数组时，可以不定义其长度；若是二维数组，可以省略第一维的长度，但不能省略第二维的长度。若在形参数组定义中没有指定数组长度，可以另设一个参数传递数组元素的个数。

例 7.13 用数组名作为函数参数，编写一个函数，求 10 个整数中的最大数。

程序代码如下：

```
#include <stdio.h>
int main(void){
    int max(int[]);
    int a[10],i,m;
    printf("\nInput data:");
    for(i=0;i<10;i++)
        scanf("%d",&a[i]);
```

```
        m=max(a);
        printf("max=%d",m);
}
int max(int a[10]){
        int i,m;
        for(i=1,m=a[0];i<10;i++)
                if(a[i]>m)
                        m=a[i];
        return (m);
}
```

程序运行情况如下：

```
Input data:28 35 12 40 50 60 76 84 45 10<CR>
max=84
```

注意上面程序中函数形参数组的大小可以省略，此时需要增加一个参数用于指定数组的大小，所以例 7.13 的程序可以改写如下。

例 7.14　改写例 7.13。

程序代码如下：

```
#include <stdio.h>
int main(void){
        int max(int[],int);
        int a[10],i,m;
        printf("\nInput data:");
        for(i=0;i<10;i++)
                scanf("%d",&a[i]);
        m=max(a,10);
        printf("max=%d",m);
}
int max(int a[],int n){
        int i,m;
        m=a[0];
        for(i=1;i<n;i++)
                if(a[i]>m)
                        m=a[i];
        return (m);
}
```

可以看出，本程序中的 max 函数可以求任意一组整数中的最大数。例如，函数调用语句改为 m=max(a, 5)，则是求数组 a 中前 5 个元素中的最大数。

7.6　变量的作用域

变量的作用域是指该变量在程序中有定义的范围，在这个范围内引用该变量是合法的。从作用域角度来划分，变量可以分为全局变量和局部变量。

7.6.1　局部变量

在函数内部定义的变量（包括形式参数）是内部量，其也被称为局部变量。它的作用域局限于它所在的函数，也就是说，只能在函数内部使用，其他函数不能使用。在 main 函数中定义的变量也只在 main 函数中有效，在其他函数中也是无效的。main 函数也不能使用其他函数中定义的变量。

例 7.15 局部变量示例。

```
float f1(float);                    /*函数说明*/
int f2(int,int);
int main(void)                      /*主函数*/
{
    int i,j;
    ……                                  i, j 有效
}
float f1(float a )                  /*f1 函数定义*/
{
    float b ,c;
    ……                                  a, b, c 有效
}
int f2(int x,int y )                /*f2 函数定义*/
{
    int k;
    ……                                  x, y, k 有效
}
```

main 函数只能使用变量 i 和 j，f1 函数只能使用变量 a、b 和 c，f2 函数只能使用变量 x、y 和 k。

另外，在一个函数内部，我们可以在复合语句中定义变量，这些变量只在本复合语句中有效，这种复合语句也可称为"分程序"或"程序块"。

因此局部变量的作用域局限于定义它的函数或程序块，所以在其他函数或程序块中也可以出现同名的变量；它们之间互不影响，而且类型也可以不同。

例 7.16 复合语句内定义的局部变量示例。

程序代码如下：

```
int main(void) {
    int a=1;
    float b= 2.1;
    print_int(a);
    {
        int a=4;
        a++;
        printf("1.a=%d    b=%f\n" ,a,b);
    }
    printf("2. a=%d   b=%f\n",a,b);
    printf("b=%f",b);
    print_int(a);
}
void print_int(int a) {
    int b;
    b=++a;
    printf("int= %d\n",b);
}
```

程序运行结果如下：

```
int=2
1.a=5    b=2.10000
2.a=2    b=2.10000
b=2.100000
int=2
```

本程序中，main 函数变量 a（初始化为 1）和变量 b 的作用域为整个主函数，但是这个变量 a 在复合语句中不起作用，因为在复合语句中又定义了一个名为 a 的变量（初始化为 4），这两个变量 a 是不同的变量，它们占不同的存储单元。在复合语句中所操作的变量 a 为内层定义的。主函数中定义的变量 b 与 print_int 函数内定义的变量 b 类型不同，它们同样也是不同的变量。

7.6.2　全局变量

一个 C 程序可以由一个或多个源程序文件组成，一个源文件可以包含一个或多个函数，在函数外部定义的变量称为外部变量。外部变量是全局变量，它可以被多个函数所共用，其作用域为从变量的定义点开始到本源文件尾部。

例 7.17　全局变量示例。

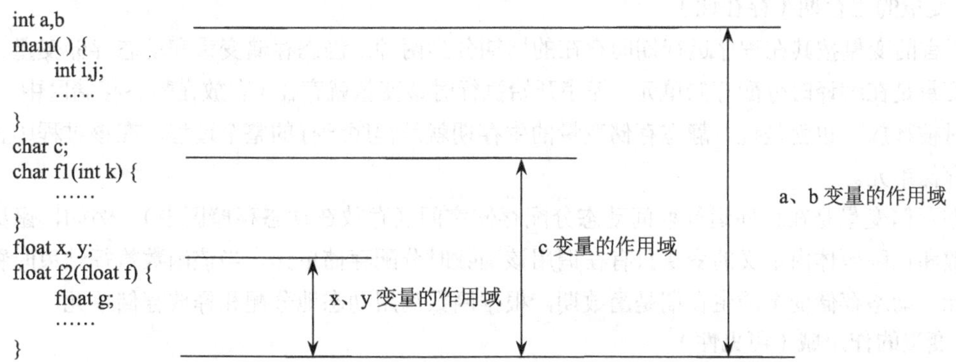

在例 7.17 中，变量 a、b、c、x 和 y 是全局变量，但它们作用域不同。变量 a、b 的作用域是整个文件，函数 main()、f1(int k)、f2(float f)都可使用。变量 c 的作用域是函数 f1(int k)、f2(float f)，这两个函数可以使用该变量。变量 x、y 的作用域是函数 f2(float f)，只有该函数能够使用 x、y。

如果外部变量定义在文件头部，则整个文件中的函数都可使用；如果不在文件头部定义，则按上面规定的作用域规则，只限定义点开始到文件结束处之间的函数使用。

C 语言还允许定义点之前的函数引用该外部变量，但需要在该函数内部或之前用关键字“extern”对变量做“外部变量说明”，表示该变量已在函数的外部定义了，在函数内部可以使用。如果在同一个源文件中外部变量与局部变量同名，则在局部变量的作用域内，外部变量不起作用。

外部变量是全局变量，它提供了一种在各函数之间进行数据通信的手段。由于同一文件中的所有函数都能引用全局变量的值，因此如果在一个函数中改变了全局变量的值，就会影响到其他函数，这样我们可以利用全局变量从函数中得到一个以上的返回值。使用外部变量虽然增加了函数与外界传递数据的“渠道”，但它也有副作用，故建议尽量少使用外部变量。其副作用大体表现为以下几个方面。

（1）无论外部变量是否使用，在程序执行期间都占用固定的存储单元。

（2）外部变量降低了函数的独立性，因为外部变量增加了函数的联系，使函数过多地依赖于外部。我们应该尽量地使函数只是通过“实参—形参”与外界发生联系，这样程序会具有很好的移植性和可读性。

（3）外部变量会降低程序的清晰性，容易出错，给程序的设计、调试、修改和维护带来困难。

7.7　变量的存储类别

在 C 语言中，每一个变量都有两个属性：数据类型和存储类别。第 2 章中介绍了数据类型（如整型和字符型），数据类型实际上是反映了数据的操作属性，编译程序根据数据类型为变量分配一定长度的存储单元，规定其数值范围，并且还根据它检查变量所参与的运算是否合法（例如，进行求余运算的对象都必须是整型）。

变量的存储类别反映了变量的存储位置、变量的生存期（存在性）和变量的作用域（可见性）3 种属性。

1．变量的存储位置

在计算机中用以存放变量值的空间有两个：一个是内存；另一个是寄存器。内存的数据区分为两个部分：静态存储区和动态存储区。寄存器实际上也是一种存储器，只不过其存取速度比普通的内存要快，通常用寄存器存放程序的中间数据，以提高程序运行效率。

2．变量的生存期（存在性）

C 语言的变量按其在程序运行期间存在的周期分为两种：静态存储变量和动态存储变量。静态存储变量是在编译时分配存储单元，程序开始执行时该变量就存在（存放在静态存储区中），程序结束时被释放。也就是说，静态存储变量的生存期就是程序运行的整个过程，在该过程中占有固定的存储单元。

动态存储变量是在程序运行期间动态分配存储空间（存放在动态存储区中）。例如，函数的形式参数和在函数体内定义的变量只有在调用该函数时分配存储单元，当该函数执行结束时释放存储单元。动态存储变量的生存期是函数期，根据函数调用动态地分配和释放存储单元。

3．变量的作用域（可见性）

变量的作用域可见性是指变量只有在其作用域才是可见的（即可以引用），离开其作用域则不可见（即不能引用）。

变量的存储类别分为两大类：静态存储类和动态存储类，变量具体包括自动变量（auto）、寄存器变量（register）、外部变量（extern）和静态变量（static）4 种。

7.7.1 自动变量

在函数内部或程序块中，变量定义前面加保留字 auto 来说明的变量是自动变量。自动变量是局部变量，它属于动态存储类别。对这些变量的建立和撤销都是由系统自动进行的。在一个函数中定义的自动变量，只有在调用该函数时才给此变量分配存储单元；当函数执行结束时，这些变量所占的存储单元被释放。

自动变量定义的一般形式如下：

[auto] 数据类型 变量名 1[=初始表达式 1],…;

其中方括弧内的内容可以省略，自动变量用关键字 auto 作为存储类别的说明，如果省略“auto”，系统默认该变量为自动变量。例如：

```
int fun(int x) {                /*定义函数 fun，x 是形参*/
    auto int a, b=1,c=0;        /*定义 a、b、c 为自动变量*/
    …
}
```

其中，x 是形参，a、b、c 是自动变量，b 初始化为 1，c 初始化为 0。在函数体中定义的变量也可以写成：

```
int a, b=1, c=0;
```

由上可知，在前面的例子中函数内所定义的变量都是自动变量，而在这里它们的定义前都省略了“auto”。

对自动变量的说明如下。

（1）自动变量是局部变量，它只能在函数体内定义。它的使用应遵循 7.6.1 小节所介绍的局部变量的作用域规则，即只能在定义它的函数或程序块内引用。

（2）在不同的函数或程序块内可以定义相同名称的自动变量，但它们属于不同的变量。

（3）自动变量在使用前，必须初始化或赋初值。自动变量如果未进行初始化或赋初值，其值是不确定的，是分配给它的存储单元的当前值。

（4）如果在定义自动变量的同时又对其进行了初始化，则在每次进入该变量的作用域时，该变量都被重新赋初值。例如，int i=1;等价于如下形式。

```
int i;
i=1;
```

（5）自动变量允许用表达式进行初始化，但应保证初始化表达式中的变量已具有确定的值。

（6）自动变量都是存储在内存的动态存储区中，并且是动态存储变量，其值在函数调用结束时不保留。

（7）函数的形参变量是自动变量，但在定义时不加关键字“auto”，也不能初始化。

7.7.2　寄存器变量

在函数内部或复合语句中，变量定义前面加保留字 register 来定义的变量是寄存器变量。寄存器变量同自动变量一样是局部变量，并属于动态存储类别。对这些变量的建立和撤销都是由系统自动进行的。当一个函数被调用时，系统将分配 CPU 的一个寄存器来存放在该函数内定义的一个寄存器变量，由于 CPU 中寄存器的存取速度很快，因此使用寄存器变量的目的是提高程序运行速度。当函数执行结束时，系统释放寄存器中该变量的存储单元。通常把使用频率高的变量定义为寄存器变量，以加快运行速度。

寄存器变量定义的一般形式如下：

register 数据类型 变量名 1[初始表达式 1], …;

对寄存器变量的说明如下。

（1）只有局部变量可以定义为寄存器变量，它的定义、初始化及使用（作用域）同自动变量。

（2）一个计算机系统中的寄存器数量有限，使得寄存器变量的定义个数受限。当定义的寄存器变量个数超过系统的寄存器数量时，系统会自动将未能分配的寄存器变量处理成自动（auto）变量。

7.7.3　外部变量

外部变量是在函数之外定义的变量，它们是全局变量。全局变量属于静态存储类别，存放在静态存储区中，在程序一开始运行便存在，直到程序运行结束。也就是说，它的生存期是整个程序的运行周期。全局变量既可以被本文件中的函数引用，也可以被其他文件中的函数引用。下面说明有关全局变量引用的情况。

1．被本文件中的函数引用

（1）在一个文件中定义的全局变量可以直接被定义点之后的任意函数引用，在函数内或函数之前不需用关键字“extern”做外部变量说明。

（2）在一个文件中定义的全局变量允许被定义点之前的函数引用，但此时需要在函数内或函数之前用关键字“extern”对变量做外部变量说明。

2．被其他文件中的函数引用

在C语言程序的项目中，如果在一个文件中要引用另一个文件中定义的全局变量，应该在要引用它的文件中用“extern”做外部变量说明。

例 7.18 引用其他源程序文件中定义的外部变量。

源程序文件 file1.c 中的程序代码如下：

```
#include<stdio.h>
int max(int a[ ],int n);
int max_index;
int main(void){
    int i,data[10],m;
    printf("请输入 10 个整数：\n");
    for(i=0;i<10;i++)
        scanf("%d",&data[i]);
    m=max(data,10);
    printf("max=%d,index=%d",m,max_index);
}
```

源程序文件 file2.c 中的程序代码如下：

```
extern int max_index;
int max(int a[ ],int n){
    int max=a[0],i;
    max_index=1;
    for(i=1;i<10;i++)
        if(a[i]>max) {
            max=a[i];
            max_index=i+1;
        }
    return max;
}
```

在源程序文件 file2.c 首部用“extern”对变量 max_index 做外部变量说明，表明了要引用在其他源文件中定义的变量 max_index。本来外部变量的作用域是从它的定义点开始到源文件结束，但可以用“extern”将其作用域扩大到其他源文件中。

3．只限被本文件中的函数引用

如果全局变量只允许本文件引用而不允许其他文件使用，则在定义外部变量时前面加一个关键字“static”说明该变量为静态外部变量。

在进行大型程序设计时，通常由若干个人分别编写各个模块，每个人可以根据需要在其设计的文件中把自己使用的全局变量定义成静态外部变量，而不必考虑是否会与其他文件中的变量同名，这样可以保证文件的独立性，便于程序调试。

注意：不要误认为外部变量加“static”才是静态存储变量（存放在静态存储区），而不加“static”是动态存储变量（存放在动态存储区）。无论外部变量前是否加“static”，都是静态存储类别，只是作用域不同而已，它们都是在编译时分配内存的。

如果外部变量在定义时未初始化，则编译程序自动将其初始化为 0。

7.7.4 静态变量

定义变量时，在变量类型前面加关键字“static”来定义静态变量。除了上面介绍的静态外部变量以外（实际上外部变量都是静态存储的），还有静态局部变量。静态变量定义的一般形式如下：

static 数据类型 变量名[=初始化常量表达式], …;

静态变量采用的是静态存储，对其初始化是在编译阶段进行的。在定义时，只能用常量或常量表达式来对其进行初始化。如果定义时没有初始化，则系统编译时自动把它们初始化为 0（针对数值型变量）或空字符（针对字符型变量）。

对静态局部变量的说明如下。

（1）静态局部变量属于静态存储类别，在静态存储区内分配存储单元，程序整个执行期间始终占有存储单元。

（2）静态局部变量是在编译时被初始化赋初值的，并且仅被初始化一次。在每次调用函数进入其作用域时，不再重新赋初值，其值是上一次函数调用结束时的值。

例 7.19　静态局部变量示例。

程序代码如下：

```
#include<stdio.h>
int main(void) {
    int i;
    for(i=1;i<=5;i++)
        printf("\nfac(%d)=%d\n",i,fac(i));
    }
int fac(int n) {
    static int f=1;
    f*=n;
    return f;
}
```

程序运行结果如下：

```
fac(1)=1
fac(2)=2
fac(3)=6
fac(4)=24
fac(5)=120
```

（3）虽然静态局部变量在函数调用结束后仍然存在，但其他函数也不能引用它。因为它是局部变量，所以其作用域仅是它所在的函数或复合语句。

7.8　内部函数和外部函数

一个求解复杂问题的 C 程序可能由多个源程序文件组成，其中一个源文件中的函数可能被其他源文件中的函数调用，也可能只限本文件中的函数调用。根据函数是否能被其他源文件调用，函数可以分为内部函数和外部函数。

7.8.1　内部函数

如果一个函数只限被本文件中的其他函数所调用，则称它为内部函数。在定义内部函数时，需要在函数名和函数类型前面加关键字“static”，其定义的一般形式如下：

static 类型标识符 函数名(形参表);

例如：

```
static int fun(int a,int b);
```

求解复杂问题的程序可能由多人编写，每个人编写的程序分别保存在不同的源程序文件中。每个人可能根据需要定义一些仅供自己使用的函数，为了避免其他源程序文件调用及与其他源程序文件中的函数同名，通常把这些函数定义成内部函数。这样不同的人可以分别编写不同的函数，而不必考虑所定义函数是否会与其他源程序文件中的函数同名。

7.8.2 外部函数

如果一个函数允许被其他文件中的函数所调用，则称它为外部函数。在定义外部函数时，需要在函数名和函数类型前面加关键字“extern”，其定义的一般形式如下：

extern 类型标识符 函数名(形参表);

例如：

```
extern int fun(int a,int b)
```

fun 函数可以被其他文件中的函数调用。如果定义函数时省略关键字“extern”，则系统默认为外部函数。本书前面所定义的函数都为外部函数。

在一个文件中调用其他源程序文件中的函数时，一般需要在本源程序文件首部用“extern”说明所调用的函数是外部函数。

当多个人合作编写程序时，把那些由几个人共用的函数定义为外部函数，这样使各源程序文件之间建立了联系。每个源程序文件分别被编译，然后连接形成一个可执行程序文件。

7.9 综合应用实例

例 7.20 用选择排序法对 *n* 个整数按升序排列。

问题分析与程序思路：

编写一个函数，用选择排序法对 *n* 个数按升序排列，函数应该定义两个形参：第一个形参为数组名，用于存放要排序的 *n* 个数；第二个参数为整型变量，用于存放要排序的一组数的个数。

程序代码如下：

```
#include <stdio.h>
#include <stdlib.h>
#define N 50
void sort(int array[],int n){
    int i,j,k,temp;
    for(i=0;i<n-1;i++){
        k=i;
        for(j=i+1;j<n;j++)
            if(array[j]<array[i])
                k=j;
            if(i!=k){
                temp=array[k];
                array[k]=array[i];
                array[i]=temp;
            }
    }
}
int main(void){
    int n,a[N],i;
    printf("\nInput the number of the integers: ");
    scanf("%d",&n);
    if(n<=0 || n>50){
        printf("input error");
        exit(1);
```

```
    }
    printf("Enter %d integers:\n",n);
    for(i=0;i<n;i++)
        scanf("%d",&a[i]);
    sort(a,n);
    printf("The sorted integers:\n");
    for(i=0;i<n;i++)
        printf("%d ",a[i]);
    return 0;
}
```

程序运行情况如下：

```
Input the number of the integers: 5 <CR>
Enter 5 integers:
12 34 56 5 78 <CR>
The sorted integers:
5 12 34 56 78
```

本程序中，用 define 命令定义了常量符号 N 的值为 50，这样该程序可以对个数小于 50 的任意一组整数排序。在 main 函数中，首先输入整数的个数给变量 *n*，当 $n \leqslant 0$ 或 $n>50$ 时，输出提示错误信息，并终止程序，否则，输入 *n* 个整数，调用 sort(a,n)函数对它们进行排序。sort 函数只对数组 a 中的前 *n* 个整数排序，当其返回时，数组 a 的前 *n* 个元素值的顺序会改变。

例 7.21　有 5 名学生，每名学生选修 4 门课程，求每名学生的平均成绩及所有学生的总平均成绩。

问题分析与程序思路：

用一个 5×4 的二维数组存放学生成绩。数组的一行对应一名学生的成绩，一列对应一门课的成绩。编写一个 score 函数来求解此问题，其函数原型如下：

```
float score(float score[ ][4],float aver[ ])
```

函数的类型定义成 float 型，其返回值为总平均成绩。形参 score[][4]用来存放学生的成绩，aver[]存放求出的每名学生的平均成绩。由于函数调用时形参数组和实参数组共享同一段存储单元，因此学生的平均成绩实际上就是存放在实参数组中。

程序代码如下：

```
#include <stdio.h>
#include <stdlib.h>
#define M 2
#define N 4
float score(float score[][N],float aver[]){
    int i,j;
    float total=0.0,sum;
    for(i=0;i<M;i++){
        sum=0.0;
        for(j=0;j<N;j++)
            sum=sum+score[i][j];
        aver[i]=sum/N;
        total=total+aver[i];
    }
    return (total/M);
}
int main(void){
    float array[M][N],ave[M],average;
    int i,j;
    printf("\nEnter the scores:\n");
    for(i=0;i<M;i++)
        for(j=0;j<N;j++)
            scanf("%f",&array[i][j]);
```

```
    average=score(array,ave);
    printf("The average score of all students is %4.1f\n",average);
    for(i=0;i<M;i++)
        printf("The average score of student %d is %4.1f\n",i+1,ave[i]);
    return 0;
}
```

程序运行情况如下：

```
Enter the scores:
78 89 60 70 <CR>
90 85 88 75 <CR>
The average score of all students is 79.4
The average score of student 1 is 74.2
The average score of student 2 is 84.5
```

从这个例子可以看出，通过用数组作为函数参数，可以使函数返回多个值。本例也可以用全局变量来代替形参 aver[]，但是这样会破坏函数的封闭性。

本程序中定义了符号常量 M 和 N，用于指定学生及课程的数量。如果学生数和课程数不是 5 和 4，只须修改 define 命令中的常数即可（见以上代码，常数分别为 2、4，以便于测试结果），程序的其他部分均可不变，这样提高了程序的通用性。

例 7.22 将一个字符串中从第 *n* 个字符开始的所有字符复制成为另一个字符串。

问题分析与程序思路：

编写 copy_str 函数，将字符数组 str1 中的第 *n* 个字符以后的全部字符复制到字符数组 str2 中，其函数原型为 void copy_str(char str1[ ],char str2[ ],int n)。

在 main 函数中定义两个字符数组变量 s1 和 s2，输入一个字符串给 s1 和输入一个整数给 *n*，将实参数组 s1 和 s2 的地址分别传送给形参 str1 和 str2。在 copy_str 函数中，将 s1 中第 *n* 个字符以后的每个字符依次传送给 s2。

程序代码如下：

```
#include <stdio.h>
#include <string.h>
#include <stdlib.h>
#define LEN 21
void copy_str(char str1[],char str2[],int n){
    int i,j;
    for(i=n-1,j=0;str1[i]!='\0';i++,j++)
        str2[j]=str1[i];
    str2[j]='\0';
}
int main(void){
    int n,len;
    char s1[LEN],s2[LEN];
    printf("Enter the string:");
    gets(s1);
    len = strlen(s1);
    if(len>=LEN || len==0){
        printf("Error:the string is too longer or empty!");
        exit(1);
    }
    printf("Enter the beginning position to be copied:");
    scanf("%d",&n);
    if(n>=len || n<0){
        printf("Error:the position is out of range!");
        exit(1);
    }
    copy_str(s1,s2,n);
    printf("The new string:%s",s2);
```

```
        return 0;
}
```

程序运行情况如下：

```
Enter the string:computer software <CR>
Enter the beginning position to be copied:10 <CR>
The new string:software
```

程序再次运行情况如下：

```
Enter the string:computer software <CR>
Enter the beginning position to be copied:19 <CR>
Error:the position is out of range!
```

运行程序，当输入的字符串为空或其长度大于指定长度（LEN−1）时，显示错误信息“Error:the string is too longer or empty!”，终止程序；当输入的整数小于或等于 0，或者大于字符串长度时，显示错误信息“Error:the position is out of range!”，终止程序。

程序中的 copy_str 函数可以简化地改为：

```
void copy_str(char str1[],char str2[],int n){
    int j=0;
    while(str2[j++]=str1[n++ -1]){…}
}
```

请读者仔细分析函数体中的 while 语句。

另外，在 copy_str 函数中可以用系统函数 strcpy 代替函数体中的循环语句，将 str1 中第 *n* 个字符以后的所有字符复制到 str2 中。函数改写如下：

```
void copy_str(char str1[],char str2[],int n){
    strcpy(str2,&str1[n-1]);
}
```

语句 strcpy(str2,&str1[n-1]);的作用是将从地址&str1[n-1]开始的字符串送到从 str2 开始的存储单元中。

7.10 智能算法能力拓展

例 7.23　在机器学习算法中，常常需要估算不同样本之间的相似性度量（Similarity Measurement），这时通常采用的方法就是计算样本间的“距离”（Distance）。采用什么样的方法计算距离是很讲究的，甚至关系到分类的正确与否。请基于函数编程实现以下几种距离的计算，要求所有数据从键盘输入，经过计算后输出计算结果。

（1）欧式距离：$d_{12}=\sqrt{(x_1-x_2)^2+(y_1-y_2)^2}$

（2）曼哈顿距离：$d_{12}=|x_1-x_2|+|y_1-y_2|$

（3）切比雪夫距离：$d_{12}=\max(|x_1-x_2|,|y_1-y_2|)$

（4）余弦距离：$\cos\theta=\dfrac{x_1x_2+y_1y_2}{\sqrt{x_1^2+y_1^2}\sqrt{x_2^2+y_2^2}}$

（5）Jaccard 相似系数：$J(A,B)=\dfrac{|A\cap B|}{|A\cup B|}=\dfrac{|A\cap B|}{|A|+|B|-|A\cap B|}$

（6）皮尔逊相关系数：

$$\rho_{XY}=\frac{\mathrm{Cov}(X,Y)}{\sigma_X\sigma_Y}=\frac{E((X-\mu_X)(Y-\mu_Y))}{\sigma_X\sigma_Y}=\frac{E(XY)-E(X)E(Y)}{\sqrt{E(X^2)-E^2(X)}\sqrt{E(Y^2)-E^2(Y)}}$$

问题分析与程序思路：

请参见3.3节综合应用实例。

例 7.24 K-Means算法是一种基于划分的聚类算法，以距离作为数据对象间相似性度量的标准，即数据对象间的距离越小，则它们的相似性越高，它们就越有可能属于同一个类簇。该算法认为簇是由距离靠近的对象组成的，因此把得到紧凑且独立的簇作为最终目标。

（1）定义一个二维数组（10×2）表示10个待分类的数据点坐标，从键盘输入坐标值。

（2）从键盘输入一个k值（2≤k≤4），即希望将上述数据点经过聚类得到k个集合。

（3）质心选择：可以从数据集中随机选择k个数据点作为初始质心。

（4）对数据集中的每个数据点计算其与每个初始质心的距离（如欧式距离），离哪个质心近，就划分到那个质心所属的集合。

（5）把所有数据聚类后会得到k个集合，然后对每个集合重新计算新的质心，并输出。

问题分析与程序思路：

（1）二维数组的每一行均可模拟表示一个数据点的横坐标和纵坐标，将来可用结构体来表示数据点，这样可使数据表示与管理更为方便，在结构上也更为紧凑。

（2）对初始质心的选择方法，可在[0,9]区间内随机选择k（2≤k≤4）个整数，以表示二维数组中的k个行下标。

（3）定义包含4个元素的一维整型数组来存储k个质心的行下标，用户可以设置行下标的初始值为−1，以表示尚未选定质心。

（4）为生成多个不同的随机数，可使用“stdlib.h”中的srand()函数和rand()函数及“time.h”中的time()函数，并使用循环结构。

（5）定义10个整型元素的一维数组来存储每个数据点所属的质心。

（6）至少需定义以下5个函数来实现上述功能：数据集坐标数据输入获取函数、初始质心随机生成函数、数据点与质心距离计算函数、数据点分类函数、质心计算与更新函数。

例 7.25 贝叶斯定理解决了概率论中“逆向概率”的问题，即给出了通过$P(A|B)$来求解$P(B|A)$的方法。朴素贝叶斯分类定义及原理如下：

（1）给定类别集合$C=\{y_1,y_2,\cdots,y_n\}$，集合C也称作训练样本集。

（2）待分类项为$x=\{a_1,a_2,\cdots,a_m\}$，而a_i（1≤i≤m）为x的一个特征属性，且各个特征属性是条件独立的。

（3）计算$P(y_1|x),P(y_2|x),\cdots,P(y_n|x)$。

为此，首先需要计算在各类别下各个特征属性的条件概率估计：

$$P(a_1|y_1),P(a_2|y_1),\cdots,P(a_m|y_1)$$
$$P(a_1|y_2),P(a_2|y_2),\cdots,P(a_m|y_2)$$
$$\cdots\cdots$$
$$P(a_1|y_n),P(a_2|y_n),\cdots,P(a_m|y_n)$$

由于各个特征属性a_i是条件独立的，因此根据贝叶斯定理可得：

$$P(y_j \mid x) = \frac{P(x \mid y_j)P(y_j)}{P(x)} = \frac{P(a_1 \mid y_j)P(a_2 \mid y_j)\cdots P(a_m \mid y_j)P(y_j)}{P(x)} = \frac{P(y_j)\prod_{i=1}^{m} P(a_i \mid y_j)}{P(x)}$$

其中，$1 \leqslant j \leqslant n$。由于分母对所有类别均为常数，因此只需求解最大的分子即可。

（4）计算 $P(y_k \mid x) = \max\{P(y_1 \mid x), P(y_2 \mid x), \cdots, P(y_n \mid x)\}$，进而可得 $x \in y_k$。

小明喜欢吃苹果，妈妈经常去超市买，并且长年累月摸索出了一套挑选苹果的方法：一般红润而圆滑的果子都是好苹果，泛青、无规则的通常都比较一般。现在根据之前几次买过的苹果，已经验证过了 10 个苹果（主要从大小、颜色和形状这 3 个特征来区分是好是坏），如表 7.1 所示。

表 7.1　挑选苹果的经验数据

编号	大小	颜色	形状	类别（是否为好果）
1	小	青色	非规则	否
2	大	红色	非规则	是
3	大	红色	圆形	是
4	大	青色	圆形	否
5	大	青色	非规则	否
6	小	红色	圆形	是
7	大	青色	非规则	否
8	小	红色	非规则	否
9	小	青色	圆形	否
10	大	红色	圆形	是

今天妈妈又去超市买了苹果，其中一个苹果的特征为大、红色、圆形，请问该苹果是好苹果还是一般的苹果？假定苹果的 3 个特征是相互独立的。

问题分析与程序思路：

（1）对 10 个苹果数据的属性和类别进行符号化，例如，对“大小”属性，用 1 表示“大”，用 2 表示“小”。

（2）定义 10 行 4 列的二维整型数组来存储 10 个苹果数据。

7.11　习题

1. 编写一个函数，判断一个整数是否是素数。

2. 编写一个函数，删除一个字符串中的第 n 个字符。在主函数中输入字符串及整数，输出删除字符后的字符串。

3. 编写一个函数，将两个字符串连接。

4. 编写一个函数，将一个字符串中的字母全部改为大写。

5. 编写一个函数，将一个整数转换为字符串。

6. 编写一个函数，以字符的形式读入一个十六进制数，并输出相应的十进制数。

7. 有 m 名学生，每人学 n 门课，分别编写函数完成以下功能。

（1）求每名学生的平均分。

（2）求每门课的平均分。

（3）找出最高成绩的学生号和课程号。

8. 试述局部变量和全局变量的作用域。

9. 变量的存储类别有哪几种？试指出它们的作用域。

10. 采用动态存储分配的变量有哪些？采用静态存储分配的变量有哪些？

11. 自动变量和静态局部变量在定义时，进行初始化有何不同？

12. 判断下列说法是否正确。

（1）函数内定义的变量都是动态存储变量。

（2）函数内定义的变量都是存储在内存中。

（3）函数内定义的变量对其他函数都是不可见的。

（4）函数内说明的变量对其他函数都是不可见的。

（5）函数外定义的变量都是静态存储变量。

（6）主函数中定义的变量对其他函数都是可用的。

（7）主函数中定义的变量在整个程序运行期间都存在。

（8）在函数内可以通过关键字 extern 定义外部变量。

（9）在一个文件中定义的外部变量只限在本文件中使用。

（10）在一个文件中定义的函数只能被本文件引用。

第8章 常用算法

算法的本质是解决问题。从计算思维角度理解，算法是用系统的方法描述并解决问题的策略机制，对一定规范的输入在有限时间内获得所要求的输出。计算机常用算法主要包括穷举法、分治法、递推法、递归法、迭代法、贪心算法、回溯法和动态规划算法，这 8 种常用算法基本可以解决大部分的计算机类问题。尤其需要强调的是，当数据量比较小时，我们可以使用简单循环进行穷举求解；但当数据量比较大、场景比较复杂的时候，就需要有针对性的灵活使用算法进行求解。

8.1 穷举法

穷举法又称枚举法，其利用计算机运算速度快、精确度高的特点，对要解决问题的所有可能情况全部逐一检验，从中找出符合要求的答案。因此，穷举法是通过牺牲时间能来求取答案的一种算法。穷举法的优点和缺点分别介绍如下。

1．穷举法的优点

穷举法一般是现实生活中问题的“直译”，因此比较直观，易于理解；穷举法建立在考察大量状态、穷举所有状态的基础上，所以算法的正确性比较容易证明。

2．穷举法的缺点

用穷举法解题最大的缺点是运算量比较大，解题效率不高；如果穷举范围太大，在时间上就难以令人承受。

例 8.1 我国古代数学家张丘建在《张丘建算经》一书中曾提出过著名的“百钱买百鸡”问题，该问题叙述如下：鸡翁一，值钱五；鸡母一，值钱三；鸡雏三，值钱一；百钱买百鸡，则翁、母、雏各几何？

如果用数学的方法解决“百钱买百鸡”问题，设公鸡 x 只，母鸡 y 只，小鸡 z 只，得到以下方程式组。

$$\begin{cases} 5x+3y+\dfrac{1}{3}z=100 \\ x+y+z=100 \end{cases}$$

x、y、z 的取值范围为(0,100)。

伪代码如下：

```
for x=0 to 100
    for y=0 to 100
        for z=0 to 100
            if(5x+3y+1/3z =100)
                print x,y,z /*可能有多组答案*/
```

程序代码如下：

```c
#include <stdio.h>
#include <stdlib.h>
int main() {
    int x, y, z;
    for(x=0; x<=100;x++)
        for(y=0;y<=100;y++)
            for(z=0;z<=100;z++) {
                if(5*x+3*y+z/3==100 && z%3==0 && x+y+z==100) {
                    printf("鸡翁%2d 只，鸡母%2d 只，鸡雏%2d 只\n", x, y, z);
                }
            }
    return 0;
}
```

例 8.2 某地发生了一件谋杀案，警察通过排查确定杀人凶手为 A、B、C、D 4 名嫌疑犯中的一个。以下为嫌疑犯的供词。

A：“不是我。”

B：“C 是凶手。”

C："D 是凶手。"

D："C 在冤枉我。"

已知 3 个人说了真话，1 个人说的是假话，根据这些信息确定到底谁是凶手。

分析：对 A、B、C、D 的取值设定为[1,0]，1 表示凶手，0 表示不是凶手。根据 4 个人的供词形成表达式，如表 8.1 所示。

表 8.1　例 8.2 表达式

嫌疑犯	供词	表达式
A	不是我	A=0
B	C 是凶手	C=1
C	D 是凶手	D=1
D	C 在冤枉我	D=0

根据题目有(A=0)+(C=1)+(D=1)+(D=0)= 3，且 A+B+C+D=1，伪代码如下：

```
for A=0 to 1
    for B=0 to 1
        for C=0 to 1
            for D=0 to 1
                if((A=0)+(C=1)+(D=1)+(D=0)=3 and A+B+C+D=1)
                    print A,B,C,D        /*值为 1 的是凶手*/
```

程序代码如下：

```
#include <stdio.h>
#include <stdlib.h>
int main() {
    int A,B,C,D;
    for(A=0;A<=1;A++)
        for(B=0;B<=1;B++)
            for(C=0;C<=1;C++)
                for(D=0;D<=1;D++)
                    if((A==0)+(C==1)+(D==1)+(D==0)==3 and A+B+C+D==1)
                        printf("%d,%d,%d,%d\n",A,B,C,D);
    return 0;
}
```

穷举法思路简单，程序编写和调试方便，是唯一可以解决几乎所有问题的方法。因此，在题目规模不是很大、时间与空间要求不高的情况下采用穷举法是一种非常有效的解决问题方法。

穷举法中的网格搜索是一种常用的调参手段，即给定一系列超参，然后在所有超参组合中穷举遍历，从所有组合中选出最优的一组超参数，通过穷举法在全部解中找最优解。网格搜索可以用于机器学习算法调参，但很少用于深度神经网络调参。对于深度神经网络来说，运行一遍需要更长时间，穷举调参效率太低，随着超参数数量的增加，超参组合呈几何增长。而对于机器学习的算法来说，运行时间相对较短，甚至对于朴素贝叶斯这种算法不需要去多次迭代所有样本，训练时间很快，可以使用网格搜索来调参。

8.2 分治法

任何一个可以用计算机求解的问题所需的计算时间都与其规模有关。问题的规模越小，越容易直接求解，解题所需的计算时间也越少。分治法是把一个复杂或难以直接求解的大问题分解为多个相同或相似的子问题，再把子问题分解为更小的子问题，直到最后子问题可以直接求解，原问题的解即子问题解的合并。这个方法是很多高效算法的基础。

分治法所能解决的问题一般具有以下 4 个特征。

（1）该问题的规模缩小到一定的程度就可以较容易地解决。

（2）该问题可以分解为若干个规模较小的相同问题，即该问题具有最优子结构性质。

（3）利用该问题分解出的子问题的解可以合并为该问题的解。

（4）该问题所分解出的各个子问题相互独立，即子问题之间不包含公共的子问题。

分治法在每一层递归上都有以下 3 个步骤。

（1）分解：将原问题分解为若干个规模较小，相互独立，与原问题形式相同的子问题。

（2）解决：若子问题规模较小而容易被解决则直接解，否则递归地解各个子问题。

（3）合并：将各个子问题的解合并为原问题的解。

计算机中的排序算法就是典型的分治法。所谓排序，就是使一串记录或者数字，按照其中的某个或某些关键字的大小，递增或递减地排列起来的操作。常见排序算法包括：插入排序、冒泡排序、选择排序、快速排序、堆排序、归并排序、基数排序和希尔排序等。

例 8.3 输入 10 个数字，使用冒泡排序将其由小到大排序并输出排序后的数字。

算法分析：冒泡排序的平均时间复杂度是平方级的，但是非常容易实现，算法思路比较如下。

（1）将所有待排序的数字放入工作列表中，此时采用数组进行存储。

（2）输入待排序的数字。

（3）从数组的第一个数字开始检查，如果大于它的下一位数字，则进行互换。

（4）如此循环，直至倒数第二个数字。

（5）输出数组元素。

伪代码如下：

```
n = 10
for i=1 to n-1
    smallest = i                                  /*每次循环假设第一个元素为最小元素*/
    for j = i+1 to n
        if seq[j] < seq[smallest]
            smallest = i                          /*记录此轮循环的最小元素下标*/
    exchange seq[i] with seq[smallest]            /*互换第一个元素和最小元素*/
```

程序代码如下：

```
#include <stdio.h>
#include <stdlib.h>
#define N 10
int main() {
    int n,i,seq[N],t;
    printf("输入 10 个整数：");
    for(i=0;i<10;i++)
        scanf("%d",&seq[i]);
    for(n=0; n<N−1; n++) { /*比较 N−1 轮*/
        for(i=0; i<N−1−n; i++) {
            if (seq[i] > seq[i+1]) {
                t = seq[i];
                seq[i] = seq[i+1];
                seq[i+1] = t;
            }
        }
    }
```

```
    printf("升序排列结果：");
    for (i=0; i<N; i++)
        printf("%d\x20", seq[i]);
    return 0;
}
```

8.3　递推法

递推算法是一种简单的算法，因为递推的运算过程是一一映射的，故可分析得其递推公式。它是通过已知条件，利用递推公式求出中间结果，一步步推导计算，直至得到结果的算法。递推算法可分为顺推和逆推两种。

斐波那契数列（Fibonacci Sequence）求值问题是一种典型的递推算法问题，斐波那契数列又称黄金分割数列；斐波那契数列又因数学家莱昂纳多·斐波那契（Leonardo Fibonacci）以兔子繁殖为例子而引入，故又称为“兔子数列”。该数列指的是这样一个数列：0、1、1、2、3、5、8、13、21、34、…在数学上，斐波那契数列被以递推的方法定义：$F(0)=0$，$F(1)=1$，$F(n)=F(n-1)+F(n-2)$（$n\geqslant 2$，$n\in \mathbf{N}^*$）。

例 8.4　用递推算法求斐波那契数列的第 N 项。

算法分析：斐波那契数列求解可以采用递推或者递归算法求解，但递归算法效率低，所以考虑采用递推算法。已知数列前两项为 1、1，从第 3 项开始，每一项都是前两项之和，按照该规律，通过循环赋值，即可求出第 4 项、第 5 项、……、第 N 项。

伪代码如下：

```
t1=1, t2=1, next;
for (i=3 to N) {
    next=t1+t2;
    t1=t2;
    t2=next;
}
printf(next);
```

程序代码如下：

```
#include <stdio.h>
#include <stdlib.h>
#define N 20
int main() {
    int t1=1, t2=1, next,i;
    for (i=3;i<=20;i++) {
        next=t1+t2;
        t1=t2;
        t2=next;
    }
        printf("第%d 项的值是：%d\n",i-1,next);
}
```

在例 8.4 中，使用顺推的方法解决了问题，另一种解决问题的思路是逆推（见例 8.5）。

例 8.5　猴子吃桃问题：猴子第一天摘下若干个桃子，当即吃了一半，还不过瘾，又多吃了一个；第二天早上将剩下的桃子吃掉一半，又多吃了一个。以后每天早上都吃了前一天剩下的一半零一个，到第 n 天早上想再吃时，发现只剩下一个桃子了。求第一天共摘了多少个桃子？

算法分析：某一天吃的是前一天的一半还多一个，假设今天剩下为 $x1$，前一天共有 $x2$ 个桃子，它们的关系是 $x1=x2/2-1$，即 $x2=(x1+1)\times 2$，也就意味着，如果知道今天剩下的桃子，那么就可以知道昨天的，如果知道昨天的，那么前天的就知道了……如果在第 n 天只剩下一个桃子，那么向前计算 $n-1$ 天就可以计算出第一天的桃子。

（1）定义一个变量 *day*，表示一共吃的天数。

（2）定义两个变量 $x1$ 和 $x2$，表示今天剩下的桃子数和前一天的桃子总数。

（3）利用算法分析中的逆推公式进行计算，每次计算后应将 $x1$ 和 $x2$ 进行重新初始化，每计算一次将天数减 1，直至天数为 0。

（4）输出结果。

伪代码如下：

```
int day,x1=1,x2;                    /*定义变量*/
while(day>0)                        /*循环，直至天数为 0*/
{
    x2=(x1+1)*2;
    x1=x2;
    day--;
}
printf(x2);
```

程序代码如下：

```
#include <stdio.h>
#include <stdlib.h>
#define N 10
int main() {
    int day=N,x1=1,x2;              /*定义变量*/
    while(day>0) {                  /*循环，直至天数为 0*/
        x2=(x1+1)*2;
        x1=x2;
        day--;
    }
    printf("第一天共摘了%d 个桃子",x1);
}
```

无论是采用顺推还是采用逆推，核心思想是要找到其递推公式，解决问题就会比较容易。

8.4 递归法

递归算法是一种函数直接或间接调用自身的算法，它通常把一个大型复杂的问题层层转换为一个与原问题相似的规模较小的问题来求解。递归算法通常只需少量的代码就可描述出解题过程所需要的多次重复计算，极大地减少了程序的代码量。递归的特点在于用有限的语句来定义对象的无限集合，且用递归思想写出的程序往往十分简洁、易懂。

一般来说，递归需要有边界条件、递归前进段和递归返回段。当边界条件不满足时，递归前进；当边界条件满足时，递归返回。

注意：

（1）递归就是在过程或函数里调用自身。

（2）在使用递归策略时，必须有一个明确的递归结束条件，称为递归出口。

由于递归引起一系列的函数调用，并且可能会有一系列的重复计算，递归算法的执行效率相对较低。当某个递归算法能较方便地转换成递推算法时，通常按递推算法编写程序。例如计算斐波那契数列第 n 项的函数 $f(n)$应采用递推算法，即从斐波那契数列的前两项出发，逐次由前两项计算出下一项，直至计算出要求的第 n 项。

一个采用递归算法求解的典型问题就是求阶乘问题，其数学表达式如下：

$$f(n)=\begin{cases}1 & n=0,1\\ f(n-1)\times n & n>1\end{cases}$$

仔细观察发现，绝大部分递归算法的数学表达式均可以表述为上述形式。采用递归算法求解的时候，一定要有程序出口，即递归到某一次时，程序可以简单求解使递归结束。递归算法用于解决特定问题非常有效，但效率较低，所以递归次数不宜过多。在例 8.4 中，已经采用递推方法对斐波那契数列的第 n 项进行了求解，下面采用递归算法再对此问题进行求解。

例 8.6　用递归算法求斐波那契数列的第 n 项。

算法分析：无论采用哪种算法，该题目的核心求解方法（求解的基本运算规则）是不变的，即运算主体不变。其数学描述方法如下：

$$f(n)=\begin{cases}1 & n\leqslant 2\\ f(n-1)+f(n-2) & n>2\end{cases}$$

伪代码如下：

```
f(n)
{
    if( n <= 2)
        return 1;
    else
        return f(n-1)+f(n-2);
    n--;
}
```

程序代码如下：

```
#include <stdio.h>
#include <stdlib.h>
int main() {
    int f(int n);
    int n;
    scanf("%d",&n);
    printf("斐波那契数列的第%d 项是：%d",n,f(n));
}
int f(int n) {
    if(n <= 2)
        return 1;
    else
        return f(n-1)+f(n-2);
    n--;
}
```

就斐波那契数列求值问题而言，递推法的时间复杂度为线性时间复杂度，优于递归法，当 n 较小时，两种算法的时间差别不大，但当 n 较大时，递归算法的效率将明显降低。所以递归算法常用于解决特定业务场景下的问题，且代码量一般不大，但时间复杂度高。决策树学习采用的是一种自顶向下的递归方法，其基本思想是以信息熵为度量构造一棵熵值下降最快的树，到叶子结点处熵值为 0。

8.5 迭代法

迭代算法是用计算机解决问题的一种基本方法，它通常用于最优求解问题。最常见的迭代法是牛顿法，还包括最小二乘法、线性回归、遗传算法及模拟退火算法等。迭代是一种不断用变量的旧值递推新值的过程，是一个系统逐渐收敛的过程。迭代法又分为精确迭代和近似迭代。采用迭代算法求解主要包括以下 3 个步骤。

（1）确定迭代变量。在可以用迭代算法解决的问题中，至少存在一个直接或间接地不断由旧值递推出新值的变量，这个变量称为迭代变量。

（2）建立迭代关系式。迭代关系式是指如何从变量的前一个值推出其下一个值的公式。迭代关系式的建立是解决迭代问题的关键，通常可以顺推或倒推的方法来完成。

（3）对迭代过程进行控制。迭代是一个重复循环的过程，其目的通常是逼近所需目标或结果，在什么时候结束迭代是编写迭代程序必须考虑的问题。对于确定解，用户可以通过精确迭代次数获得最终解。对于不确定解，用户可以通过近似迭代，在迭代到一定次数后根据其收敛程度获得相对满意解，但有时会陷入局部最优而无法获得全局满意解的局面。

例 8.7 用迭代法求一个整数 a 的平方根。

算法分析：求平方根的迭代公式是 $x1=1/2\times(x0+a/x0)$，其具体算法描述如下。

（1）自定义一个初值 $x0$ 作为 a 的平方根值，在我们的程序中取 $a/2$ 作为 a 的初值；利用迭代公式求出一个 $x1$。此时，$x1$ 与 a 真正的平方根值相比，误差很大。

（2）把新求得的 $x1$ 代入 $x0$ 中，准备用此新的 $x0$ 再去求出一个新的 $x1$。

（3）利用迭代公式再求出一个新的 $x1$ 的值，也就是用新的 $x0$ 又求出一个新的平方根值 $x1$，此值将更趋近于真正的平方根值。

（4）比较前后两次求得的平方根值 $x0$ 和 $x1$，如果它们的差值小于指定的值，即达到要求的精度，则认为 $x1$ 就是 a 的平方根值，去执行下一步骤；否则执行步骤（2），即循环进行迭代。

伪代码如下：

```
double a,x0,x;
x0=a/2;
x1=(x0+a/x0)/2;                    /*初始化*/
do {
    x0=x1;
    x1=(x0+a/x0)/2;                /*循环利用公式迭代*/
}while(fabs(x0-x1)>=1e-6);         /*直至达到指定精度*/
printf(x1);
```

程序代码如下：

```
#include <stdio.h>
#include <stdlib.h>
#include <math.h>
int main() {
    float a,x0,x1;
    scanf("%f",&a);
    x0=a/2;
    x1=(x0+a/x0)/2;                /*初始化*/
    do {
        x0=x1;
        x1=(x0+a/x0)/2;            /*循环利用公式迭代*/
```

```
    }while(fabs(x0-x1)>=1e-6);                /*直至达到指定精度*/
    printf("%f 的平方根是：%.2f",a,x1);
}
```

迭代法是用于求方程或方程组近似根的一种常用的算法设计方法。如果将上题中的 $x1=(x0+a/x0)/2$;替换为其他求根公式，就可以满足相应的方程求解需求。具体使用迭代法求根时应注意以下两种可能发生的情况。

（1）如果方程无解，算法求出的近似根序列就不会收敛，迭代过程会变成死循环，因此在使用迭代算法前应先考察方程是否有解，并在程序中对迭代的次数给予限制。

（2）方程虽然有解，但迭代公式选择不当或迭代的初始近似根选择不合理也会导致迭代失败。

8.6 贪心算法

贪心算法（又称贪婪算法）是指在对问题求解时，总是做出在当前看来为最好的选择。也就是说，不从整体最优上加以考虑，所做出的仅是在某种意义上的局部最优解。必须注意的是，贪心算法不是对所有问题都能得到整体最优解，选择的贪心策略必须具备无后效性，即某个状态以后的过程不会影响以前的状态，只与当前状态有关。但对于范围相当广泛的许多问题，贪心算法能产生整体最优解或者是整体最优解的近似解。贪心算法以迭代的方式做出相继的贪心选择，每做一次贪心选择就将所求问题简化为规模更小的子问题。

例 8.8 钱币找零问题：假设 1 元、2 元、5 元、10 元、20 元、50 元、100 元的纸币分别有 $c0$、$c1$、$c2$、$c3$、$c4$、$c5$、$c6$ 张，现要用这些钱来支付 K 元，至少要用多少张纸币？

算法分析：利用贪心算法优先选择面值最大的钱币，依此类推，直到凑齐总金额。

伪代码如下：

```
int[] value = {1, 2, 5, 10,20, 50, 100};
int[] count = {c0, c1, c2, c3, c4, c5, c6};
monNum(int money) {
    for(i = N-1 to 0)
    {
        num = min(money/value[i] , count[i]);      /*可用较大面额的张数*/
        money = money - temp * value[i];
        num += temp;
    }
    if(money > 0)
        num = -1;
    return num;
}
```

程序代码如下：

```
#include <stdio.h>
#include <stdlib.h>
int count[7]={10,10,10,10,10,10,10};              /*每一张纸币的数量*/
int value[7]={1,2,5,10,20,50,100};                /*每一张的面额*/
int main() {
    int money,num;
    int f(int money);
    scanf("%d",&money);
    num = f(money);
    if(num == -1)
        printf("金额不足，无法支付！");
    else
        printf("支付%d 元，需要用%d 张钱币。",money,num);
}
```

```
int f(int money) {
    int num=0,t;
    for(int i=6;i>=0;i--)                    /*从最大面额计算所需张数*/
    {
        t = money/value[i] < count[i] ? money/value[i]:count[i];/*贪心法：尽可能用大面额*/
        money = money - t * value[i];
        num += t;                            /*总张数*/
    }
    if(money>0)                   /*总金额不够支付*/
        num=-1;
    return num;
}
```

对于一个有多种属性的事物来说，贪心算法会优先满足某种条件，追求局部最优的同时希望达到整体最优的效果。贪心算法的基本思路：首先，建立数学模型来描述问题；其次，把求解的问题分成若干个子问题；再次，对每一子问题求解，得到子问题的局部最优解；最后，把子问题的局部最优解合成原来求解问题的一个解。

在图论的求解中常常用到贪心算法，迪杰斯特拉算法（Dijkstra 算法）是从一个顶点到其余各顶点的最短路径算法，解决的是有权图中最短路径问题；其主要特点是从起始点开始，采用贪心算法的策略，每次遍历到与始点距离最近且未访问过的顶点的邻接结点，直到扩展到终点为止。普里姆算法（Prim 算法）可在加权连通图里搜索最小生成树，即由此算法搜索到的边子集所构成的树中，不但包括了连通图里的所有顶点，且其所有边的权值之和亦为最小。克鲁斯卡尔算法（Kruskal 算法）也是求解最小生成树，其思想是假设连通图中的最小生成树 T 初始状态为只有 n 个顶点而无边的非连通图，选择代价最小的边，若该边依附的顶点分别在不同的连通分量上，则将此边加入 T 中，否则，舍去此边而选择下一条代价最小的边；依此类推，直至 T 中所有顶点构成一个连通分量为止。

8.7 回溯法

回溯法的本质仍然是一种穷举方法，但是在具体使用时，需要考虑到搜索优化问题，所以回溯法也可以被看作一种选优搜索法。首先把问题的解转换成一棵含有问题全部可能解的状态空间树或图，然后使用深度优先搜索策略进行遍历，遍历的过程中记录和寻找所有可行解或者最优解——从根结点出发搜索解空间树。当算法搜索至解空间树的某一结点时，先利用剪枝函数判断该结点是否可行（即能得到问题的解），如果不可行，则跳过对以该结点为根的子树的搜索，逐层向其祖先结点回溯，否则，进入该子树，继续按深度优先策略搜索。

回溯法的基本行为是穷举搜索，搜索过程使用剪枝函数避免无效搜索，从而提升穷举效率。剪枝函数包括以下两类。

（1）约束函数。使用约束函数，剪去不满足约束条件的路径。

（2）限界函数。使用限界函数，剪去不能得到最优解的路径。

回溯法有“通用解题法”的美誉，因为当问题是要求满足某种性质（约束条件）的所有解或最优解时，使用回溯法往往可以得到最优解，但使用回溯法的一个关键问题是如何定义问题的解空间并转换成树（即解空间树）。实际上，回溯法并不是先构造出整棵状态空间树再进行搜索，而是在搜索过程中逐步构造出状态空间树，即边搜索边构造。

回溯法的解题步骤主要包括以下 3 个部分。

（1）针对所给问题，定义问题的解空间。

（2）确定约束条件。

（3）以深度优先方式搜索解空间。

回溯法与穷举法有某些类似，它们都是基于试探的。穷举法要将一个解的各个部分全部生成后，才检查是否满足条件，若不满足，则直接放弃该完整解，然后尝试另一个可能的完整解，它并没有沿着一个可能的完整解的各个部分逐步回退生成解的过程。而对于回溯法，一个解的各个部分是逐步生成的，当发现当前生成的某部分不满足约束条件时，就放弃该步所做的工作，退到上一步进行新的尝试，而不是放弃整个解重来。回溯算法适应求解组合搜索和组合优化问题，例如背包问题、批处理作业调度、*n* 皇后问题、最大团问题以及图的着色问题等，八皇后问题是使用回溯法解决的典型案例。

例 8.9 使用回溯法求解八皇后问题。有 8 个皇后（可以当成 8 个棋子），求如何在 8×8 的棋盘中放置 8 个皇后，使得任意两个皇后都不在同一条横线、纵线或者斜线上。

算法分析：从棋盘的第一行第一个位置开始，依次判断当前位置是否能够放置皇后，判断的依据为同该行之前的所有行中皇后的所在位置进行比较，如果在同一列或者在同一条斜线上（斜线有两条，为正方形的两个对角线），都不符合要求，继续检验后序的位置。如果该行所有位置都不符合要求，则回溯到前一行，改变皇后到下一位置，继续试探。如果试探到最后一行，所有皇后摆放完毕，则直接打印出 8×8 的棋盘。每一次将棋盘恢复原样，重新开始下一次摆放。

伪代码如下：

```
eight_queen(line)           /*回溯*/
{
    for (list=0 to 8)       /*检查每一列*/
    {
        if (check (line, list))              /*如果不和之前的皇后位置冲突*/
            Queenes[line]=list;              /*以行为下标的数组位置记录列数*/
        if (line==7)                         /*如果最后也不冲突*/
            输出结果;
        eight_queen(line+1);                 /*继续判断下一种皇后的摆法，递归*/
        Queenes[line]=0;                     /*位置归 0，以便重复使用*/
    }
}
int Check(int line,int list)                 /*检查函数*/
{
    for (int index=0 to line)                /*遍历当前行之前的所有行*/
    {
        data = Queenes[index];               /*逐个取出前面行中皇后所在位置的列坐标*/
        if ((list==data) || (index + data)==( line + list) || (index-data)==(line-list))
            return 0;                        /*如果在同一列或在斜线上，放弃*/
    }
    return 1;
}
```

程序代码如下：

```
#include <stdio.h>
#include <stdlib.h>
int Queenes[8]={0},Counts=0;
int main() {
    void eight_queen(int line);
    eight_queen(0);  /*调用回溯函数，参数 0 表示从棋盘的第一行开始判断*/
    printf("摆放的方式有%d 种",Counts);
    return 0;
}
void eight_queen(int line) {                 /*回溯函数*/
    int Check(int line,int list);
```

```
        void print() ;
        for (int list=0; list<8; list++)                    /*检查每一列*/
        {
            if (Check(line, list)) {                        /*检查是否和之前的皇后位置冲突*/
                Queenes[line]=list;                         /*不冲突，以行为下标的数组位置记录列数*/
                if (line==7) {                              /*如果最后也不冲突，证明为一个正确的摆法*/
                    Counts++;
                    print();
                    Queenes[line]=0;                        /*每次成功，都要将数组重归为 0*/
                    return;
                }
                eight_queen(line+1);                        /*继续判断下一种皇后的摆法，递归*/
                Queenes[line]=0;                            /*位置归 0，以便重复使用*/
            }
        }
    }
    int Check(int line,int list) {                          /*检查函数*/
        int data;
        for (int index=0; index<line; index++) {  /*遍历当前行之前的所有行*/
            data = Queenes[index];    /*逐个取出前面行中皇后所在位置的列坐标*/
            /*如果在同一列或在斜线上，放弃*/
            if ((list==data) || (index+data)==(line+list) || (index-data)==(line-list))
                return 0;
        }
        return 1;
    }
    void print() {
        for (int line = 0; line < 8; line++) {
            int list;
            for (list = 0; list < Queenes[line]; list++)
                printf("0");
            printf("#");
            for (list = Queenes[line]+1; list < 8; list++)
                printf("0");
            printf("\n");
        }
        printf("------------------\n");
    }
```

程序运行结果共有 92 种摆放方式。

8.8 动态规划算法

动态规划算法是一种用来解决最优化问题的算法思想，它没有固定的规则，算法使用上比较灵活，常常需要具体问题具体分析。

动态规划算法是将问题进行拆分，定义出问题的状态与状态之间的关系，使问题逐步得到解决。动态规划算法的基本思想与分治法的类似，即需要将待求解的问题分解为若干个子问题，按顺序求解前一子问题的解，为后一子问题的求解提供有效信息。在求解任意子问题时，应当列出各种可能的局部解，通过决策舍去那些肯定不能成为最优解的局部解，保留那些有可能达到最优的局部解；依次解决各子问题，最后一个子问题就是初始问题的解。

动态规划算法适用于具备最优子结构性质和子问题重叠性的最优化问题，最优子结构问题是整体最优解中包含着子问题的最优解，子问题重叠性表示第 i+1 步问题的求解中包含第 i 步子问题的最优解，形成递归求解。其算法步骤主要包括以下 4 个部分。

（1）分析最优解的结构。

（2）给出计算局部最优解值的递归关系。

（3）自底向上计算局部最优解的值。

（4）根据最优解的值构造最优解。

例 8.10　使用动态规划算法求解斐波那契数列的第 *n* 项。

算法分析：在之前的例子中，已经使用递归方法求解了斐波那契数列的第 *n* 项。实际上，上述递归程序段的效率非常低，因为递归会有很多重复的计算，即每次都会计算 $f(n-1)$和 $f(n-2)$这两个分支，由于没有保存中间计算结果，实际复杂度会高达 $O(2^n)$，达到指数级时间复杂度，当 *n* 较大时，该算法基本没有可行性。通过对上述问题进行分析，考虑如果首先计算前 *n* 个斐波那契数，并把它们存储在一个数组中，就可以使用线性时间（与 *n* 成正比）计算 $f(n)$。

伪代码如下：

```
f[0] = 0; f[1] = 1;
for(i = 2 to n)
f[i] = f[i-1] + f[i-2];
```

程序代码如下：

```
#include <stdio.h>
#include <stdlib.h>
int main() {
        int f[20]={1,1},i;
        for(i=2; i<20; i++)
                f[i]=f[i-1]+f[i-2];
        printf("斐波那契数列的第%d 项是：%d",i,f[i-1]);
}
```

通过上面的问题分析可以得出这样的结论：按照从最小开始的顺序计算所有函数值来求任何类似函数的值，在每一步使用先前已经计算出的值来计算当前值，这种方法称为自底向上的动态规划法。通过改进，可以把算法从指数级时间复杂度提高到线性时间复杂度。

分治法、动态规划法和贪心法具有一定的相似性，但又有所不同，下面对它们进行依次比较。

① 分治法与动态规划法对比。分治法和动态规划法都是将问题分解为子问题，然后合并子问题的解得原问题的解。但是不同的是，分治法分解出来的子问题是不重叠的，因此分治法解决的问题不拥有重叠子问题；而动态规划法解决的问题拥有重叠子问题。例如，归并排序和快速排序都使用的是分治法。另外，分治法解决的问题不一定是最优化问题，而动态规划法解决的问题一定是最优化问题。

② 贪心法与动态规划法对比。贪心法和动态规划法都要求原问题必须拥有最优子结构，二者的区别在于，贪心法采用的计算方式类似上面的自顶向下，但是并不等于子问题求解完后再去选择哪一个，而是通过一种策略直接选择一个子问题去求解，没有被选择的子问题就不求解了，直接被抛弃，也就是说，它总是只在上一步选择的基础上继续选择，因此整个过程是一种单链的流水方式，显然这种情况的正确性需要用归纳法去证明。动态规划算法与贪心算法都是将求解过程转换为多步决策，二者最大的区别是贪心算法每一次做出唯一决策，求解过程只产生一个决策序列，求解过程自顶向下，最优不一定有最优解。动态决策算法是将问题的求解过程转换为多步选择，求解过程多为自底向上，求解过程产生多个选择序列，下一步的选择依赖上一步的结果，在每一步选择上列出各子问题的所有可行解并做取舍，最后一步得到的解必是最优解。

8.9 智能算法能力拓展

例 8.11 KNN 分类算法的核心思想是对新的输入实例，若在给定的训练数据集中找到与该实例最邻近的 *k* 个实例的大多数属于某个类别，则就把该输入实例分到这个类别中。影响该算法准确率的 3 个基本要素是 *k* 值的选择、距离度量和分类决策规则。为便于理解，现将该算法步骤简化为以下几个部分。

（1）计算距离：给定待分类的测试对象，计算它与训练集中每个训练对象的距离。距离衡量方法可采用欧式距离、夹角余弦、闵可夫斯基距离等。

（2）寻找邻居：选择距离最近的 *k* 个训练对象作为测试对象的近邻，用户可从键盘输入 *k* 的值。

（3）进行分类：根据这 *k* 个近邻归属的主要类别来对测试对象分类。依据分类决策规则，分类方法可采用简单投票法、加权投票法等。简单投票法是指少数服从多数，近邻中哪个类别的点最多就分为该类；加权投票法是指根据距离的远近，对近邻的投票进行加权，距离越近则权重越大（权重为距离平方的倒数）。

现有若干先验数据，请使用 KNN 算法对未知类别数据分类。先验数据如表 8.2 所示，未知类别数据如表 8.3 所示。

表 8.2 先验数据

属性 1	属性 2	类别
1.0	0.9	A
1.0	1.0	A
0.1	0.2	B
0.0	0.1	B

表 8.3 未知类别数据

属性 1	属性 2	类别
1.2	1.0	?
0.1	0.3	?

问题分析与程序思路：

（1）定义一个 4 行 3 列的二维实数数组存储先验数据（训练数据集），每行的各列分别表示属性 1、属性 2 和类别，对于类别 A 和 B 可分别符号化为 1 和 2。

（2）定义一个 2 行 3 列的二维实数数组存储测试数据集。

（3）定义一个包含 4 个元素的一维实数数组保存测试数据与每个先验数据的距离。

（4）对距离一维数组元素进行排序，可采用冒泡排序、选择排序等算法。排序后，选择前 *k* 个较小距离所对应的先验数据点作为 *k* 近邻。

（5）对前 *k* 个近邻，依据分类决策规则对测试数据进行分类。

第9章

指针

存取内存单元的数据是每个程序经常性的操作。前面各章的程序都是按照变量名称直接访问内存单元数据；然而，随着函数的深入学习，我们发现，由于作用域的限制，两个函数的局部变量互不可见，导致函数间的数据交换出现困难。而在要求模块化设计的结构化程序设计中，指针就成为两个函数进行数据交换必不可少的工具。指针是 C 语言的一个重要特色。甚至有人说，指针是 C 语言的灵魂。因为掌握了指针的应用，可以极大地提升程序设计质量和增强程序解决问题的能力。

9.1 指针的引入

请观察和分析下面的程序。

```
#include <stdio.h>
void exchange1( int x, int y) {
    int temp;
    temp=x;
    x=y;
    y=temp;
}
int main() {
    int a=18,b=30;
    exchange1(a,b);
    printf("a=%d,b=%d\n",a,b);
    return 0;
}
```

通过前面学过的函数及变量作用域知识，可以分析出主函数中调用 exchange1 函数试图使得变量 a 和 b 的值互换。由于变量作用域的限制，不能在 exchange1 函数中直接处理变量 a 和 b，只能通过参数传递的方式把要处理的数据交给 exchange1 函数。但是从图 9.1 所示的参数传递过程看到，函数调用时只是把实参 a、b 的值传递给了形参 x、y，函数中只是对形参数据进行了处理（互换），实参 a、b 的值并没有改变，如图 9.2 所示。程序运行的结果仍旧是：a 为 18、b 为 30，显然程序并没有达到预期目的。

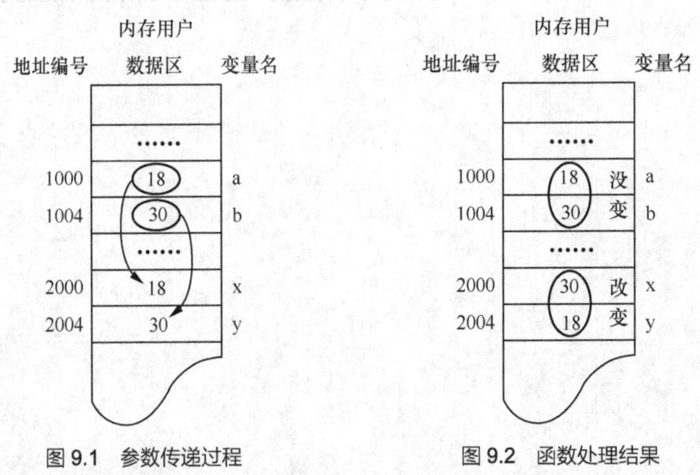

图 9.1　参数传递过程　　图 9.2　函数处理结果

分析其原因在于，主函数是把 a、b 的值复制一份传给了 exchange1 函数进行处理，函数并没有直接处理 a、b 中的数据。打个比方，我家里有一些木料（即数据）要做一套家具（即处理数据），这个工作要交给木匠（即函数）完成，如果我交给木匠的是和我家里完全一样的木料（即复制了一份），我的木料还在家里放着，那么，木匠再怎么加工，我家里的木料也不会变成家具。那如何解决这个问题呢？

如果我把我家的地址交给木匠，让木匠按照地址直接找到我家里来处理这些木料，问题就解决了。具体到前述程序问题，只要主函数在调用函数时直接把 a、b 变量所占据的内存地址传递给函数，函数再按照地址访问和处理 a、b 的数据即可。程序重写如下：

```
void exchange2(变量 x, 变量 y) {
    /* x、y 中存放了两个整数（这里是 a、b）的内存地址*/
    /*下面按照 x、y 中的地址找到相应内存单元，互换其中的数据*/
    ……
}
int main() {
    int a=18,b=30;
    /*调用 exchange2 使 a 和 b 的值互换*/
    exchange2(a 的地址, b 的地址);  /*把 a、b 的内存地址传递给形参 x、y */
    printf("a=%d,b=%d\n",a,b);
    return 0;
}
```

函数传递地址过程及函数处理结果如图 9.3 所示。

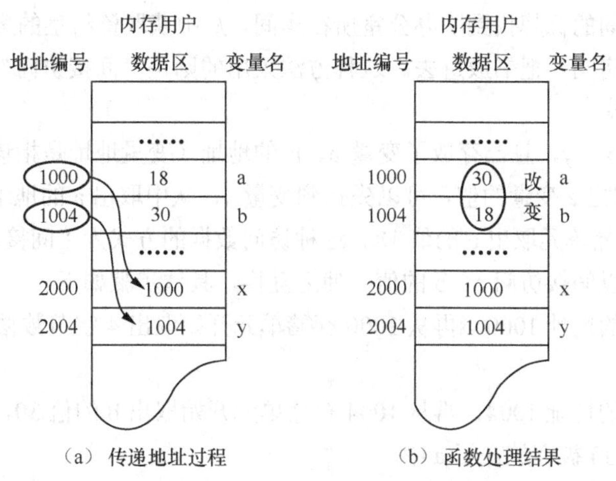

图 9.3　函数传递地址过程及函数处理结果

由此看出，有些时候需要按照变量的内存地址去访问数据，这就涉及两个问题：一是如何获取变量 a、b 的内存地址；二是如何按照内存地址访问数据。面对此问题，C 语言中引入了“指针”来解决这类问题。

9.2　内存数据的访问方式

为了理解指针的含义，首先必须明确数据在内存中是如何存储、如何访问的。通常在程序中会定义若干个变量来存放和表示要处理的数据，如 int a=18,b=30;。此时系统会根据变量的类型为变量分配若干个连续的内存单元，比如这里为每个 int 类型变量分配 4 个内存单元，如图 9.4 所示。

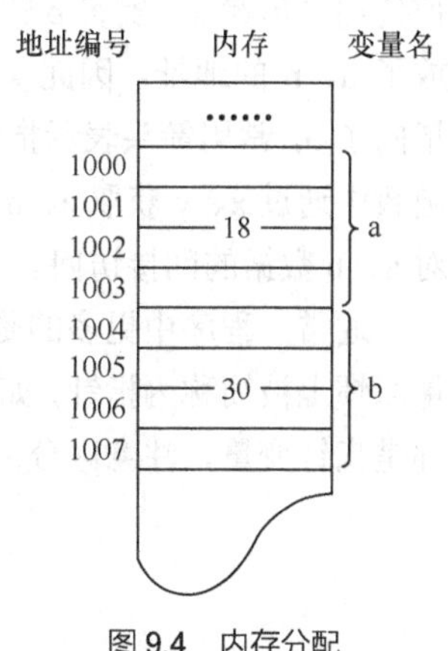

图 9.4　内存分配

假设内存按字节编址，即内存空间中一个字节对应一个存储单元，每个存储单元都有一个编号称为内存地址。这里，变量 a 占据了地址为 1000、1001、1002、1003 的 4 个存储单元来存放 a 的数据；变量 b 占据了地址为 1004、1005、1006、1007 的 4 个存储单元来存放 b 的数据。

在程序中访问内存中的数据一般有两种方式，即按变量名访问（直接访问）和按地址访问（间接访问）。

1．直接访问方式

通常，在程序中通过变量名来对存储单元进行数据的存取操作，这种访问数据的方式为“直接访问”方式。例如，printf("a=%d,b=%d\n",a,b);语句执行时，系统根据变量名 a 找到对应的存储单元（从地址 1000 开始的 4 字节），取出数据并输出；根据变量名 b 找到从地址 1004 开始的 4 个存储单元，从中取出数据并输出。

打个比方，我要把一本书送到教学楼里的资料室去，这里书类似于数据，教学楼类似内存空间，每个房间是存储单元，房间号是内存地址，房间门口的标牌如“资料室”“院办公室”“教研室”等可看作是变量名，我们一般会按照房间的标牌找到资料室所在房间，把书放进去，这种方法采用的就是“直接访问”的方式。但是，如果资料室房间门口没有挂牌子，怎么才能找到该房间呢？方法是先按房间的标牌找到院办公室所在房间，从中获取资料室的房间号（如 426），然后按照房间号找到相应房间，把书放进去。这种方法采用的则是“间接访问”的方式。

2．间接访问方式

假设定义了变量 x、y，且已存放了变量 a、b 的地址（变量地址是指该变量所占空间的首存储单元地址），现要取出 a 变量的值，可以先找到变量 x，从中取出 a 的地址 1000，然后到 1000、1001、1002、1003 存储单元取出 a 的值 18。这种访问数据的方式为“间接访问”。

使用这种方式可以间接访问 a、b 的值，使之互换，具体步骤如下。

（1）由 x 取出 a 的地址 1000，再从 1000 存储单元开始取出 4 字节数据（即 a 的值 18）存放到变量 temp 中。

（2）由 y 取出 b 的地址 1004，再从 1004 存储单元开始取出 b 的值 30，存放到 x 中地址所对应的存储单元中，即 30 被存放在了 a 中。

（3）从变量 temp 中取出 18，存放到由 y 中地址所对应的存储单元中，即 18 被存放在了 b 中。

结果如图 9.3（b）所示。

显然，通过地址可以找到相应的存储单元，访问其中的数据。那么，如何获取某变量的内存地址呢？C 语言提供了取地址运算符“&”，表达式&a 的值就是变量 a 的内存地址。使用下面的语句可以查看到当前 a、b 变量的内存地址。

```
printf ("%x , %x \n" , &a , &b ) ;/*一般习惯上采用十六进制的格式来输出 a、b 的内存地址*/
```

如果一个变量存放了其他变量的内存地址，则称它为“指针变量”。例如，在本章开始的举例中，exchange2 函数被调用时，实参 a 的地址被传递给形参 x，实参 b 的地址被传递给形参 y，变量 x、y 中分别存放了 a、b 的地址，因此 x、y 都是指针变量。此时称 x 指向了 a，y 指向了 b，常用箭头表示指向的关系，如图 9.5 所示。随后，exchange2 函数中通过 x、y 获取 a、b 的地址，把 a、b 的内容进行互换，实现了对 a、b 数据的间接访问。

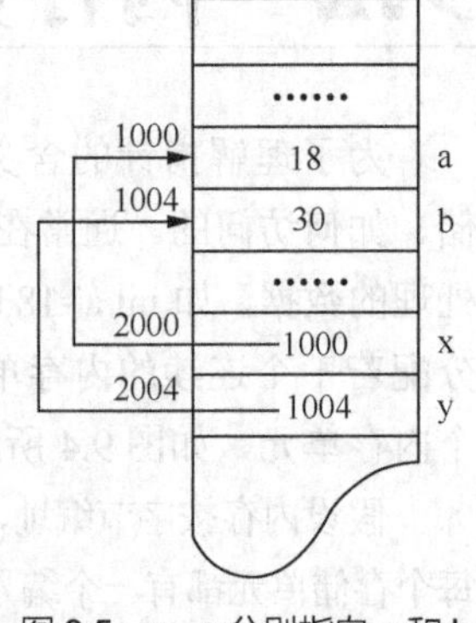

图 9.5　x、y 分别指向 a 和 b

通常，程序中更多的是通过指针变量来使用指针，因此，指针变量习惯上被简称为指针，如指针 x、指针 y。后面叙述中提到的“指针”都是指针变量，注意区分。

9.3 指针变量的定义及其基本使用

指针变量是存放另一个变量内存地址的变量。由此看出，它与普通变量一样，也需要在使用前先进行定义，为它指定类型、分配内存空间。与普通变量不同之处在于，指针变量的存储空间中不能存放普通数据，只能存放内存地址，即指针变量的值只能是地址。

9.3.1 指针变量的定义

首先观察下面的例子。

```
int *x , *y;
```

这里，定义了两个指针变量 x、y。变量名 x、y 前面带有*号表明 x、y 都是指针变量，系统会为指针变量分配一定的空间。通常每个指针变量都会占据 4 字节的内存空间，用来存放其所指向变量的地址。前面的类型 int 则限定了 x、y 都只能存放 int 类型变量的地址，即 x、y 只能指向 int 类型的变量，这里的类型 int 被称为指针变量的基类型。

定义指针变量的一般形式如下：

基类型 *指针变量名 1, *指针变量名 2, …;

例如：

```
int a, b, *p1;          /*p1 为指向 int 类型变量的指针变量*/
char c, *p2;            /*p2 为指向 char 类型变量的指针变量*/
float d, *p3;           /*p3 为指向 float 类型变量的指针变量*/
```

上面在定义指针变量的同时，也定义了 4 个普通变量 a、b、c、d。

现在要求指针 p1 指向 a，如何实现？很简单，只要把 a 的地址存放到变量 p1 中即可。表示方法为：

```
p1=&a;
```

类似地，使得 p2 指向 c、p3 指向 d 的语句为：

```
p2=&c;
p3=&d;
```

指针指向的变量如图 9.6 所示。

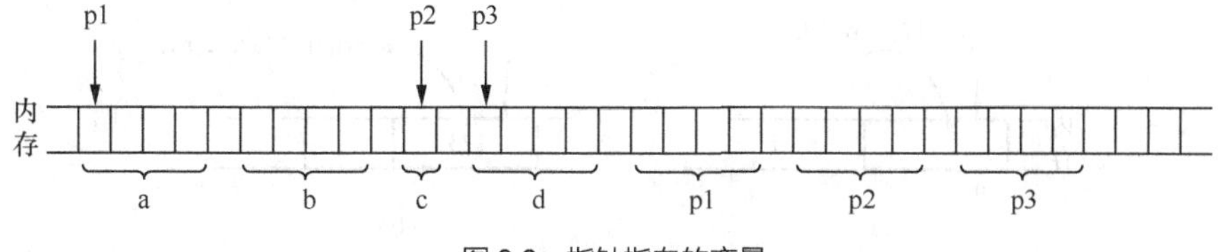

图 9.6 指针指向的变量

需要说明的是以下几点。

① 必须区分开指针变量、指针所指变量。如 p1=&a;中，p1 是指针变量，a 是指针 p1 所指变量。

② 指针变量的基类型限定了该指针指向变量的类型，所以下面的语句是错误的。

```
p1=&c;          /*p1 的基类型是 int，而 c 是 char 类型，类型不符*/
p2=&d;          /*p2 的基类型是 char，而 d 是 float 类型，类型不符*/
```

```
p3=&b;              /*p3 的基类型是 float，而 b 是 int 类型，类型不符*/
```

③ C 语言规定，指针变量只能存放本程序中已分配内存空间的地址，如变量的内存地址，因此，试图使用下面语句使得指针指向内存空间中任意指定的存储单元是错误的。

```
p1=2008;            /*2008 是一个整型数据，不能作为地址使用*/
p2=0xfff4;          /*0xfff4 是一个十六进制数形式的整型数据，同样也不能作为地址用*/
```

那么，请思考一下，如果 C 语言允许将任何整型数据作为内存地址使用，即采用 p1=2008; 的形式，使得指针可以指向任意指定地址的存储单元，进而访问其中的数据，会产生怎样的后果？

④ 指针变量也是变量，它的值也可以改变，即可以随时改变它的指向。例如：

```
p1=&a;              /*p1 指向 a*/
…
p1=&b;              /*此时 p1 指向了变量 b*/
…
int *p4=&a;         /*再定义一个指针变量 p4，并对其进行初始化，使其指向 a */
p1=p4;              /*将 p4 中地址赋予 p1，意味着此时指针 p1 与 p4 指向了同一个变量 a*/
```

9.3.2 指针变量的基本使用

我们已经知道，利用指针可以间接访问内存数据，那么如何实现这种访问呢？这就要涉及对指针的运算问题。下面介绍两个相关的运算符“&”和“*”及两者间的关系。

1．取地址运算符“&”

“&”是一个单目运算符，其功能是返回其运算量的内存地址。它可以作用于普通变量，如前面提到的 a、b、c 等，也可以作用于数组元素，例如：

```
int x[20],*px;
px=&x[0];           /*指针 px 指向数组元素 x[0] */
```

取地址运算符不能作用于常数或表达式，如&(a+1)、&20 都是非法的。

2．指针运算符“*”

对指针应用指针运算符“*”，可以访问到指针所指向的变量。例如，指针 p 已经指向了 a 变量，则对指针 p 应用“*”运算，即“*p”表示的就是 p 所指向的变量 a；另外，可以通过指针 p 对 a 进行赋值或引用，例如：

```
*p=123;     /*给 p 指向的变量 a 赋值 123，此时 a 的值变为 123 ，此语句等价于 a=123;*/
printf("a=%d\n",*p); /*输出 p 所指向变量 a 的值（123），该语句等价于 printf("a=%d\n",a);*/
```

*p 的含义示意图如图 9.7 所示。

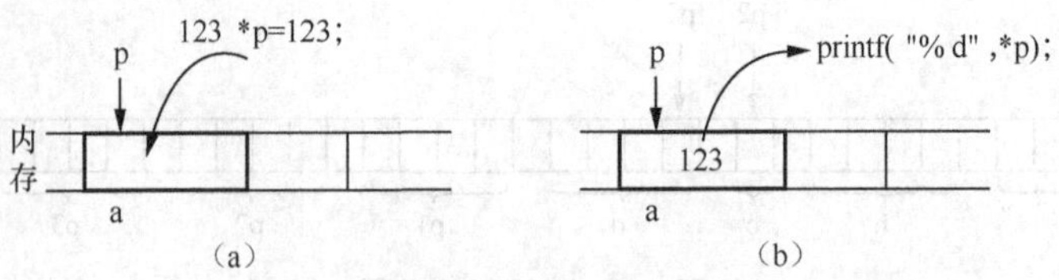

图 9.7　*p 的含义示意图

下面通过观察和分析一个例子，进一步理解指针运算符。

例 9.1　使用指针间接访问变量。

程序代码如下：

```
#include <stdio.h>
```

```
int main() {
    int a,b,*p1,*p2;
    a=10;
    b=20;
    p1=&a;        /*第 6 行*/
    p2=&b;        /*第 7 行*/
    printf("a=%d,b=%d\n",a,b);                /*第 8 行：输出变量 a、b 的值*/
    printf("*p1=%d,*p2=%d\n",*p1,*p2);    /*第 9 行：输出 p1、p2 所指向变量的值*/
    *p1=*p1+2;    /*第 10 行：将 p1 所指向变量的值自增 2*/
    *p2=*p2*2;    /*第 11 行：将 p2 所指向变量的值自乘 2*/
    printf("a=%d,b=%d\n",a,b);                /*第 12 行：输出变量 a、b 的值*/
    printf("*p1=%d,*p2=%d\n",*p1,*p2);    /*第 13 行：输出 p1、p2 所指向变量的值*/
    return 0;
}
```

本程序中定义了两个指针变量 p1、p2，并使得 p1 指向 a、p2 指向 b。第 8 行按变量名访问内存数据（这里是输出），这是前面提到过的“直接访问”方式；第 9 行的*p1 代表了 p1 所指向的变量 a，*p2 代表了 p2 所指向的变量 b，所以实际上输出的也是 a、b 的值，与第 8 行输出相同，这种通过指针访问内存数据的方式是“间接访问”方式，因此，指针运算符“*”也被称为“间接访问”运算符；第 10 行把 p1 所指向变量 a 的值取出后加 2，结果再存放到 p1 指向的 a 中，实际上完全等价于 a=a+2;，使得 a 的值变为了 12；类似地，第 11 行通过指针 p2 使得 b 的值被改变为 40，该行等价于 b=b*2;；第 12 行输出 a、b 的值是被更改后的新值 12 和 40；第 13 行与第 12 行功能相同。

注意：程序中符号“*”出现了多次，如 int *p1,*p2;中的“*”表明 p1、p2 是指针变量；*p1=*p1+2;中引用指针变量 p1 时前面的“*”表示进行指针运算；而*p2=*p2*2;中 2 前面的“*”表示的是乘法运算，要仔细分清楚。

例 9.2　应用指针间接访问变量 a、b，使二者的数据互换。

程序代码如下：

```
#include <stdio.h>
int main() {
    int a,b,temp;
    int *x=&a,*y=&b;
    scanf("%d%d",&a,&b);
    temp=*x;            /*把 x 所指向变量 a 的值 12 取出，存放在 temp 中*/
    *x=*y;              /*把 y 所指向变量 b 的值 35 取出，赋予 x 所指向的变量 a*/
    *y=temp;            /*把 temp 的值 12 赋予 y 所指向的变量 b*/
    printf("a=%d,b=%d\n",a,b);
    return 0;
}
```

本程序中定义了指针 x、y，并初始化为指向变量 a 和变量 b，假设程序运行时给 a、b 输入了数据 12 和 35，如图 9.8（a）所示。随后程序将 x 所指向变量与 y 所指向变量的值进行了交换，结果使得 a 和 b 的值发生了互换，如图 9.8（b）所示。

如果采用直接访问方式，则与程序中实现互换的 3 条语句等价的是：

```
temp=a; a=b; b=temp;
```

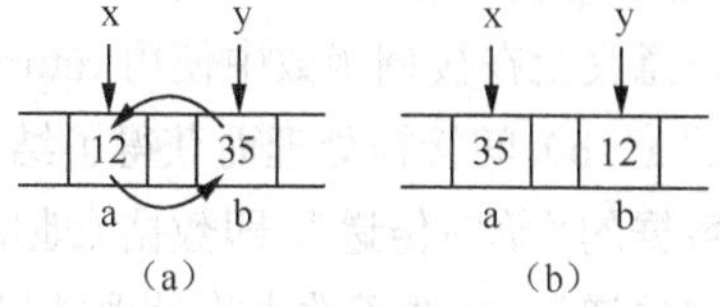

图 9.8　利用指针交换变量的值

假设 temp 定义为指针，程序中实现互换的 3 条语句改为：temp=x; x=y; y=temp; 程序结果又如何？请读者分析原因。

3．“&”运算符与“*”运算符间的关系

观察下面代码：

```
int a=10, *x=&a;
printf("%d,%d\n",*(&a),&(*x));
```

这里 printf()中出现了两个表达式：*(&a)和&(*x)。*(&a)首先取变量 a 的地址（即指针），然后进行“*”运算，求出该指针所指向的变量就是 a，所以*(&a)等价于 a，输出值为 10；而&(*x)先求出指针 x 所指向的变量即 a，然后取 a 的地址，显然其值与指针 x 相同，所以&(*x)与 x 等价，输出 x 的值（即 a 的地址）。

由此看出，“&”运算符与“*”运算符是互为逆运算。

9.4 指针作为函数的参数

回顾一下本章开始提出的实例，主函数调用 exchange1 函数时，实参和形参的结合方式是“单向传值”，即把实参的值传递给形参，那么，在函数中对形参的处理不会使实参同步变化（即变量 a 和变量 b 的值没能实现交换）。

对此，我们提出了解决问题的方案，即把变量 a、b 的地址传递给 exchange2 函数，使该函数能够直接处理 a、b 中的数据，使之相互交换。下面给出完整的程序。

```
void exchange2(int *x, int *y) {
    /* x、y 中存放了两个整数（这里是 a、b）的内存地址*/
        /*下面按照 x、y 中的地址找到相应内存单元，互换其中的数据*/
    int temp;
    temp=*x;
    *x=*y;
    *y=temp;
}
int main() {
    int a=18,b=30;
    /*调用 exchange2 使 a 和 b 的值互换*/
    exchange2(&a, &b); /*把 a、b 的内存地址传递给形参 x、y*/
    printf("a=%d,b=%d\n",a,b);
    return 0;
}
```

其中，函数调用语句“exchange2(&a, &b);”中取 a、b 的地址作为实参，因此 exchange2 函数的形参必须是指针，即函数头部为“exchange2(int *x, int *y)”；实参和形参的结合过程虽然仍然是“单向传值”，但是传递的是“地址值”。随后函数体中，通过指针 x、y 对主调函数中的变量 a、b 进行了间接访问，结果使 a、b 实现了值的交换。

通过上述实例我们发现，将指针作为函数的参数可以解决这样一类问题：使被调函数能够间接处理主调函数中的数据，从而将处理结果“返回”给主调函数。这里所说的“返回”并不是真正意义上在被调函数中使用 return 语句向主调函数返回结果，而是主调函数中的变量（如上例中的 a、b）间接被处理而获得了结果（如 a、b 实现了交换）。因此，函数调用时，表面上是进行了数据的“单向传递”，即数据（地址）从主调函数传给了被调函数，但实际达到的结果是数据的“双向传递”，被调函数也将处理结果“返回”给了主调函数。

例 9.3 要求编写 sort3 函数对任意 3 个整数进行升序排列，然后在主函数中调用它。

问题分析与程序思路：

通常我们所说对 a、b、c 的排序是指按一定的规则调整、交换变量中的数据，使得 a 中数据最小，c 中数据最大，从而实现有序。显然，要对主函数中的 a、b、c 排序，只能将它们的地址传递给 sort3 函数，由 sort3 函数对它们排序。

程序代码如下：

```
#include <stdio.h>
void sort3(int *x,int *y,int *z) {
    int temp;
    if (*x>*y) {
        temp=*x;*x=*y;*y=temp;
    }
    if (*y>*z) {
        temp=*y;*y=*z;*z=temp;
    }
    if (*x>*y) {
        temp=*x;*x=*y;*y=temp;
    }
}
int main() {
    int a,b,c;
    scanf("%d%d%d",&a,&b,&c);
    sort3(&a,&b,&c);
    printf("a=%d,b=%d,c=%d\n",a,b,c);
    return 0;
}
```

sort3 函数中采用的是“相邻比较，大数向后推”的算法思想，即第 1 个数与第 2 个数比较，大数交换到后面；第 2 个数与第 3 个数比较，大数交换到后面，此时最大数已经排在最后；然后第 1 个数与第 2 个数比较，次大数排在第 2 位。要注意的是，比较的是指针所指向变量的数据，如 if (*x>*y)，而不是指针比较，如 if(x>y)。当函数调用结束时，主函数中的 a、b、c 也依次排好序了。

我们注意到，sort3 函数中多次出现数据交换的操作，其实它们也可以调用前面讲过的 exchange2 函数来实现。例 9.3 程序中的 sort3 函数可以改写为：

```
void sort3(int *x,int *y,int *z) {
    int temp;
    if (*x>*y) exchange2(x,y);
    if (*y>*z) exchange2(y,z);
    if (*x>*y) exchange2(x,y);
}
```

要说明的是，要交换指针 x、y 所指向变量的数据，在调用 exchange2 函数时，实参必须是数据所在地址，这里显然指针 x、y 中就是要交换数据的地址，所以调用语句为：exchange2(x,y)，其余两个函数调用类似。

从前面函数的相关知识我们知道，一个函数的返回值只能有一个。由于指针作为函数参数可以把被调函数处理的结果“返回”给主调函数，因此，当需要函数返回多个结果的时候，指针作为函数参数尤其有用。

例 9.4 编写 prime_maxmin 函数求任意闭区间[a,b]内所有素数的个数，以及其中的最大素数、最小素数。

问题分析与程序思路：

首先，考虑该函数应该有哪些形参。

① 要调用该函数必须指出闭区间的上限和下限，形参应包含 int a 和 int b。

② 函数处理的结果有 3 个：素数个数、最大素数、最小素数。这里我们都采用指针作为形参来“返回”结果，因此，函数返回值类型为 void。具体实现方法是，在主调函数中定义 3 个变量 count、max、min，然后把它们的地址传递给 prime_maxmin 函数，该函数把计算的结果直接存放在这些地址中，所以该函数的形参还应包含 int *pcount、int *pmax 和 int *pmin。故，函数头部应该为：void prime_maxmin(int a, int b, int *pcount, int *pmax, int *pmin)。

其次，考虑函数体的实现，即采用什么算法来实现函数的功能。我们可以利用 for 循环穷举闭区间[a,b]中的每个数，判断其是否为素数，是素数则计数增 1，同时暂认定该素数就是最大素数，将其存放在指针 pmax 指向的变量 max 中（随后不断会有更大的素数覆盖它）；如果此时素数个数为 1，则此时的素数一定是最小素数，将其放入指针 pmin 指向的变量 min 中。函数中判断某数是否为素数时，调用了另外一个函数 prime 来判断，如果是素数则 prime 函数返回 1，否则返回 0。

程序代码如下：

```
#include <stdio.h>
int prime(int x) { /*判断 x 是否为素数，如果是素数，返回 1；如果不是素数，返回 0 */
    int i;
    for(i=2;i<x;i++)
        if(x%i==0) return 0;
    return 1;
}
void prime_maxmin(int a,int b,int *pcount,int *pmax,int *pmin) {
    int k;
    for(k=a;k<=b;k++)                  /*穷举[a,b]间的所有整数*/
        if(prime(k)) {                 /*判断 k 是否为素数*/
            *pcount=*pcount+1;         /*若是素数，pcount 所指向变量中的数据增 1*/
            *pmax=k;                   /*素数被放在 pmax 指向的变量中*/
            if(*pcount==1)
                *pmin=k;               /*如果是第 1 个素数，一定是最小素数*/
        }
}
int main() {
    int a1,b1,count,max,min;
    count=0;
    scanf("%d%d",&a1,&b1);             /*输入任意闭区间的下限 a1 和上限 b1*/
    prime_maxmin(a1,b1,&count,&max,&min);      /*调用函数*/
    printf("count=%d,max=%d,min=%d\n",count,max,min);
    return 0;
}
```

在主函数中输入指定闭区间的下限和上限，然后调用 prime_maxmin 函数，将 a1、b1 的值和变量 count、max、min 的地址传递给该函数，使得函数中的指针 pcount 指向了变量 count，指针 pmax 指向了变量 max，指针 pmin 指向了变量 min。

随后，在 prime_maxmin 函数中，求出闭区间[a,b]内的所有素数并计数，同时求出最大素数和最小素数，直接存放在各自指针所指向的变量空间中。运行程序，指定的闭区间为[50,100]，其中有 10 个素数，最大素数为 97，最小素数为 53。

请读者思考，函数调用时，实参涉及的变量 count、max、min 是否需要事先赋值或初始化？

从 prime_maxmin 函数中看出，*pcount 要进行累加，必须初值为 0，这个 0 可以在该函数中设置，即在函数开始处增加语句：*pcount=0;；由于 pcount 指向的就是 count，所以我们也可以在主函数中直接给变量 count 赋值为 0，本程序采用了后种方法。而 max 和 min 无论初值如何，在函数中都会被求得的最大素数和最小素数覆盖掉，所以无须初始化，当然这里的前提是假设[a,b]间有素数存在。

9.5 指针变量的各种应用

指针除了可以用作函数形参解决函数“返回”结果一类的问题，还常常被用来处理构造类型的数据，如数组、结构体等。它们共同的特点是，都由一组相关的基本类型数据组成，这些数据在内存中被存放于一段地址连续的存储单元中，因此，使用指针来处理会更灵活、方便、快捷。

9.5.1　指针与数组

在 C 语言中，数组与指针密不可分。首先来观察以下几个数组。

```
char a[5]={ 'c', 'h', 'i', 'n', 'a'};
short int b[5]={2, 6, 10, 7, 9 };
float c[5]={65.3, 71.2, 90.8,98.1, 55};
```

系统为每个数组各自分配一段连续的存储单元空间，数组类型的不同决定了数组元素占用内存空间大小也可能不同。如每个 a 数组元素占用 1 个存储单元，每个 b 数组元素占两个存储单元，每个 c 数组元素则占 4 个存储单元，如图 9.9 所示。显然，假设 b[0]地址为 2000，则 b[1]地址为 2002，b[2]地址为 2004，……，相邻元素地址差 2；类似地，a 数组相邻元素地址差 1，c 数组相邻元素地址则差 4。

通常我们会使用指针变量来指向数组元素，从而间接地访问它们。这里定义了 3 个指针并进行了初始化。

```
char *p1=&a[0];
short int *p2=&b[0];
float *p3=&c[0];
```

p1 指向 a 数组的第一个元素，p2 指向 b 数组的第一个元素，p3 指向 c 数组的第一个元素，如图 9.9 所示。

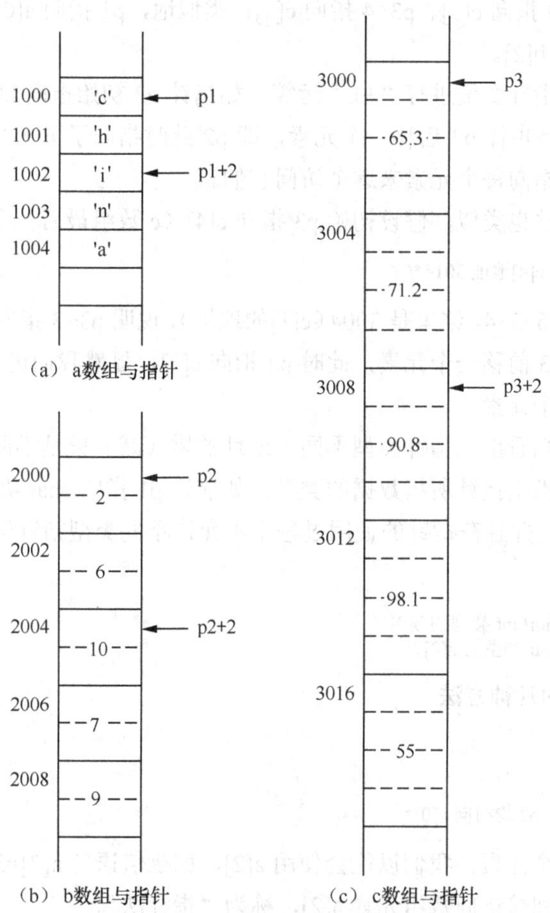

图 9.9　数组与指针

我们可以访问指针指向的元素，例如：

```
*p1=*p1+2;
*p2=*p2-1;
*p3=78;
printf("%c,%hd,%f\n", *p1,*p2,*p3);
```

*p1 表示指针 p1 所指向的数组元素，即 a[0]。显然，*p2 等价于 b[0]，*p3 等价于 c[0]。所以以上代码输出结果为：

```
e, 1, 78.000000
```

由于每个数组占据一段地址连续的内存空间，因此，我们常常会改变指针变量中存放的地址，以使其不断指向下一个元素来依次地访问每个元素；或者根据已知数组元素的地址计算出本数组中其他指定元素的地址，进而对它们进行间接访问。比如由 a[0]、b[0]、c[0]的地址（已存放在指针变量 p1、p2、p3 中）求其他元素 a[2]、b[2]、c[2]的地址，这些都涉及了指针的加、减运算问题。

1．指针的加、减运算规则

我们知道，指针也可以进行加、减运算，如 p3+2。从图 9.9 看出，p3 中存放了 c[0]的地址 3000，那么表达式 p3+2 的结果是否为 3000+2（即 3002）呢？答案是：不是！一定要注意 p3+2 指的是 p3 中的地址加上其后两个元素所占存储单元的地址位移量，即 p3+2 代表的地址是 p3+2×4（结果为 3008，就是 c[2]的地址），其中 4 表示 c 数组每个元素占用的存储单元个数。因此，p3 指向 c[0]，则 p3+2 指向 c[2]、p3+3 指向 c[3]、p3+4 指向 c[4]；类似地，p1 指向 a[0]时，p1+2 指向 a[2]；p2 指向 b[0]时，p2+2 指向 b[2]。

此外，还可以对某指针变量进行“++”运算，如指针 p2 初始指向 b[0]时，则表达式 p2++会使得 p2=p2+1，其含义是指针 p2 后移一个元素，即 p2 此时指向了下一个元素 b[1]。我们常常会使用一个指针依次后移指向每个元素来逐个访问它们。

减法运算的操作方法也类似，假设初始 p3 指向 c[4]（c 数组最后一个元素），即：

```
p3=&c[4];    /*p3 中存放 c[4]地址 3016*/
```

此时 p3−3 代表地址 3016−3×4，结果是 3004（c[1]的地址），说明 p3−3 指向了 c[1]；而表达式 p3−−会改变 p3 的值，使得 p3 前移一个元素，此时 p3 指向 c[3]，显然我们可以不断使用 p3−−使指针不断前移，从而访问各个元素。

从上述指针运算规则看出，指针类型不同，地址的增（减）量是不同的，因此，在开始定义指针变量时，必须明确指出指针所指数据的类型，如前述 p1 指向 char 类型、p2 指向 short int 类型、p3 指向 float 类型，并且在指针的使用过程中不允许不同类型指针混用，如下面的语句是错误的。

```
p1=&b[0];    /*p1 指向 short int 类型的 b[0]*/
p2=&a[0];    /*p2 指向 char 类型的 a[0]*/
```

2．访问数组元素的几种方法

假设有：

```
int a[5], *p1,*p2;
p1=p2=&a[0];         /*p1、p2 均指向 a[0]*/
```

要访问数组的第 3 个元素，我们以往会使用 a[2]，如赋值语句 a[2]=30;采用的是“下标法”。这里，我们使用指针来间接访问数组元素 a[2]，称为“指针法”。

① 使用*(p1+2)访问 a[2]。

```
*(p1+2)=30;        /*首先计算出 p1+2 为 a[2]的地址，再对其进行指针运算“*”*/
```

② 使用*(a+2)访问 a[2]。

```
*(a+2)=30;
```

在 C 语言中规定，数组名本身是一个地址常量，它的值为其首元素地址，因此，数组名 a 等价于&a[0]，前述的 p1=p2=&a[0];也可以写成 p1=p2=a;。所以 a+2 结果是 a[2]的地址，*(a+2)则表示该地址指向的元素，即 a[2]。

实际上，系统在对程序进行编译时，对数组元素 a[i]就是处理成*(a+i)，本质上都是在使用指针方式访问元素。所以在程序中下标为 i 的元素写成 a[i]和*(a+i)是完全等效的。

③ 使用 p1[2]访问 a[2]。

```
p1[2]=30;
```

既然*(a+i)等效于 a[i]，那么形式相同的*(p1+i)也可以认为等效于 p1[i]，所以*(p1+2)等价于 p1[2]。

④ 使指针 p2 不断后移，直到指向 a[2]，然后给它赋值。

```
p2++;         /* p2 指向了 a[1] */
p2++;         /* p2 指向了 a[2] */
*p2=30;       /*对此时 p2 所指向的元素 a[2]赋值*/
```

下面通过一个例子，加深理解应用上述各种方法解决问题的具体过程。

例 9.5　输出数组的每个元素。

程序代码如下：

```
#include <stdio.h>
int main() {
    int i,a[5],*p=a;
    for(i=0;i<5;i++)                    /*为数组输入数据*/
        scanf("%d",&a[i]);
    for(i=0;i<5;i++)                    /*方法 1：采用下标法输出各元素*/
        printf("a[%d]=%d ",i,a[i]);     /*这里的 a[i]也可以写成*(a+i)，二者等价*/
    printf("\n");
    for(i=0;i<5;i++)                    /*方法 2：使用指针法输出各元素*/
        printf("*(p+%d)=%d ", i ,*(p+i));   /*把*(p+i)替换为 p[i]，二者等价*/
    printf("\n");
    for(p=a;p<(a+5);p++)                /*方法 3：使用指针法访问各元素*/
        printf("*p=%d ",*p);            /*指针不断后移，依次输出当前指针指向的元素*/
    printf("\n");
    return 0;
}
```

需要指出的是，在方法 3 的 for(p=a;p<(a+5);p++)中，表达式 p<(a+5)作为了控制循环的条件。当 p 值为 a+4 时，p 指向 a[4]，p 指向的是合法的元素，进入循环体输出 a[4]；若继续 p++后，p 值变为 a+5，此时 p 指向的内存空间并不是合法的 a 数组空间，数组已经输出结束，应该结束循环。所以我们可以通过地址比较来控制循环，即以 p 中存放的地址是否小于 a+5 作为了进入循环体的条件，若 p 值小于 a+5 则 p 仍指向合法的 a 数组元素，进入循环体；若 p 值等于 a+5 则 p 已不再指向 a 数组元素，结束循环。

上例中采用了多种方法访问数据元素。类似地，其中在为数组输入数据时，输入语句 scanf("%d",&a[i]);中采用的是下标法表示元素。若要用指针法表示，应该如何改写？

显然，本程序中，语句 scanf("%d",&a[i]);与下面各语句完全等效。

```
scanf("%d",a+i);
```

```
scanf("%d",&p[i]);
scanf("%d",p+i);
```

也可以将输入数据的循环语句改写为：

```
for(p=a;p<(a+5);p++)
    scanf("%d", p );
```

必须注意，scanf 函数要求提供存放输入数据的变量地址，而不是变量名，因此，这里 scanf 函数的第 2 个参数使用了指针变量 p（p 中存放了元素的地址），而使用&p 或*p 都是错误的。

9.5.2 指针与字符串

若数组中存放的是一个字符串，则使用指针处理字符串会更直观、方便。

（1）用字符数组存放一个字符串，然后通过指针访问它。

观察下面的定义：

```
char a[10]={'c','h','i','n','a','\0'};    /*也可以写成 char a[10]="china"; */
char *p=a;
```

a 数组中存放了字符串"china"，指针 p 初始指向第一个字符'c'，常常说 p 指向了字符串"china"，如图 9.10 所示。

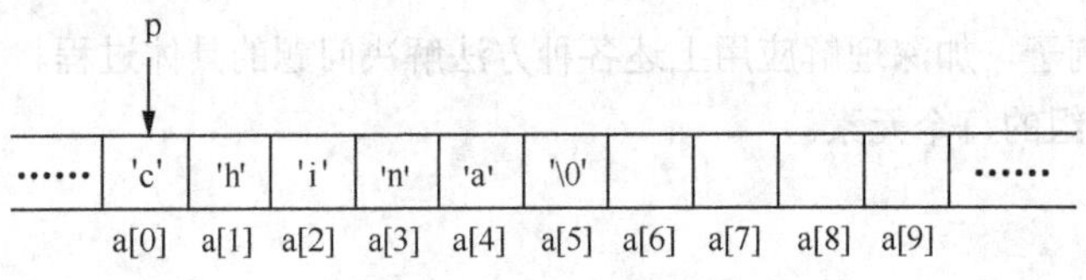

图 9.10　指针 p 指向字符串

通常，采用指针 p 不断后移的方式逐个访问字符串的每个字符，并根据所指向字符是否为字符串结束标志'\0'来决定访问是否结束。

例 9.6　求字符串的长度。

解题思路：

利用一个字符指针依次指向每个字符，同时计算字符个数，直到指向字符串结束标志为止。

程序代码如下：

```
#include <stdio.h>
int main() {
    char a[30],*p;
    int n=0;
    scanf("%s",a);            /*输入字符串存放在 a 数组中*/
    for(p=a;*p!='\0';p++)
        n++;                  /*计算字符个数*/
    printf("length=%d\n",n);
    return 0;
}
```

在程序中，定义存放字符串的字符型数组 a 包含 30 个元素，因此，本程序能处理的字符串最长不能超过 29 个字符。程序中 for(p=a;*p!='\0';p++)使得指针 p 初始指向第 1 个字符，再判断 p 所指向的字符是否为字符串结尾标志'\0'，如果不是，则进入循环体，字符个数计数增 1，然后指针 p 后移指向下一个字符，否则，p 指向了字符串结尾标志，表明字符串处理完毕，循环结束。最后输出字符串的长度。

上例程序也可以改写为：

```
#include <stdio.h>
int main() {
      char a[30];
      int i,n=0;
      scanf("%s",a);
      for(i=0;*(a+i)!='\0';i++)
            n++;
      printf("length=%d\n",n);
      return 0;
}
```

以上程序中也是使用指针法访问字符串。数组名 a 是数组的首地址，利用表达式*(a+i)!='\0' 判断地址 a+i 所指向的字符是否为字符串结尾标志，决定是否计算字符个数。

一般来说，如果是顺序访问数组各元素，使用指针后移（即 p++）和使用 a+i 计算 a[i]地址相比，前者运算速度要快，所以建议程序中采用指针不断后移的方法来顺序访问数组元素，如例 9.6 中的前一个程序。如果是随机访问数组元素，则用*(a+i)方法更好一些。

使用指针处理字符串时，我们事先定义了一个字符数组存放字符串，然后让一个字符型指针指向该字符串，进而处理它。实际上除此以外，还可以不必定义字符数组，而直接定义一个字符指针，使其直接指向指定的字符串。

（2）定义一个字符指针，使其直接指向指定的字符串。

例如：

```
char *p="Just do it!";
```

在编译程序时，系统会在内存中分配连续空间存放程序中出现的所有字符串常量，所以这里的字符串"Just do it!"就会占用一段连续的存储单元，并用其首字符所在单元的地址来初始化字符指针 p，使 p 指向该字符串，如图 9.11 所示。

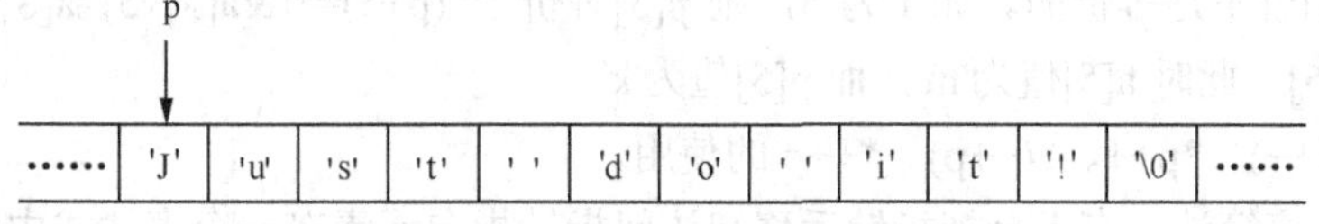

图 9.11　指针 p 指向指定字符串

上述语句在定义指针的同时，直接用字符串常量的首地址来初始化了该指针。我们也可以在定义指针后，再将指定字符串常量的首地址赋予该指针。例如：

```
char *p;
p="Just do it!";
```

例 9.7　使用上述指针指向字符串常量的方法求字符串的长度。

程序代码如下：

```
#include <stdio.h>
void main() {
      char *p;
      int n=0;
      p="Just do it!";          /*指针 p 指向了字符串的首字符*/
      for(   ; *p!='\0' ; p++)
            n++;
      printf("length=%d\n",n);
}
```

程序运行结果为：length=11

显然，该程序不能处理任意字符串，如果要求其他字符串的长度，必须修改程序的语句：

p="Just do it!";，使指针 p 指向其他的字符串。

那么，请思考如果使用 scanf("%s", p);在程序运行时输入字符串，然后使指针 p 指向该字符串来解决程序通用的问题，是否可行？（即下面语句是否正确）

```
char *p;
scanf("%s", p);
```

经过分析会发现，定义指针 p，只是为 p 分配了相应的空间，并没有初始化，p 中的值是一个无法预料的值。有的编译系统会将 p 当作一个“空指针”，表示 p 为“NULL”，表明 p 目前没有指向任何存储单元，即 p 无所指。此时再执行 scanf("%s", p);，用户从键盘输入的数据就无处可放，导致运行出错。因此，用 scanf("%s", p);替代 p="Just do it!";是不可行的。用户必须先定义数组，再用指针指向数组空间首存储单元，使得指针有所指，然后从键盘输入字符串放入 p 所指向的数组空间，即：

```
char a[30], *p;
p=a;
scanf("%s", p);
```

（3）使用指针处理字符串过程中要注意的几点。

① 指针法与下标法的互换性。

对下面的定义：

```
char a[10]="supermarket",*p=a;
```

表示元素 a[i]时，有多种等价的指针表达方式，如*(a+i)、*(p+i)、p[i]，即 a[i]与 p[i]（或*(p+i)）可以互换，但要注意前提是 p 必须指向 a 数组的首元素。如果上述定义改写为：

```
char a[10]="supermarket",*p=&a[3];
```

那么，p[i]与 a[i]就不是等价的。如 i 为 5，则 p[5]等价于*(p+5)=*(&a[3]+5)=a[8]，即 p[5]等价于 a[8]，而不是 a[5]，此时 a[5]值为'm'，而 p[5]值为'k'。

② 注意*(p++)、*p++、*(++p)、*++p 的使用。

有时为使程序简洁，有人会把指针后移和访问指针指向元素在一个表达式中实现，如前面的例 9.6 求字符串长度的程序也可以改写为：

```
#include <stdio.h>
int main() {
    char a[30],*p=a;
    int n=0;
    scanf("%s",p);
    while(*p++!='\0')     /*注意这里的条件表达式*/
        n++;
    printf("length=%d\n",n);
    return 0;
}
```

本程序中改用了 while 循环，其条件表达式*p++!='\0' 中涉及 3 个运算符：“*”“++”“!=”。其中“!=”优先级最低，前两个优先级相同且为遵循右结合性，所以先计算 p++，然后计算*p++，最后计算*p++!='\0'。

例如，运行时输入字符串"optimistic"后，此时 p 指向首字符'o'，然后判断循环条件，即计算 p++，这里是后置++（先引用后自增），所以 p++的值是原来 p 的值（首字符地址），同时 p 自增，p 接着指向了第 2 个字符'p'。因此，条件*p++!='\0' 是判断当前 p 所指向的元素值是否是字符串结尾标志，同时 p 指针后移并指向了下一个字符，为下一次判断做准备。

上面 while 循环写成下面形式会更直观些。

```
while(*p!='\0') {
      n++;
      p++;
}
```

若前面的循环条件*p++!='\0' 改成*++p!='\0'，结果会有变化吗？

显然，计算++p 时要先自增后引用，所以条件*++p!='\0' 先使指针后移，再判断该指针指向的字符是否为字符串结尾标志。因此，第 1 次计算条件表达式时，实际上判断的是第 2 个字符，它不是字符串结尾标志，则进入了循环，字符个数增 1，漏判了第 1 个字符。程序的结果会比实际的长度少 1。

从上例看出，*p++与*(p++)等价，*++p 与*(++p)等价，但*p++与*++p 是不同的，我们在使用过程中要注意。

若在形式上再改变一下，表达式(*p)++的作用是什么？它的值如何？请读者自行分析。

③ 随时注意指针的指向，如果一个指针定义时没有初始化，也没有使用赋值语句使其指向本程序的合法数据空间，则该指针变量的值是无法预料的，即目前指针可能指向了非法空间。这时，通过指针访问内存单元，后果可能会很严重，甚至破坏系统。因此，再一次强调：指针在使用前一定要使其有所指。

④ 注意区分数组名与字符指针在使用上的不同。

请读者观察下面一组语句：

```
char a[10],*p1;
a="Just do it!";            /*错误！数组名 a 是一个地址常量，不能给常量赋值*/
p1="Just do it!";           /*正确！p1 是指针变量，我们可以把地址赋予它*/
char b[10],*p2;
scanf("%s",b);              /*正确！b 是地址常量，我们可以把输入的字符串存放在该地址开始的内存空间中*/
scanf("%s",p2);             /*错误！p2 无所指或指向了非法空间*/
```

9.6 使用指针的算法分析和设计

前面介绍了指针的各种基本应用方法，本节就具体实例来进一步学习和掌握指针。

9.6.1 使用指针处理数组

例 9.8 对任意 *n*（*n*≤20）个整数构成的序列，整个序列循环右移 *m* 位（*m*<*n*），末尾数据移动到序列的开始处。例如，有以下 10 个数据：

1,2,3,4,5,6,7,8,9,10

将其循环右移 3 位之后，序列变为：

8,9,10,1,2,3,4,5,6,7

问题分析：

（1）针对整数序列定义一个数组 a（包含 20 个数组元素），存放任意 *n*（*n*≤20）个整数。

（2）每个整数依次后移 1 位，且后面的数据先移动、前面的数据后移动，避免数据丢失。如末尾数据 a[9]先暂存到变量 temp 中，然后 a[8]→a[9]、a[7]→a[8]、……、a[0]→a[1]，最后将暂存在 temp 中的末尾数据存放在 a[0]中，如图 9.12 所示。这个过程重复 *m* 次，实现循环右移 *m* 位。

解题思路：

本程序的关键问题是，如何将 a[0]～a[n-1]循环右移 1 位？这里使用一个指针 p，然后进行以下操作。

① p 初始指向末尾数据 a[n-1]，如图 9.12 所示。将末尾数据暂存到 temp 中，即 p=a+n-1; temp=*p; 。

② 将 p 当前所指元素的前一个元素向后移动到 p 指向的位置，即*p=*(p-1);。

③ 把指针 p 前移，使其指向前一个元素，即 p--;。

④ 如果 p 还没指到首元素 a[0]（即 p>a），转到②，否则，此时 p 已指向首元素 a[0]，转到⑤。

⑤ 将暂存在 temp 中的末尾数据存放在首元素中，实现循环右移，即*p=temp;。

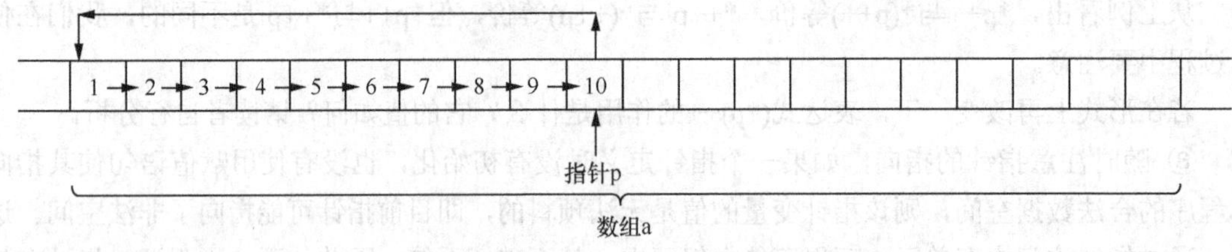

图 9.12　10 个数据循环右移

上述过程可以采用以下 while 循环来实现。

```
p=a+n-1;
temp=*p;
while(p>a){
*p=*(p-1);     p--;
}
*p=temp;
```

把以上过程重复 *m* 次，可以实现循环右移 *m* 位。

程序代码如下：

```
#include <stdio.h>
int main() {
    int a[20],n,m;
    int i,temp;
    int *p;
    printf("n,m=");
    scanf("%d %d",&n,&m);     /*输入数据个数 n 和右移位数 m*/
    for(i=0;i<n;i++)          /*输入 n 个数据*/
        scanf("%d",&a[i]);
    for(i=1;i<=m;i++) {       /*循环 m 次，实现循环右移 m 次（位）*/
        p=a+n-1;              /*初始 p 指向末尾数据*/
        temp=*p;              /*暂存末尾数据*/
        while(p>a) {          /*指针还没指向首元素 a[0]*/
            *p=*(p-1); p--;
        }  /*数据后移，指针前移*/
        *p=temp;          /*末尾数据移动到序列首部*/
    }
    printf("\n");
    for(i=0;i<n;i++)      /*输出移位后的数据序列*/
        printf("%d ",a[i]);
    return 0;
}
```

对上述程序，请继续思考下面问题。

（1）若把语句 p=a+n-1;移动到 for(i=1;i<=m;i++)行的前面，即放在循环之外，是否正确？为什么？

（2）若把语句*p=*(p-1);改为*(p+1)=*p;，即把 p 所指元素移动到 p+1 所指位置，程序应该如何修改？

例 9.9　在一组（*n* 个）整数中找出最小数与第 1 个数对调，找出最大数与最后数对调。

问题分析：

假设有 5 个数据存放在数组 a 中，如图 9.13（a）所示。最小元素为 9，将其与首元素 a[0]交换；最大元素为 45，把它与最后元素 a[4]交换，结果如图 9.13（b）所示。

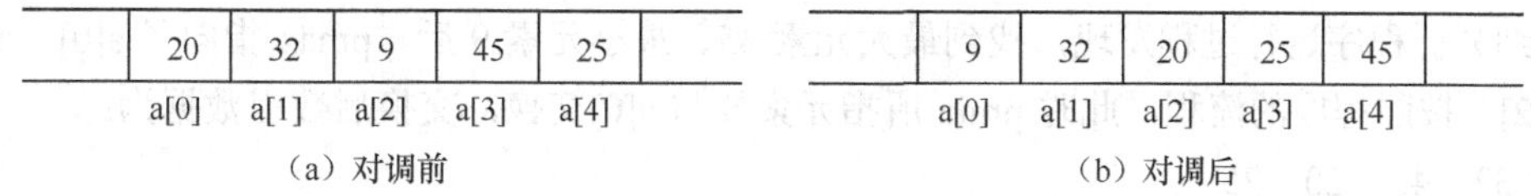

图 9.13　对调前后数据图示

解题思路：

这里要解决的主要问题如下。

（1）如何找到 a[0]～a[*n*-1]中的最大数和最小数，并且如何记住它们的位置？

（2）将最小数和最大数调换到首部、末尾位置。

针对问题（1），使用 3 个指针 p、pmax、pmin，其中 pmax、pmin 分别存放最大元素和最小元素的地址（记住哪个元素最大、哪个元素最小），即 pmax 指向当前最大元素、pmin 指向当前最小元素。指针 p 用来依次指向各个元素并进行比较，具体过程：首先，假设第 1 个元素既是最大也是最小元素，即 pmax=pmin=a;；然后，使用指针 p 不断指向第 2 个、第 3 个、……，依次比较。如果 p 所指元素比当前最大元素还大（即*p>*pmax），则更新最大元素的位置（pmax=p）；类似地，如果 p 所指元素小于最小元素（*p<*pmin），记录最小元素位置 pmin=p。

对于问题（2），将 pmax 所指最大元素与 a[*n*-1]交换，将 pmin 所指最小元素与 a[0]交换。

程序代码如下：

```
#include <stdio.h>
#define n 5
int main() {
    int a[n];
    int *p,*pmax,*pmin,t;
    printf("please enter %d integers:\n",n);
    for(p=a;p<a+n;p++)          /*输入 n 个数据*/
        scanf("%d",p);          /*用户输入数据存放在指针 p 所指向的元素中*/
    pmin=pmax=a;                /*假设首元素最大、最小*/
    for(p=a+1;p<a+n;p++)        /*指针 p 不断指向 a[1]、a[2]……，依次比较，找最大数、最小数*/
        if(*p>*pmax)            /*当前最大元素与 p 指向元素比较*/
            pmax=p;
        else
            if(*p<*pmin) pmin=p;
    t=*a;*a=*pmin;*pmin=t;              /*pmin 所指最小元素与 a[0]交换*/
    t=*(a+n-1);*(a+n-1)=*pmax;*pmax=t;  /*pmax 所指最大元素与 a[n-1]交换*/
    printf("The changed array is:\n");
    for(p=a;p<a+n;p++)          /*输出交换后数组*/
        printf("%3d",*p);
    return 0;
}
```

程序运行结果如图 9.14（a）所示。

将刚才那组数据的顺序有所改变，我们再运行一次程序，运行结果如图 9.14（b）所示，请观察结果是否正确。出了什么问题？图 9.14（b）中结果怎么与图 9.14（a）中的不一致？

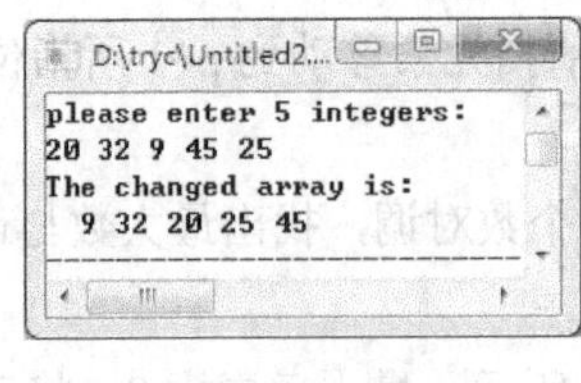

（a）

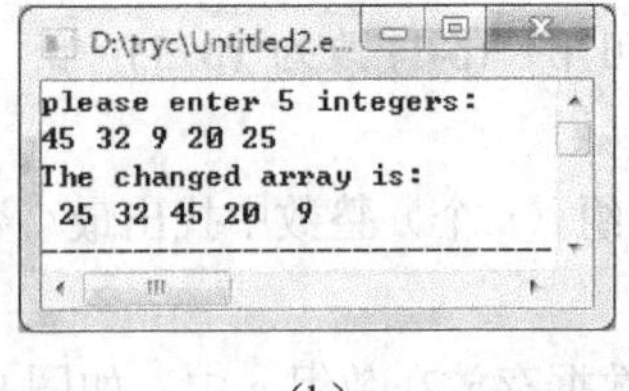

（b）

图 9.14 例 9.9 运行结果

仔细分析程序运行过程发现，找到最大元素 45、最小元素 9 后，pmax 指向了 a[0]，pmin 指向了 a[2]。按照程序的流程，此时 pmin 所指元素要与 a[0]交换，交换后数组数据为：

9　32　45　20　25

注意：这时最大数据 45 被移动到 a[2]了，现在 pmax（其中存放&a[0]）指向的元素已经不再是最大数据了，而是 9，随后再将 pmax 所指元素与 a[4]交换时，结果就变为了：

25　32　45　20　9

显然，问题出在 pmin 所指最小元素与 a[0]交换时，如果恰巧最大元素就是 a[0]，那么交换完后，最大元素被换到了最小元素原来所在的位置，即最大元素的位置已经改变。找到症结所在，解决问题的方法也就有了，即用最大元素的最新位置（最小元素原来的位置 pmin）更新 pmax，程序改写为：

```
if (pmax == a)          /*最大元素恰巧就是 a[0]*/
    pmax=pmin;          /*更新最大元素的位置*/
```

把这个 if 语句插入前面程序的适当位置，问题就解决了。改正后的程序代码如下：

```
#include <stdio.h>
#define n 5
int main() {
    int a[n];
    int *p,*pmax,*pmin,t;
    printf("please enter %d integers:\n",n);
    for(p=a;p<a+n;p++)              /*输入 n 个数据*/
        scanf("%d",p);              /*用户输入数据存放在指针 p 所指向的元素中*/
    pmin=pmax=a;                    /*假设首元素最大、最小*/
    for(p=a+1;p<a+n;p++)            /*指针 p 不断指向 a[1]、a[2]……，依次比较，找最大数、最小数*/
        if(*p>*pmax)                /*当前最大元素与 p 指向元素比较*/
            pmax=p;
        else
            if(*p<*pmin) pmin=p;
    t=*a;*a=*pmin;*pmin=t;              /*pmin 所指最小元素与 a[0]交换*/
    if (pmax == a)                      /*最大元素恰巧就是 a[0]*/
        pmax=pmin;                      /*更新最大元素的位置*/
    t=*(a+n-1);*(a+n-1)=*pmax;*pmax=t;  /*pmax 所指最大元素与 a[n-1]交换*/
    printf("The changed array is:\n");
    for(p=a;p<a+n;p++)              /*输出交换后数组*/
        printf("%3d",*p);
    return 0;
}
```

9.6.2 使用指针处理字符串

例 9.10 字符串逆置。输入一个字符串（最长不超过 20 个字符），如"Monday"，调整其中各字符的顺序，使之反序放置并输出，结果为："yadnoM"。

问题分析：

针对要处理的长度不超过 20 个字符的字符串，需要使用一个字符数组来存放它，即：

```
char s[21];
```

此题要求把该数组中构成字符串的所有字符调整存放顺序，使之与原有顺序相反，即反序存放。注意，并不是把反序的字符串存放在另一个字符数组中。

解题思路：

要调整字符存放顺序使之逆序，主要方法就是进行字符交换。如对"Monday"，把首尾中心对称的字符交换，即'M'与'y'交换，'o'与'a'交换，'n'与'd'交换，具体算法如下。

① 定义两个字符指针 p、q，初始指向首字符、尾字符。

② 将 p 所指字符与 q 所指字符进行交换。

③ 指针 p 后移（p++），指针 q 前移（q--）。

④ 如果 p<q，转到②，否则结束交换。

程序代码如下：

```
#include <stdio.h>
#include <string.h>
int main() {
    char s[21],*p,*q,ctemp;
    int n;
    scanf("%s",s);
    n=strlen(s);
    for(p=s,q=s+n-1;p<q;p++,q--) {
        ctemp=*p;*p=*q;*q=ctemp;
    }
    printf("%s\n",s);
    return 0;
}
```

本程序中，要使 q 指针初始指向尾字符，首先要求出字符串的长度 n，然后求出尾字符的地址 $s+n-1$ 存放到 q 中。

例 9.11　将任意一个十进制数 a（$0\leqslant a\leqslant 4294967295$）转换为十六进制数。如输入 2809，输出相应的十六进制数 AF9，这里 a 的上限为 4294967295，即 $2^{32}-1$。

问题分析：

（1）数据表示问题。十进制转换为十六进制，就是由一个整数经过处理得到一个十六进制字符串，如将整数 2809 进行处理后得到字符串"AF9"。题目要求整数 a 的范围是 $0\leqslant a\leqslant 4294967295$，我们可以把 a 定义为一个无符号长整型变量，即：unsigned long a;。而无符号长整型变量能存放的最大数值为 4294967295，其所对应的十六进制数为 FFFFFFFF，即得到的十六进制字符串最长为 8 个字符，所以可以定义一个字符数组 char s[9];来存放它。

（2）进制转换问题。按照一定规则（整数 a 除以 16 取余）从低位到高位依次求出十六进制数的各位，如对 2809，从低到高得到字符'9' 'F' 'A'，将其构成字符串"9FA"。显然，正确的结果应该是"AF9"，所以还需要把该字符串逆置。

（3）字符串逆置。把对整数 a 处理后得到的十六进制字符串"9FA"进行反序存放，得到"AF9"，然后输出结果。

解题思路：

本程序进制转换是关键，可以采用下面的算法。

① 定义一个字符指针 p 初始指向字符数组 s 的首元素，预备用来存放转换得到的十六进制字符的一位。

② 对 a 除以 16 求余数 r。

③ 如果余数 r 只有 1 位数字，则将其转换成相应数字字符，如由 9 转换为字符'9'，否则，转

换得到相应的字母字符，如由 10 转换为'A'。

④ 把转换得到的十六进制字符存放在指针 p 指向的元素中，然后指针后移。

⑤ 将 a 整除 16 求出整数商，即 a=a/16;。

⑥ 如果整数商 a 还没有为 0，则转到②继续转换，否则结束转换，转到⑦。

⑦ 在字符数组中最后一位十六进制字符后添加字符串结束标志'\0'，构成字符串。

转换之后的字符串是由低位到高位的，需要重新逆置。其算法与例 9.10 相同，不再赘述。

程序代码如下：

```
#include <stdio.h>
#include <string.h>
int main() {
    unsigned long a,r;
    char s[9],*p,*q,ctemp;
    int n;
    scanf("%ld",&a);      /*输入整数*/
    p=s;                  /*指针 p 初始指向字符数组首元素*/
    do {
        r=a%16; /*求余*/
        if(r<10)  *p=r+'0';      /*将余数转换成数字字符*/
        else *p=r-10+'A';        /*将余数转换成相应字母字符*/
        p++;
        a=a/16;
    }while(a>0);  /*若整数商不为 0 则继续转换*/
    *p='\0';
    n=strlen(s);     /*求字符串 s 的长度*/
    for(p=s,q=s+n-1;p<q;p++,q--){     /*对称字符对调*/
        ctemp=*p; *p=*q; *q=ctemp; }
    printf("%s\n",s);
    return 0;
}
```

例 9.12 字符串比较（strcmp 函数的实现）。将两个字符串 s1 和 s2 比较，如果 s1>s2，输出一个正数；如果 s1=s2，输出 0；如果 s1<s2，输出一个负数。相比较的两个字符串对应的字符不同时，输出的正数或负数的绝对值是相应字符的 ASCII 码的差值。

问题分析：

字符串比较的规则如下。

（1）从第 1 个字符开始，依次比较两个字符串相同位置的字符（字符的大小是由其 ASCII 码值的大小决定），如果两个字符不等，则大字符所在字符串就大；

（2）如果两个字符相等，则继续比较下一个字符。当同位置字符一直相等时，比较将直到遇到字符串结束标志为止。

（3）如果两个字符串比较时，同时遇到字符串结束标志，则二者相等，否则某字符串先遇到结束标志，则该字符串要小于另一个字符串。

本题目要求对不相等的两个字符串指出二者的差值。按照上述规则，字符串的大小关系如表 9.1 所示。

表 9.1 字符串的大小关系

字符串比较	二者的差值
"Command"小于"Connection"	−1（第 3 个字符'm'与'n'的 ASCII 码差值）
"Command"大于"Com"	109（第 4 个字符'm'与'\0'的 ASCII 码差值）
"Command"等于"Command"	0

解题思路：

使用指针 p1、p2 分别指向两个字符串的首字符。

① 如果二者所指字符相等且均不是字符串结束标志，则指针 p1、p2 后移，重复①继续比较，否则，结束比较，转到②。

② 如果二者都是字符串结束标志，则两个字符串相等，字符串差值为 0，否则，两个字符串不相等，字符串差值为进行比较的两字符 ASCII 码值之差。

③ 输出字符串差值。

程序代码如下：

```
#include <stdio.h>
int main() {
    int resu;
    char s1[30],s2[30],*p1=s1,*p2=s2;
    printf("input string1:");
    scanf("%s",s1);
    printf("input string2:");
    scanf("%s",s2);
    while((*p1==*p2)&&(*p1!='\0'))
        p1++,p2++;
    if(*p1=='\0'&&*p2=='\0')
        resu=0;
    else
        resu=*p1-*p2;
    printf("result:%d\n",resu);
    return 0;
}
```

假设程序运行时，字符指针 p1 指向字符串"constraint"首字符，字符指针 p2 指向字符串"constric"首字符，while 循环检查*p1 和*p2 是否相同且是否都没有达到字符串结尾，满足条件时指针 p1、p2 均后移，循环进行到 p1 指向'a'、p2 指向'i'时，*p1 与*p2 不再相等，循环条件不再满足，循环结束。

从 while 循环结束后，判断*p1 与*p2 是否同时为字符串结尾，显然二者不等，则输出*p1 与*p2 的差值。'a'和'i'差值为−8，结果输出为−8，表明 s1 字符串小于 s2 字符串。

9.6.3 使用指针作为参数传递一组数据

9.4 节曾指出，采用指针作为函数的参数可以把要处理数据的地址作为实参传递给被调函数，然后在被调函数中通过间接访问的方式来处理该数据，从而使被调函数能够处理主调函数中的数据，最终将处理结果“返回”给主调函数。那么，如果是主调函数中的一组数据（通常存放在一个数组中）需要被调函数来处理，该如何传递地址呢？是否需要把数组所有元素的地址作为实参传递给被调函数呢？

显然，从数组的定义我们知道，数组各元素在内存中的地址是连续的，知道了首元素地址就能得到任意元素的地址，因此，无须传递所有元素地址给被调函数，只要传递首元素地址以及元素的个数，被调函数就可以间接地访问所有元素。下面通过实例说明把主调函数中的一组数传递给被调函数时，如何定义函数的实参和形参。

例 9.13 对指定数组 a（数据已经升序排好）给出一个数据 key，若数组中存在该数据，则求出其位置（下标），否则将该数据插入数组中使之仍然有序。

问题分析：

假设有数组 a，目前存放了 n=10 个元素，且已经有序。

```
a[0]  a[1]  a[2]  a[3]  a[4]  a[5]  a[6]  a[7]  a[8]  a[9]
3     6     8     10    16    20    28    42    50    72
```

若给出数据 key=28，在数组中查找 key，a[6]与 key 相同，返回 key 出现的位置（下标）为 6。

若给出数据 key=29，在数组中没有与 key 相同的元素，此时把 key 插入该数组中，使之仍然有序。即：

```
a[0]  a[1]  a[2]  a[3]  a[4]  a[5]  a[6]  a[7]  a[8]  a[9]  a[10]
3     6     8     10    16    20    28    29    42    50    72
```

这里涉及两个功能：一个是查找；另一个是插入排序。这些功能可以通过编写两个函数分别实现。

1．查找

定义函数时很重要的一点是函数参数的设置。函数参数是函数与外部的接口，一部分参数用来传入要处理的数据，另一部分参数用来传出处理的结果。

当调用查找函数时，应该传入的数据包括一组数据、该组数据的个数、要查找的数据；要传出的结果是查找的结果（找到元素的位置，若找不到返回−1）。这里我们重点介绍一组数据如何传入，其他参数传递根据 9.4 节的知识可以解决。

C 语言中，一组数据传递给函数实际上是通过传递该数组的首地址来实现的。因为实参是首地址（指针），形参就应该是指针变量，所以这里的查找函数可以定义为：

```
void bio_search(int *a, int n, int key, int *position) {
…       /*在 a[0]～a[n-1]中查找 key*/
}
```

该函数的调用如下：

```
int b[20]={3,6,8,10,16,20,28,42,50,72},x=28,xp; /*xp 存放 x 在数组 b 中的位置（下标）*/
bio_search(b,10,x,&xp);    /*实参 b 是数组名，即数组 b 的首地址*/
```

这里实参是数组名 b（即数组首元素地址），形参是指针变量 a。bio_search 函数被调用时，实参和形参结合，指针 a 就指向了 b 数组的首元素，随后就可以在 b 数组的前 *n* 个元素中查找指定数据 key。

上面函数 bio_search 的形参 int *a 也可写成 int a[ ]或 int a[10]，例如函数形式为：

```
void bio_search(int a[ ], int n, int key, int *position) {
…       /*在 a[0]～a[n-1]中查找 key*/
}
```

实际上，编译系统在处理 int a[ ]或 int a[10]时只要方括号中不是负数，编译都认为没错，但括号里面的数字并没有实际意义。编译系统本质上就是把 a 理解为一个指针变量，即 int *a。

数组名 b 作为实参与形参 a 的结合关系如图 9.15 所示。

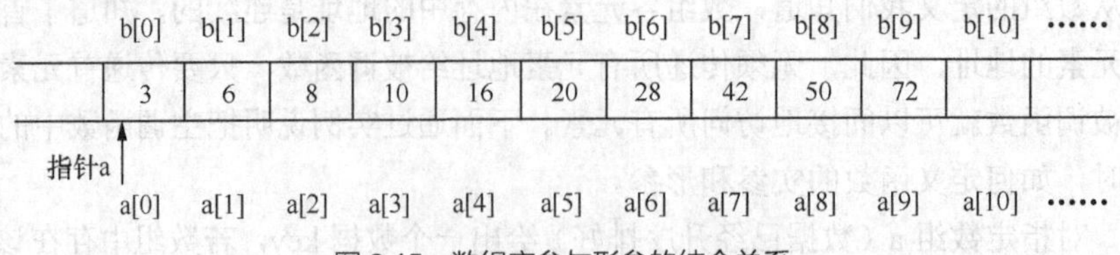

图 9.15　数组实参与形参的结合关系

参数结合时实参数组 b 的首地址传递给形参指针 a，a 就指向了 b 数组的首元素。这时就可以在 bio_search 函数中用 a[0]、a[1]、a[2]、……形式访问和处理 b 数组中 b[0]、b[1]、b[2]、……了，但处理到哪个元素为止，即有多少个元素却无从知晓，因此，调用函数时除了要传递数组首元素地址，还要传递元素的个数，于是上面 bio_search 函数中又包含了形参 int n。

2．插入排序

类似地，插入排序函数的参数也应包含：一组数据的首地址、该组数据的个数、要插入的数据。插入排序函数可以定义为：

```
void insert_sort(int *a, int n, int key) {
…      /*对 a[0]～a[n-1]进行插入排序*/
}
```

该函数的调用如下：

```
insert_sort(b,10,x);   /*实参 b 是数组名，即数组 b 的首地址*/
```

其参数结合原则与图 9.15 所示的相同。此时，a 指针开始指向的一段连续内存空间可以看作数组 a，该连续空间同时又是数组 b 的空间，因此，函数体中对 a 数组的排序同步地在影响着 b 数组。当函数调用结束时，b 数组的数据也已经排好序，无形中将函数处理的结果也“返回”给了主调函数。

解题思路：

（1）查找函数的算法实现

```
void bio_search(int *a, int n, int key, int *position) {
      /*在 a[0]～a[n-1]中采用二分查找的算法查找 key*/
}
```

函数体中采用二分查找的算法，该算法在第 7 章中已经介绍过，这里不再赘述。

（2）插入排序函数的算法实现

主要解决的问题如下。

① 确定插入的位置。

我们可以采用从后向前依次比较的方法来确定插入位置：指针 p 初始指向末尾数据，即 p=a+n-1;，如果 key>*p 则确定插入位置在 p 所指元素之后；否则，指针 p 前移，即 p--;，重复刚才的判断过程。即：

```
p=a+n-1;
while(key<=*p && p>=a)
      p--;
```

由于有可能要插入的 key 比第 1 个元素 a[0]还小，此时指针就不应该再继续前移了，因此，在循环条件中加入了 p>=a，即 key 比 p 当前所指元素小，且指针 p 还没有超过第 1 个元素时，进入循环，指针继续前移一位。这个过程不断重复，一直到 key 比*p 大了或者 p 已经超过 a[0]，并指向了不合法的数组元素 a[−1]为止，循环结束。此时，已确定插入位置就在当前 p 所指元素之后。

② 在 p 所指元素后插入 key。

插入 key 的位置及过程如图 9.16 所示。p 当前指向 a[6]，接着 a[7]～a[9]逐个后移，然后把 key 放入 a[7]中。实际上元素的后移可以在①中确定插入位置的同时进行，边比较边后移。

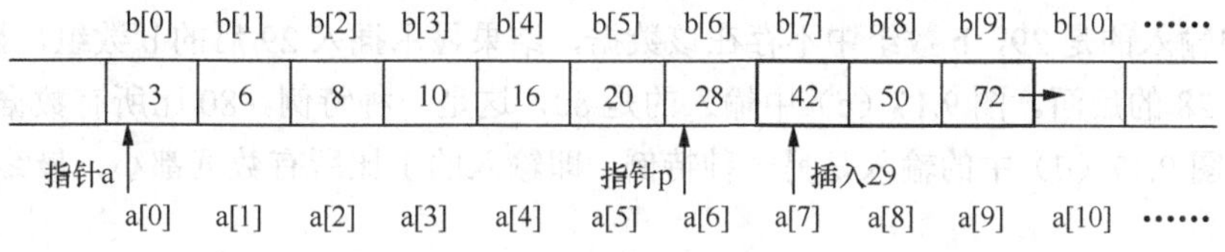

图 9.16 插入 key 的位置及过程

主要程序段代码如下：

```
p=a+n-1;
while(key<=*p && p>=a) {
    *(p+1)=*p;   /*p 所指元素后移一位*/
    p--;
}
*(++p)=key; /*把 key 放入 p 所指元素后*/
```

编写程序：

```
#include <stdio.h>
void bio_search(int *a, int n, int key, int *position) {
    int low=0,high=n−1,mid;
    mid=(low+high)/2;
    while(key!=a[mid] && low<=high) {
        if (key<a[mid]) high=mid−1;
        else low=mid+1;
        mid=(low+high)/2;
    }
    if(low>high) *position=−1; /*未找到返回−1*/
    else *position=mid;
}
void insert_sort(int *a, int n, int key) {
    int *p;
    p=a+n-1;
    while(key<=*p && p>=a) {
        *(p+1)=*p;                 /*p 所指元素后移一位*/
        p--;
    }
    *(++p)=key;                    /*把 key 放入 p 所指元素后*/
}
int main() {
    int b[20]={3,6,8,10,16,20,28,42,50,72},x,n=10,xp,i;   /*xp 存放 x 在数组 b 中的位置*/
    printf("b array:\n");
    for(i=0;i<n;i++)                  /*输出查找（插入）前的 b 数组数据*/
        printf("%d ",b[i]);
    printf("\n");
    printf("input x:");
    scanf("%d",&x);                   /*输入要查找（插入）的数据 x*/
    bio_search(b,n,x,&xp);            /*实参 b 是数组名，即数组 b 的首地址*/
    if(xp==−1) {  /*如果 b 数组中不存在 x，则插入 x，否则输出找到的位置*/
        insert_sort(b,n,x);           /*实参 b 是数组名，即数组 b 的首地址*/
        n++;                          /*数组中数据个数增 1*/
        for(i=0;i<n;i++)
            printf("%d ",b[i]);
    }
    else
        printf("found %d at b[%d]!\n",x,xp);          /*输出 x 所在位置（下标）*/
    return 0;
}
```

程序运行时，用户输入要查找（插入）的数据 x，图 9.17 中给出了 4 种输入数据的不同运行结果。图 9.17（a）中输入的是 28，在 b 数组中找到该数据，显示该数据出现在 b[6]处。图 9.17（b）中输入的是 29，b 数组中不存在该数据，结果显示插入 29 后的 b 数组，显然 29 正确地插入到了 28 的后面。图 9.17（c）中输入的是 80，这是一种特例，80 比所有数据都大，直接插在最后。图 9.17（d）中的输入是另一种特例，即输入的 1 比所有数据都小，最终插在了 b 数组的最前面。

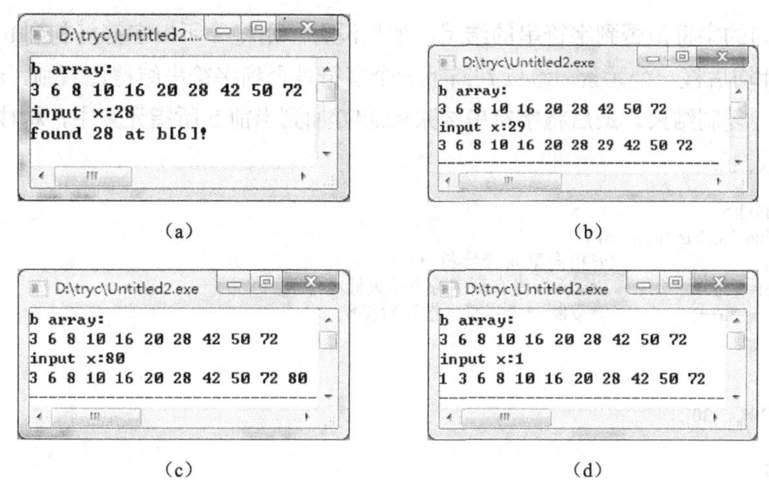

（a）　（b）

（c）　（d）

图 9.17　例 9.13 运行结果

例 9.14　编写函数 substr，把给定字符串 s1 从第 *m* 个字符开始的全部字符复制成为另一个字符串 s2，显然后者是前者的一个子字符串。

问题分析：

调用函数 substr 时，需要经参数传入一个字符串（即字符数组），并传出复制得到的子字符串（字符数组）。这也是数组作为函数参数的问题。从例 9.13 可以知道传递一组字符是通过传递该数组的首元素地址来实现的，因此，定义函数如下：

```
void substr(char *a,char *b,int m) {
/*在 a 所指字符开始的字符串中，从第 m 个字符开始，全部复制到 b 指向元素开始的一段连续内存空间中*/
    …
}
```

调用该函数将 s1 中的字符串从第 *m* 个字符开始的全部字符复制到 s2 中，语句如下：

```
substr(s1,s2,m);      /*s1、s2 是两个字符数组名（即首地址）*/
```

函数调用时，字符数组 s1、s2 的首地址分别传递给字符指针 a、b，此时 a 指向了 s1 的首字符，b 指向了 s2 的首字符。a 数组与 s1 数组占用同一片内存单元，b 数组与 s2 数组占用共同的存储单元。这样，就可以在函数中通过指针 a 和 b 间接访问与处理 s1、s2 的字符数据了，如图 9.18 所示。

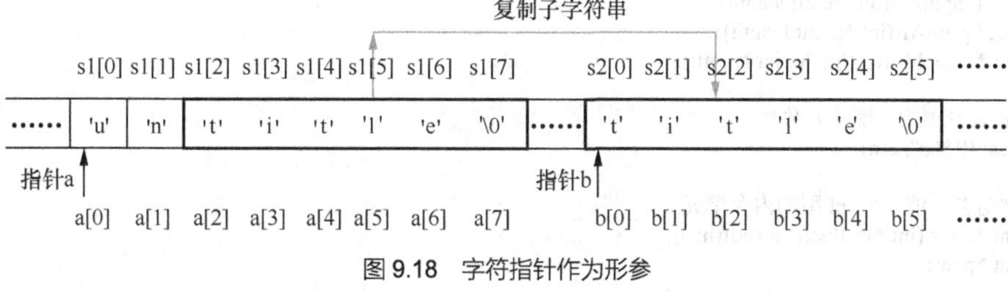

图 9.18　字符指针作为形参

函数中把子字符串"title"从 a[2]、a[3]、a[4]……依次复制到 b[0]、b[1]、b[2]……，显然，等效于从 s1 数组复制到了 s2 数组中。函数调用结束时，s2 数组中存放的就是复制得到的子字符串"title"。

解题思路：

在 substr 函数中，首先让指针 a 指向 s1 的第 *m* 个字符，此时 b 已指向了 s2 字符数组的首元素。判断 a 指向的字符是否到字符串的结尾，如果没有，则将 a 所指字符复制到 b 所指元素中，同时 a、b 指针均后移一个元素，继续判断下一个字符是否到字符串结尾，否则，a 指向 s1 字符串结束标志时，复制结束。最后将字符串结束标志'\0'加到当前 b 所指元素中，构成子字符串。

程序代码如下：

```
#include <stdio.h>
void substr(char *a,char *b,int m) {
    a=a+m-1;                    /*指向第 m 个字符 */
    while(*a!='\0')             /*a 所指没有到字符串结束标志*/
        *b++=*a++;              /*复制一个字符，指针后移*/
    *b='\0';
}
int main() {
    char s1[30],s2[30];
    int m;
    gets(s1);
    scanf("%d",&m);
    substr(s1,s2,m);
     puts(s2);
    return 0;
}
```

程序运行时，输入字符串"untitle"后，按 Enter 键，然后输入 3 表示从第 3 个字符开始复制子字符串，复制得到的子字符串为"title"。

9.7 综合应用实例

例 9.15 约瑟夫环问题：有 *n* 个人围成一圈，按从 1 到 *n* 的顺序编号，然后从第一个人开始报数（从 1 到 3 报数），凡报到 3 的人退出圈子，问最后留下的人编号是多少？其中，*n* 的值应从键盘输入。目前，仅编写完成了 main 函数，请编写其他 3 个函数：inputArr、printArr、JosephCircle，各函数功能含义及接口定义如下所示。

```
#include <stdlib.h>
#include <stdio.h>
#include <string.h>
int main(){
    void inputArr(int *p, int length);
    void printArr(int *p, int length);
    int *JosephCircle(int *p, int length);

    int n; /*围成一圈的人数*/
    scanf("%d", &n);

    /*动态申请 n 个 int 型的内存单元*/
    int *arr = (int *)calloc(n, sizeof(int));
    int *p=arr;

    inputArr(p, n); /*为动态数组元素赋值*/
    printArr(p, n); /*输出动态数组元素值*/
    printf("%d", *JosephCircle(p, n)); /*输出约瑟夫环问题解*/

    free(arr); /*释放动态数组*/
    arr=NULL;

    return 1;
}
```

```
/*
 * 函数名称：inputArr
 * 函数功能：为一维整型数组元素赋值。赋值规则：对于包含 n 个元素的数组，
 *           则从第 1 个数组元素开始，依次分别赋值为 1,2,3,…,n−1,n
 * 形式参数：p 为 int 型指针变量，其表示一维整型数组首地址；
 * length 为 int 型，其表示一维数组长度
 * 返 回 值：无
 */
void inputArr(int *p, int length){
    // 请编程实现本函数

}

/*
 * 函数名称：printArr
 * 函数功能：输出一维数组元素值。输出规则：每行输出 10 个元素值，每个值至少占 4 位位宽；
 *           每行除了最后一个值外，其他元素值之间以逗号分隔
 * 形式参数：p 为 int 型指针变量，其表示一维整型数组首地址；
 *           length 为 int 型，其表示一维数组长度
 * 返 回 值：无
 */
void printArr(int *p, int length){
    // 请编程实现本函数

}

/*
 * 函数名称：JosephCircle
 * 函数功能：求解约瑟夫环问题
 * 形式参数：p 为 int 型指针变量，其表示一维整型数组首地址；
 *           length 为 int 型，其表示一维数组长度
 * 返 回 值：int 型指针，其为最后留下来的那个人编号（整型变量）的内存单元地址
 */
int *JosephCircle(int *p, int length){
    // 请编程实现本函数

}
```

【输入形式】输入一个正整数，用其表示围成一圈的人数。

【输出形式】输出若干行，至少有两行。

（1）输出 n 个人的初始编号，每行输出 10 个编号，每个编号至少占 4 位位宽；每行除了最后一个编号外，其他编号之间以逗号分隔。

（2）在最后一行输出题目所求最后留下那个人的编号。

【样例输入 1】

```
5
```

【样例输出 1】

```
   1,   2,   3,   4,   5
4
```

【样例说明 1】输入和输出格式效果如图 9.19 所示。

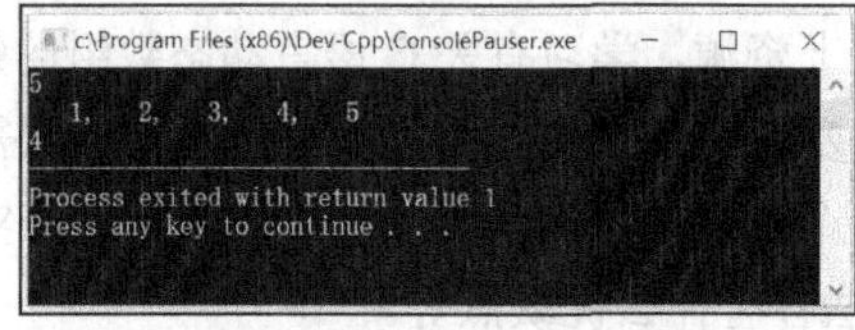

图 9.19　例 9.15 运行效果 1

【样例输入2】

25

【样例输出2】

```
  1,   2,   3,   4,   5,   6,   7,   8,   9,  10
 11,  12,  13,  14,  15,  16,  17,  18,  19,  20
 21,  22,  23,  24,  25
14
```

【样例说明2】输入和输出格式效果如图9.20所示。

```
c:\Program Files (x86)\Dev-Cpp\ConsolePauser.exe
25
  1,   2,   3,   4,   5,   6,   7,   8,   9,  10
 11,  12,  13,  14,  15,  16,  17,  18,  19,  20
 21,  22,  23,  24,  25
14
--------------------------------
Process exited with return value 1
Press any key to continue . . .
```

图9.20　例9.15运行效果2

问题分析与程序思路：

JosephCircle()函数的算法思想如下。

（1）外层while循环用于判断出局人数是否达到length−1个人。换句话说，如果只剩下一个人，就退出while循环。

（2）事先将数组的每个元素进行编号，从1编码到length，这样，每个数组元素的值都不是0。内层for循环工作逻辑：遍历每个数组元素，如果该数组元素值不是0，则说明该人没有出局；每遍历到一个不是0的元素，就让计数器k自增1（k的初值应设为0）；若k==3，就将当前不是0的数组元素的值置为0，并重新令计数器k=0，同时令出局人数m自增1。

例9.16　实现二维动态数组。在C语言中，数组的长度是预定义好的，也就是在定义数组时需为其指定固定长度且只能是常量而不能是变量，之后系统就为该数组分配固定大小的存储空间，并在整个程序中一直都不能改变。比如，语句“int a[10];”就定义了一个长度为10的整型数组。对具有这样特点的数组，我们称之为静态数组。

动态数组是相对于静态数组而言的，它可根据程序需要重新指定数组大小，但C语言并不直接提供动态数组这种数据结构。可是在实际的编程中，往往会发生这种情况，即所需的内存空间取决于实际输入的数据，而无法预先确定数组的长度。对于这种问题，用静态数组的办法就很难解决。为了解决上述问题，C语言提供了一些内存管理函数，这些内存管理函数结合指针可以按照需要动态地分配内存空间来构建动态数组，也可以把不再使用的空间回收待用，为有效地利用内存资源提供了手段。

动态数组的创建方法要比静态数组的创建方法麻烦，且在使用完后必须由程序员自己释放，否则将引起内存泄漏，但是由于其使用非常灵活，能够根据程序需要动态分配大小，因此相对于静态数组来说，使用动态数组的自由度更大。

请自行查阅相关书籍和网上资源，学习有关C语言动态数组的知识，例如：在创建动态数组时，应遵循哪些创建原则、需要使用哪些C函数；不同维度的数组需要使用何种指针；有哪些创建动态数组的方法（如利用一个二级指针来实现、利用数组指针来实现、利用一维数组模拟二维数组来实现等方法），每种方法各有什么优缺点等。

编程要求：编程实现创建一个二维整型动态数组，并为数组元素赋值，进行屏幕输出后释放内存。

（1）二维数组的行数（rows）和列数（columns）应从键盘输入。

（2）第 i 行第 j 列数组元素应赋值为 i * columns+j+1。

（3）二维数组使用完后必须释放内存空间。

目前，仅编写完成 main 函数，请编写实现 assignValuesTo2DArray 函数、show2DArray 函数、create2DArray 函数、free2DArray 函数，具体要求如下所示。

```
#include <stdio.h>
#include <stdlib.h>

int main(void){
    void assignValuesTo2DArray(int **arr, int rows, int columns);
    void show2DArray(int **arr, int rows, int columns);
    int **create2DArray(int rows, int columns);
    void free2DArray(int **array, int rows);

    /*输入二维动态数组的行数和列数*/
    int rows,columns;
    scanf("%d,%d", &rows, &columns);

    /*创建二维动态数组*/
    int **array = create2DArray(rows, columns);
    if(array != NULL){/*若创建成功*/
        /*为二维动态数组元素赋值*/
        assignValuesTo2DArray(array, rows, columns);
        /*用屏幕显示二维动态数组元素值*/
        show2DArray(array, rows, columns);
    }
    /*释放二维动态数组的内存空间*/
    free2DArray(array, rows);

    return 0;
}

/*
 * 函数名称：assignValuesTo2DArray
 * 函数功能：为形参 arr 所指向的二维数组的元素赋值。赋值公式为：
 *           arr[i][j]=i*columns+j+1
 * 形式参数：arr 为指向 int 型二维数组首地址指针的指针；
 *           rows 为二维数组的行数（第一维长度）；
 *           columns 为二维数组的列数（第二维长度）
 * 返 回 值：无
 */
void assignValuesTo2DArray(int **arr, int rows, int columns){
    // 请编程实现本函数

}


/*
 * 函数名称：show2DArray
 * 函数功能：将形参 arr 所指向的二维数组的元素向屏幕输出，
 *           输出效果为 rows 行 columns 列
 * 形式参数：arr 为指向 int 型二维数组首地址指针的指针；
 *           rows 为二维数组的行数（第一维长度）；
 *           columns 为二维数组的列数（第二维长度）
 * 返 回 值：无
 */
void show2DArray(int **arr, int rows, int columns){
    // 请编程实现本函数
```

```
}

/*
 * 函数名称：create2DArray
 * 函数功能：创建 rows 行 columns 列的 int 型动态二维数组
 * 形式参数：rows 为二维数组的行数（第一维长度）；
 *           columns 为二维数组的列数（第二维长度）
 * 返 回 值：返回指向 int 型二维数组首地址指针的指针
 */
int **create2DArray(int rows, int columns){
    // 请编程实现本函数

}

/*
 * 函数名称：free2DArray
 * 函数功能：释放二维数组内存空间
 * 形式参数：arr 为指向 int 型二维数组首地址指针的指针；
 *           rows 为二维数组的行数（第一维长度）
 * 返 回 值：无
 */
void free2DArray(int **array, int rows){
    // 请编程实现本函数

}
```

【输入形式】输入两个正整数，分别表示行数和列数，用逗号分隔。

【输出形式】输出动态二维数组的所有元素值，共输出 rows 行；每行除了最后一个元素值以外，其他元素值之间以逗号分隔，每个元素值至少占 4 位位宽。

【样例输入】

```
3,15
```

【样例输出】

```
   1,   2,   3,   4,   5,   6,   7,   8,   9,  10,  11,  12,  13,  14,  15
  16,  17,  18,  19,  20,  21,  22,  23,  24,  25,  26,  27,  28,  29,  30
  31,  32,  33,  34,  35,  36,  37,  38,  39,  40,  41,  42,  43,  44,  45
```

【样例说明】输入和输出格式效果如图 9.21 所示。

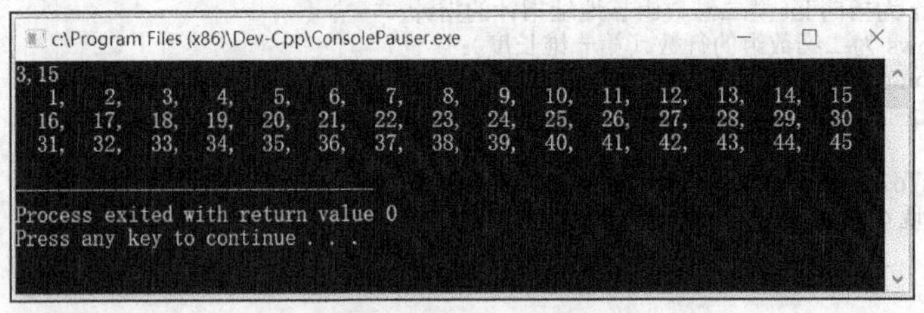

图 9.21　例 9.16 运行效果

问题分析与程序思路：

（1）动态申请二维数组的方法

方法一：利用一个二级指针来实现（本例所采用的方法）。

方法二：利用数组指针来实现。

方法三：利用一维数组来模拟二维数组。

（2）动态数组的创建和引用应遵循原则

① 申请时从外层往里层，逐层申请；

② 释放时从里层往外层，逐层释放。

（3）构建动态数组时所需指针

① 构建一维动态数组需要一维指针；

② 构建二维动态数组需要一维指针、二维指针；

③ 构建三维动态数组需要一维指针、二维指针、三维指针；

④ 依此类推。

（4）构建动态数组时所需函数

① malloc()；

② calloc()；

③ free()；

④ realloc()等。

（5）使用 malloc()函数创建一维动态数组

使用 malloc()函数创建一维动态数组的一般格式如下：

类型说明符 *数组名= (类型说明符 *)malloc(数组长度 * sizeof(类型说明符));

例如：

```
for(i=0;i<第一维长度;i++){
    数组名[i] = (类型说明符 *)malloc(第二维长度 * sizeof(类型说明符));
}
```

（6）使用 malloc()函数创建二维动态数组

使用 malloc()函数创建二维动态数组的一般格式如下：

类型说明符 **数组名= (类型说明符 **)malloc(第一维长度 * sizeof(类型说明符*));

例如：

```
int **arr=(int **)malloc(n1 *sizeof(int *));
```

9.8 习题

一、程序分析题

1．请分析如下程序运行结果。

```
#include <stdio.h>
int main() {
    int a[]={2,4,6,8,10};
    int y=1,x,*p;
    p=&a[1];
    for(x=0;x<3;x++)
        y+=*(p+x);
    printf("%d\n",y);
    return 0;
}
```

2．请分析如下程序运行结果。

```
#include <stdio.h>
int main() {
    char *s="121";
```

```
        int k=0,a=0,b=0;
        do{
            k++;
            if (k%2==0){
                a=a+s[k]-'0';
                continue;
            }
            b=b+s[k]-'0';
            a=a+s[k]-'0';
        }while (s[k+1]);
        printf("k=%d a=%d b=%d\n",k,a,b);
        return 0;
}
```

3．请分析如下程序运行结果。

```
#include <stdio.h>
int b=2;
int func(int *a){
        b+=*a;
        return(b);
}
int main() {
        int a=2,res=2;
        res+=func(&b);
        printf("%d\n",res);
        return 0;
}
```

4．请分析如下程序运行结果。

```
#include <stdio.h>
int sub(int *s);
int main() {
        int i,k;
        for(i=0;i<4;i++){
            k=sub(&i);
            printf("%2d",k);
        }
        printf("\n");
        return 0;
}
int sub(int *s) {
        static int t=0;
        t=*s+t;
        return t;
}
```

二、编程题

以下程序均要求使用指针来实现。

1．编程判断输入的一串字符是否为“回文”，如果是则输出 Yes，否则输出 No。所谓“回文”，是指正读和倒读都一样的字符串，如"ratar"就是回文。

2．strcat 函数用来连接两个字符串，如：

```
char s1[20]="holiday ",s2[10]="economy";
```

则 strcat(s1,s2); 可以将 s2 中的字符串连接到 s1 字符串的后面，此时 s1 中的字符串变为"holiday economy"。请自行编写 mystrcat 函数，完成上述功能。

3．对一组整数降序排列，要求排序功能由调用函数实现。

第10章 结构体

前面章节介绍了C语言的基本数据类型，整型、单精度型、双精度型、字符型及构造类型——数组。这些数据类型应用广泛，特别是数组，它可以把若干个类型相同的数据集合在一起，便于整理和统计数据。但在许多实际应用中，需要将若干相同类型或不同类型的数据作为一个整体来进行处理。例如，一名学生的信息有学号、姓名、性别、生日、所在院系、籍贯等，我们应当把它们组织成一个组合项，组合项中可以包含若干个类型不同（当然也可以相同）的数据项。这些不同类型的数据难以用基本类型和数组表示，为此，C语言提供了一种构造类型——结构体。

10.1 结构体类型

10.1.1 定义结构体类型

结构体类型是由若干相关数据组成的，组成结构体类型的每一个数据称为成员。定义结构体类型就是确定该类型中包括哪些成员，以及各成员属于什么数据类型。

定义结构体类型的一般形式如下：

```
struct 结构体类型名 {
    数据类型 成员名 1;
    数据类型 成员名 2;
    ……
    数据类型 成员名 n;
};
```

其中“struct”是定义结构体类型的关键字；结构体类型名由用户自行定义，其命名应符合标识符的命名规则；每个成员项后用分号结束，整个结构体定义也用分号结束。

例如某学生的基本情况由学号（number）、姓名（name）、性别（sex）、生日（birthday）、籍贯（province）等项组成，这些不同类型的项构成了学生的基本信息。其中成员“生日”由年（year）、月（month）、日（day）3 个成员组成，首先定义该结构体类型如下。

```
struct date {
    int year;
    int month;
    int day;
};
```

下面定义学生（student）的结构体类型。

```
struct student {
    int number;
    char name[20];
    char sex;
    struct date birthday;          /* birthday 的类型是 struct date 结构体类型*/
    char province[30];
};
```

说明：

（1）结构体中的成员可以单独使用，其作用与普通变量作用等同。

（2）结构体中的成员名可以与程序中的变量名相同，二者代表不同对象。

（3）类型与变量是不同的概念，不要混淆。例如，我们可以对变量赋值、存取或运算，而不能对一个类型赋值、存取或运算；只对变量分配空间，对类型是不分配空间的。

（4）结构体成员的类型也可以是结构体类型。例如，生日（birthday）的类型是 struct date 结构体类型，这样就构成了结构体的嵌套。

10.1.2 定义结构体类型变量

定义结构体类型之后就可以定义结构体类型变量，简称结构体变量。结构体变量的定义有以下 3 种方法。

（1）先定义结构体类型再定义变量。

一般形式如下：

```
struct 结构体名 {
    成员表列
};
结构体类型 变量名表列;
```

例如：

```
struct date {
    int year;
    int month;
    int day;
};
struct date date1, date2;
```

（2）在定义类型的同时定义变量。

一般形式如下：

```
struct 结构体名 {
    成员表列
} 变量名表列;
```

例如：

```
struct date {
    int year;
    int month;
    int day;
}date1, date2;
```

（3）直接定义结构体类型变量（即不出现结构体名）。

一般形式如下：

```
struct {
    成员表列
}变量名表列;
```

例如：

```
struct {
    int year;
    int month;
    int day;
}date1, date2;
```

10.1.3 结构体变量的引用

定义了结构体类型的变量后就可以引用了，如赋值、存取和运算等。引用结构体变量通常是通过引用它的成员来实现的，其形式如下：

```
结构体变量名.成员名
```

例如：date1.year 表示结构体变量 date1 中的成员 year。

说明：

（1）“.”是成员分量运算符，是所有运算符中优先级最高的。因此，(date1.year)++等价于 date1.year++。

（2）如果成员本身又属于一个结构体类型，则要用若干个成员运算符，一级一级地找到最低一级的成员。只能对最低级的成员进行赋值、存取及运算。例如：

```
struct date {
    int year;
    int month;
    int day;
};

struct student {
    int number;
    char name[20];
    char sex;
    struct date birthday;        /* birthday 的类型是 struct date 结构体类型*/
    char province[30];
}stu;
```

引用方法是：stu.birthday.year。

（3）使用结构体变量时，不能将结构体变量作为一个整体进行处理，例如不能像下面这样引用：

```
printf("year=%d    month=%d    day=%d", stu);
```

应引用结构体变量中的最后一级成员，例如：

```
printf("year=%d,month=%d,day=%d", stu.birthday.year,stu.birthday.month,stu.birthday.day);
```

（4）结构体变量使用时与普通类型的变量一样，可以参加多种运算。例如：

```
stu.birthday.year++;
stu.birthday.year=2011;
```

（5）可以引用结构体变量的地址和结构体成员的地址。

```
scanf("%d",&stu.number);        /*从键盘给 stu.number 成员赋值*/
printf("%o",&stu);              /*按八进制输出结构体变量 stu 的地址*/
```

结构体变量的地址主要用作函数参数，以便传递地址。

（6）在定义了结构体变量后，系统会为之分配内存单元。

例 10.1 结构体变量在内存中占用的字节数。

问题分析与程序思路：

本章程序均在 Dev C 集成开发环境中运行。在 Dev C 集成开发环境中，结构体占用的内存需要符合对齐和补齐的规则。对齐，即假定从 0 地址开始对每个成员的起始地址编号，其起始地址必须是它本身字节数的整数倍。补齐，即结构体的总字节数必须是它最大成员（占用内存最多的成员）所占内存的整数倍。注意：在 Dev C 等集成开发环境中，计算对齐、补齐时，成员超过 4 字节按 4 字节计算。计算结构体变量在内存中占用的字节数用到的函数为 sizeof()。

程序代码如下：

```
#include <stdio.h>
#include <stdlib.h>
int main(void) {
    struct date {
        int year;
        int month;
        int day;
    };
    struct student {
        int number;
        char name[20];
        char sex;
        struct date birthday;
        char province[30];
    }stu;
    system("cls");              /*调用系统函数，清屏*/
```

```
    printf("sizeof(stu)=%d\n",sizeof(stu));
    printf("sizeof(struct student)=%d\n", sizeof(struct student));
}
```

代码解释：

例 10.1 的输出结果“72”就是学生（student）结构体的大小，下面分析“72”是如何得到的。

（1）看第一个成员 int number，int 类型占 4 字节。假设结构体第一个成员的起始地址是从 0 开始的，则第一个成员的地址范围是 0～3，占了 4 字节。

（2）看第二个成员 char name[20]，该字符型数组占 20 字节，超过 4 字节按 4 字节进行计算。第二个成员的起始地址是 4，可以发现起始地址是 4 的倍数，满足对齐规则，所以这里第二个成员的起始地址是 4，其地址范围是 4～23，占了 20 字节。

（3）看第三个成员 char sex，char 类型占 1 字节，不需要考虑对齐规则，所以第三个成员所占的地址是 24，占了 1 字节。

（4）看第四个成员 struct date birthday，date 结构体类型占了 12 字节，超过 4 字节按 4 字节进行计算。第四个成员对齐前起始地址是 25，不是 4 的倍数，为满足对齐规则，将 struct date birthday 成员的起始地址调整为 28，所以第四个成员的地址范围是 28～39，占了 12 字节。

（5）看第五个成员 char province[30]，该字符型数组占 30 字节，超过 4 字节按 4 字节进行计算。第五个成员的起始地址是 40，可以发现起始地址是 4 的倍数，满足对齐规则，所以第五个成员的起始地址是 40，其地址范围是 40～69，占了 30 字节。

（6）至此这个结构体的地址范围是 0～69，大小是 70 字节，不满足补齐规则。在这个结构中最大成员的字节数是 30，超过 4 字节按 4 字节算，由于 70 不是 4 的整数倍，所以为满足补齐规则，最后这个结构体的大小还要增加 2，这就是程序输出结果“72”的由来。

10.1.4　结构体变量的初始化

结构体变量的初始化就是在定义结构体变量的同时为其赋初值。具体方法是在定义结构体变量时，将各成员的初始值用大括号括起来。

方法一：

```
struct date {
    int year;
    int month;
    int day;
}d={2011,10,1};
```

方法二：

```
struct date {
    int year;
    int month;
    int day;
};
struct date d={2011,10,1};
```

10.2　结构体数组

结构体数组是指数组中每一个数组元素都是结构体类型的数据，每个数组元素都有若干个成员，例如描述学生的学号、姓名、性别、生日、籍贯等，而每个班由 30 名学生，每名学生都有相同的数据结构。

10.2.1 结构体数组的定义

与定义结构体变量的方法相仿，只需说明其为数组，也有以下 3 种方法。

（1）先定义结构体类型再定义结构体数组

```
struct student {
    long num;            //学号
    char name[20];       //姓名
    float score;         //成绩
};
struct student stu[30];
```

（2）在定义结构体类型的同时定义结构体数组

```
struct student {
    long num;            //学号
    char name[20];       //姓名
    float score;         //成绩
}stu[30];
```

（3）直接定义结构体数组

```
struct {        /*不指出结构体名*/
    long num;            //学号
    char name[20];       //姓名
    float score;         //成绩
}stu[30];
```

上述 3 种方法的作用相同，结构体数组 stu 如图 10.1 所示，结构体数组在内存中连续存放。

	num	name	score
stu[0]	110611001	zhang	65.4
stu[1]	110611002	wang	84.3
stu[2]	110611003	Li	77.0
⋮	⋮	⋮	⋮
stu[29]	110611030	zhao	90.0

图 10.1 结构体数组 stu[30]示例

10.2.2 结构体数组的引用

结构体数组的引用是指对结构体数组元素的引用。由于每个结构体数组元素都是一个结构体变量，因此结构体数组的引用方法等同结构体变量的引用。

1．结构体数组元素中某一个成员的引用

结构体数组元素中某一个成员的引用形式如下：

结构体数组元素名称.成员名

例如：

```
stu[1].num                          /*表示引用数组元素 stu[1]的 num 成员*/
sum=sum+stu[i].score;               /*对 i 个学生的成绩累加*/
scanf("%ld,%s,%f ", &stu[i].num, stu[i].name, &stu[i].score);
```

2．结构体数组元素的引用

我们可以将一个结构体数据元素赋予相同数据类型的数组元素或变量。

例 10.2　结构体数组元素引用实例。

问题分析与程序思路：

本例首先定义一个学生（student）结构体类型，再定义该结构体类型的数组和变量，然后为数组元素和变量的成员赋值以使数组元素和变量获得值，最后输出数组元素和结构体变量各个成员的值。请通过本程序观察结构体数组元素成员的引用方式，即“结构体数组元素名称.成员名”。

程序代码如下：

```
#include <stdio.h>
#include <stdlib.h>
#include <string.h>
int main(void) {
    struct student {
        long num;
        char name[20];
        float score;
    };
    struct student stu[2];
    struct student student1;
    stu[0].num=110611010;
    strcpy(stu[0].name,"Apple");
    stu[0].score=90;
    stu[1]=stu[0];
    student1=stu[0];
    printf("num=%ld,name=%s,score=%f\n",stu[0].num,stu[0].name,stu[0].score);
    printf("num=%ld,name=%s,score=%f\n",stu[1].num,stu[1].name,stu[1].score);
    printf("num=%ld,name=%s,score=%f\n",student1.num,student1.name,student1.score);
}
```

例 10.3　应用举例：给定学生成绩登记表如表 10.1 所示，要求利用结构体数组计算每名学生的平均成绩并输出。

表 10.1　学生成绩登记表

学号	姓名	性别	年龄	成绩 1	成绩 2	平均成绩
110611001	Zhang	M	18	95.5	87.4	
110611002	Wang	F	19	89.3	78.5	
110611003	Zhao	F	20	76.9	78.2	

问题分析与程序思路：

根据表 10.1 可知，学生信息包括学号、姓名、性别、年龄、成绩 1、成绩 2 和平均成绩 7 个字段。定义学生结构体类型时，可以将成绩 1、成绩 2 和平均成绩定义为一个一维数组，这样学生（student）结构体类型就包括 5 个成员，即学号（num）、姓名（name）、性别（sex）、年龄（age）、分数（score），对应的类型分别为长整型、字符型数组、字符型、整型、浮点型数组。然后定义学生结构体类型的数组，并按表 10.1 的值给该结构体数组初始化。接下来计算平均成绩，这里注意结构体数组元素成员的使用。

程序代码如下：

```
#include <stdio.h>
#include <stdlib.h>
int main(void) {
    int i;
    struct student {
        long num;
        char name[10];
        char sex;
        int age;
```

```
            float score[3];
    }stu[3]={ {110611001, "Zhang", 'M', 18, 95.5, 87.4},
              {110611002, "Wang", 'F', 19, 89.3, 78.5},
              {110611003, "Zhao", 'F', 20, 76.9, 78.2}};  /*结构体数组的初始化*/
    system("cls");                  /*调用系统函数，清屏*/
    for(i=0;i<=2;i++) {
        stu[i].score[2]=(stu[i].score[0]+stu[i].score[1])/2;
        printf("%-12ld%-10s%-5c%-6d%-7.2f%-7.2f%-7.2f\n",
               stu[i].num, stu[i].name, stu[i].sex, stu[i].age,
               stu[i].score[0], stu[i].score[1], stu[i].score[2]);
    }
}
```

10.3 结构体类型的变量作为函数参数

结构体变量作为函数参数有两种情况：一种是用结构体变量的成员作为参数；另一种是用结构体变量作为参数。这两种方式都是"值传递"方式，我们在使用过程中应当注意实参与形参的类型需要保持一致。

10.3.1 结构体变量的成员作为函数参数

结构体变量的成员与其类型相同的变量并无区别。结构体变量的成员只能用作函数实参，其用法与其类型相同的普通变量完全相同，对应的形参必须是类型相同的变量；在发生函数调用时，把结构体变量的成员的值传递给形参，实现单向传送，即"值传递"方式。

例 10.4 结构体变量的成员作为函数参数。

问题分析与程序思路：

本例首先定义学生（student）结构体类型，其有学号（sno）和姓名（sname）两个成员，然后定义打印姓名函数 PrintName()，函数的形参为字符型的指针。在主函数中定义 student 结构体类型变量 ss，并对 ss 进行了初始化。在调用 PrintName()时，实参为结构体变量的成员 ss.sname。

程序代码如下：

```
#include <stdio.h>
struct student {
    char sno[32];
    char sname[32];
};
void PrintName(char *name) {
    printf("sname : %s\n", name);
}
int main(void) {
    struct student ss = {"031202523", "zhangsan"};
    PrintName(ss.sname);                /*结构体变量的成员作为函数实参*/
    return 0;
}
```

代码解释：

从 main()开始执行，首先初始化结构体变量 ss，接着调用 PrintName()函数，以 ss.sname 作为实参，其对应的形参为字符型的指针，所以 ss.sname 的值可以传递给该形参变量。从本例可以看出并总结出以下几点。

（1）用结构体变量的成员作为函数实参时，要求结构体变量的成员类型和函数的形参类型一致；对结构体变量的成员的处理是按与其相同类型的变量对待的。

（2）在用结构体变量的成员作为函数实参时，形参变量和对应的实参变量是由编译系统分配的两个不同的内存单元。在函数调用时发生的值传送是把实参变量的值赋予形参变量，是单向传递，即“值传送”方式。

10.3.2 结构体变量作为函数参数

结构体变量作为函数参数时，结构体的变量既可以作为形参，也可以作为实参；要求形参和相对应的实参都必须是类型相同的结构体变量。

例 10.5 输入天数和小时数，求一共有多少分钟。

问题分析与程序思路：

本例首先定义 time 结构体类型，其包含天数（day）和小时数（hour）两个成员，然后定义函数 print()，其功能是根据天数和小时数计算出分钟数，并输出结果，注意该函数形参为 time 结构体类型。在主函数中首先定义 time 结构体类型变量 minute，然后通过输入获得天数和小时数，最后调用 print()计算出分钟数。这里注意调用 print()时，实参为 time 结构体类型变量 minute。

程序代码如下：

```
#include <stdio.h>
struct time            /*定义结构体类型*/
{
    long int day;
    long int hour;
};
void print(struct time minute)          /*结构体变量作为参数*/
{
    long int i;
    i=(minute.day*24+minute.hour)*60;       /*计算分钟数*/
    printf("total minute is :%ld\n",i);       /*输出分钟数*/
}
int main(void)
{
    struct time minute;                 /*定义结构体变量*/
    printf("input day:\n");
    scanf("%ld",&minute.day);           /*输入天数*/
    printf("input hour:\n");
    scanf("%ld",&minute.hour);          /*输入小时数*/
    print(minute);                      /*调用 print 函数*/
}
```

代码解释：

（1）结构体变量作为函数参数时，应该在主调函数和被调用函数中分别定义结构体变量，且数据类型必须一致，否则结果将出错。在本例中，形参和实参是相同类型的结构体变量。

（2）本例实参名与形参名相同，这与实参名和形参名不同的处理方法是一致的。

10.4 结构体指针变量

结构体指针变量，即为指向结构体变量的指针变量。结构体指针变量中的值是所指向的结构体变量的首地址。通过结构体指针，即可访问该结构体变量。

定义结构体指针变量的一般形式如下：

struct 结构体名 *结构体指针变量名;

例如：

```
struct stu {
    int num;
    char *name;
    char sex;
    float score;
};
struct stu *p1,s1; /*定义指向 struct stu 类型结构体的指针 p1 和结构体变量 s1*/
```

指针的指向操作是把结构体变量的首地址赋予该指针变量，不能把结构体名赋予该指针变量。给结构体指针赋值一般形式如下：

指针名=&结构体变量名;

例如：p1=&s1;

通过指针引用结构体成员有以下两种方式。

（1）**结构体指针变量名->成员名**，如 p1->num。

（2）**(*指针名).成员名**，如(*p1).age。

例 10.6 用指针访问结构体。

问题分析与程序思路：

本例分别用“结构体变量名.成员名”“(*指针名).成员名”“结构体指针变量名->成员名”3 种方式引用结构体成员。读者注意观察和掌握这 3 种引用方式。

程序代码如下：

```
# include "stdio.h"
# include "stdlib.h"
struct stu {
    int num;
    char *name;
    char sex;
    float score;
} stu1={102,"wang hong",'M',78.5},*p1;
int main(void) {
    p1=&stu1;
    system("cls"); /*调用清屏函数*/
    printf("Number=%d\nName=%s\n",stu1.num,stu1.name);
    printf("Sex=%c\nScore=%f\n\n",stu1.sex,stu1.score);
    printf("Number=%d\nName=%s\n",(*p1).num,(*p1).name);
    printf("Sex=%c\nScore=%f\n\n",(*p1).sex,(*p1).score);
    printf("Number=%d\nName=%s\n",p1->num,p1->name);
    printf("Sex=%c\nScore=%f\n\n",p1->sex,p1->score);
}
```

10.5 用指针处理链表

本节首先介绍两个常用的内存管理函数：分配内存空间函数 malloc()与释放内存空间函数 free()。在实际应用中，可能出现所需的内存空间无法预先确定的情况，因此 C 语言提供了一些内存管理函数。使用这些函数时，必须包含“stdlib.h”头文件。

1．分配内存空间函数

调用格式如下：

(类型说明符 *)malloc(size)

功能：如果分配成功，在内存的动态存储区中分配一块长度为 size 字节的连续区域，函数的返回值为该区域的首地址。如果分配失败，则返回 NULL。

说明：

①“类型说明符”表示把该区域用于何种数据类型。

② (类型说明符 *)表示把返回值强制转换为该类型指针。

③ size 是一个无符号数。

例如：

```
pc=(char *)malloc(100); /*分配 100 字节的内存空间，用于存放字符*/
```

2．释放内存空间函数

调用格式如下：

```
void free(void *ptr);
```

功能：释放 ptr 所指向的一块内存空间。ptr 是一个任意类型的指针变量，它指向被释放区域的首地址。被释放区应是由 malloc 函数所分配的区域。

例 10.7　分配一块区域，输入一个学生数据。

问题分析与程序思路：

在本例中，先定义结构体类型 stu，以及指向结构体 stu 类型的指针变量 ps，然后申请一块结构体 stu 大小的内存区域并使 ps 指向该区域，再通过 ps 为结构体的各成员赋值并输出各成员值，最后释放 ps 指向的内存空间。

程序代码如下：

```
# include "stdlib.h"
# include "stdio.h"
int main(void) {
      struct stu                  /*定义结构体*/
      {
            int num;
            char *name;
            char sex;
            float score;
      }*ps;                       /*定义结构体指针*/
      system("cls");              /*调用系统函数，清屏*/
      ps=(struct stu*)malloc(sizeof(struct stu));
      /*申请一块可容纳 stu 类型结构体的空间*/
      ps->num=102;                /*给结构体各个成员赋值*/
      ps->name="wang hong";
      ps->sex='M';
      ps->score=62.5;
      printf("Number=%d\nName=%s\n",ps->num,ps->name);          /*输出*/
      printf("Sex=%c\nScore=%f\n",ps->sex,ps->score);
      free(ps);                   /*释放所占空间*/
}
```

整个程序包含申请内存空间、使用内存空间和释放内存空间 3 个步骤，实现了存储空间的动态分配。动态分配的方法每次分配一块空间，称之为一个结点。需要多少个结点就可以申请分配多少块内存空间。这种动态分配方法与结构体数组的主要区别是，数组中数组元素的个数是确定的，而动态分配方法的结点数可以通过结点的建立或删除动态发生改变；另外数组必须占用一块连续的内存区域，而动态分配方法的结点可以不连续存储。结点之间的前驱后继关系可以用指针实现。

链表是一种动态数据结构，它由头指针和结点组成。头指针存放一个地址，该地址指向第一个元素；结点由用户需要的实际数据和连接结点的指针构成，结点为结构体类型的数据。

如图 10.2 所示，第 0 个结点为头指针，它存放了第 1 个结点的首地址。从第 1 个结点开始，每个结点都分为两个域：一个是数据域，用以存放各种实际的数据；另一个为指针域，用以存放下一结点的首地址，根据此指针可以找到下一结点。最后 1 个结点的指针域为 NULL。

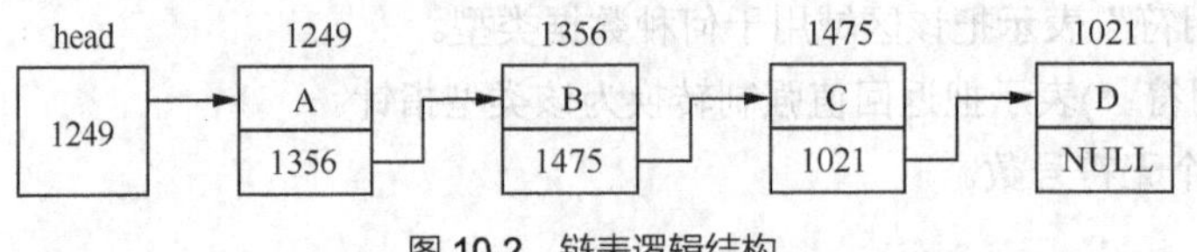

图 10.2　链表逻辑结构

链表的建立需要使用结构体及指针。

例如：

```
struct student {
    int num;
    float score;
    struct student *next ;
};
```

结构体类型 student 中前两个成员项组成数据域，用于存放学生学号 num 和成绩 score。第三个成员 next 构成指针域，它是一个指向 student 类型结构体变量的指针，用于存放下一个结点的地址。链表中的结构体结点示例如图 10.3 所示。

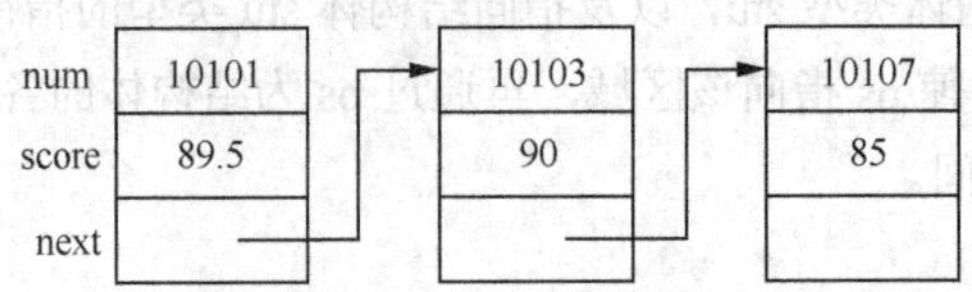

图 10.3　链表中的结构体结点示例

例 10.8　建立一个有 3 个结点的链表，存放学生数据。为简单起见，假定学生数据结构中只有学号和成绩两项。

问题分析与程序思路：

在本例中，首先定义结构体类型 student，该结构体类型包括 3 个成员，分别为学号（num）、成绩（score）和一个指向 student 类型结构体变量的指针（next）。在主函数中定义基类型为 student 的头指针 head 和 p，首先给 3 个结点的各个成员赋值，对各结点指针域 next 赋值使得各个结点连接起来。

程序代码如下：

```
#include "stdio.h"
struct student {
    long num;
    float score;
    struct student *next;
};
int main(void) {
    struct student a,b,c,*head,*p;
    a. num=99101;
    a.score=89.5;
    b.num=99103;
    b.score=90;
    c.num=99107;
    c.score=85;
    head=&a;
    a.next=&b;
    b.next=&c;
    c.next=NULL;
    p=head;
```

```
    do {
        printf("%ld %5.1f\n",p->num,p->score);
        p=p->next;
    } while(p!=NULL);
}
```

程序运行结果如图 10.4 所示，所建立的链表如图 10.5 所示。

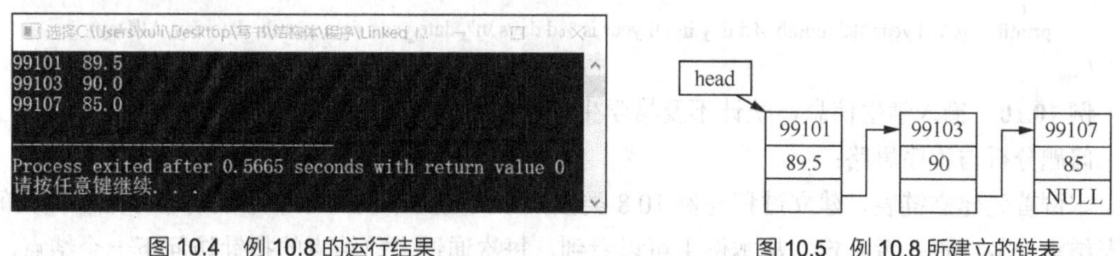

图 10.4　例 10.8 的运行结果　　图 10.5　例 10.8 所建立的链表

最后，总结一下链表的特点：①结点是通过指针连接的；②结点数据可以不连续存放；③必须使用结构体和指针技术。

10.6 综合应用实例

例 10.9　定义一个结构体变量（包括年、月、日），计算该日在本年中是第几天？

问题分析与程序思路：

平年二月有 28 天，全年共 365 天，而闰年二月有 29 天，全年共 366 天，所以本例需要注意闰年问题。在本例中先定义 Date 结构体类型，其包括 3 个成员：年（year）、月（month）、日（day），然后定义判断是否为闰年的函数，如果不是闰年且月份大于或等于 3，就要对结果做减 1 处理。

程序代码如下：

```
#include <stdio.h>
#define TRUE 1
#define FALSE 0
int YearMonth[]={0,31,29,31,30,31,30,31,31,30,31,30,31,32};
struct Date {
    int year;
    int month;
    int day;
};
int isNotRuiYear(int year) {
    int flag=FALSE;
    if(year%4==0 && year%100!=0)
        flag=TRUE;
    if(year%400==0)
        flag=TRUE;
    return flag;
}
int main(void) {
    struct Date date;
    int i;
    int AllDay=0;
    printf("please input int year!\n");
    scanf("%d",&date.year);
    printf("please input int month!\n");
    scanf("%d",&date.day);
    if(isNotRuiYear(date.year)) {
        for(i=1;i<=date.month;i++)
            AllDay+=YearMonth[i-1];
```

```
            AllDay=AllDay+date.day;
        } else {
            for(i=1;i<=date.month;i++)
                AllDay+=YearMonth[i-1];
            AllDay=AllDay+date.day;
            if (date.month>=3)
                AllDay-=1;
        }
        printf("this %d year %d month %d day in all year is %d days \n", date.year, date.month, date.day, AllDay);
}
```

例 10.10 输入学生信息，统计不及格学生的个数。

问题分析与程序思路：

本例首先建立链表，建立过程与例 10.8 类似；不同的是本例为每个结点动态分配存储空间，链表结点个数由输入者确定。从本例中可以看到，每次通过当前结点的指针访问下一个结点，从而统计不及格学生的个数。

程序代码如下：

```
#include <stdio.h>
#include <stdlib.h>
#include <string.h>
struct stu {
    char num[20];
    char name[10];
    int score;
    struct stu *next;
}; /*定义 stu 结构体*/
int main(void) {
    struct stu *head,*p,*rear;
    head=rear=NULL;/*为头指针、尾指针设置初值*/
    while(1) {
        p=(struct stu*)malloc(sizeof(struct stu));
        scanf("%s",p->num);
        if(strcmp(p->num,"end")==0) break;
        scanf("%s",p->name);
        scanf("%d",&p->score);
        if(rear==NULL) {
            head=p;                /*使头指针指向首结点*/
            p->next=NULL;          /*将指针 p 指向的结点指针域置为 NULL*/
            rear=p;                /*使尾指针指向当前尾结点*/
        } else {
            p->next=rear->next;    /*当前结点指针域置为原尾结点指针域 NULL*/
            rear->next=p;          /*使当前结点成为链表尾结点*/
            rear=p;                /*尾指针 rear 指向新的尾结点*/
        }
    }
    struct stu *e;
    int c=0;
    e=head;
    while(e!=NULL) {
        if(e->score<60)
            c++; /*统计不及格人数*/
        e=e->next;
    }
    printf("%d",c);/*输出不及格人数*/
}
```

例 10.11 输入 N 名学生的学号、姓名和计算机课程的成绩，输出成绩最高学生的学号、姓名和成绩。

问题分析与程序思路：

本例可以将题目中的 N 定义为符号常量，也可以通过输入获得。本程序根据题目定义了 Message 结构体类型，其包括学号（num）、姓名（name）、分数（score）3 个成员，各个成员的类型分别为字符数组、字符数组、整型。然后定义 struct Message getinform(struct Message stu) 函数，其形参和返回值都为 Message 结构体类型，该函数的功能为通过输入使得结构体变量成员获得值。主函数通过调用 getinform()函数录入了 *N* 名学生的信息，然后通过循环获得最高成绩，并将成绩最高的学生信息输出。

程序代码如下：

```
#include <stdio.h>
#include <string.h>
#define N 3          /*为简化输入，这里假设有 3 名学生；学生数也可以通过输入获得
struct Message {
    char num[15];
    char name[20];
    int score;
};
struct Message getinform(struct Message stu) {
    printf("请输入学号：\n");
    scanf("%s",stu.num);
    printf("请输入姓名：\n");
    scanf("%s",stu.name);
    printf("请输入计算机成绩：\n");
    scanf("%d",&stu.score);
    return stu;
}
int main(void) {
    int max = 0,i;
    char num[80],name[20];
    struct Message stu[N];
    for(i=0;i<N;i++) {
        printf("请输入第%d 个学生的信息：\n",i+1);
        stu[i] = getinform(stu[i]);
    }
    printf("==========信息录入完毕==========\n");
    for(i=0;i<N;i++)
        if(max < stu[i].score) {
            max = stu[i].score;
            strcpy(num,stu[i].num);
            strcpy(name,stu[i].name);
        }
    printf("计算机最高成绩的学生信息为：\n");
    printf("================================\n");
    printf("学号：%s\n",num);
    printf("姓名：%s\n",name);
    printf("计算机成绩：%d\n",max);
    printf("================================\n");
    return 0;
}
```

10.7　智能算法能力拓展

例 10.12　以在线社区的留言板为例，使用结构体和指针作为数据结构，实现朴素贝叶斯分类。为了不影响社区的发展，我们要屏蔽侮辱性的言论，所以要构建一个快速过滤器。如果某条留言使用了负面或者侮辱性的语言，那么就将该留言标识为内容不当。过滤这类内容是一个很常见的需求。对此问题建立两个类别：侮辱类和非侮辱类，使用 1 和 0 分别标识。先验数据如表 10.2 所示，待分类数据（未知类别数据）如表 10.3 所示，现使用朴素贝叶斯分类算法对未知类别数据分类。

表 10.2 先验数据

帖子内容	类别
'my'，'dog'，'has'，'flea'，'problems'，'help'，'please'	0
'maybe'，'not'，'take'，'him'，'to'，'dog'，'park'，'stupid'	1
'my'，'dalmation'，'is'，'so'，'cute'，'I'，'love'，'him'	0
'stop'，'posting'，'stupid'，'worthless'，'garbage'	1
'mr'，'licks'，'ate'，'my'，'steak'，'how'，'to'，'stop'，'him'	0
'quit'，'buying'，'worthless'，'dog'，'food'，'stupid'	1

表 10.3 待分类数据

关键字	类别
'love'，'my'，'dalmation'	?
'stupid'，'garbage'	?

问题分析与程序思路：

开发流程如下。

（1）收集数据：可使用任何方法构造自己的词表，如表 10.2 所示。

（2）准备数据：从文本中构建词条向量。

（3）分析数据：检查词条，确保解析的正确性。

（4）训练算法：从词条向量计算概率，之后就可通过词条向量训练朴素贝叶斯分类器。

（5）测试算法：根据现实情况修改分类器。在使用分类器前，也需要对词条向量化，然后使用朴素贝叶斯公式计算词条向量属于侮辱类和非侮辱类的概率。

（6）使用算法：对社区留言板言论进行分类。

10.8 习题

1. 设有学生情况登记表如表 10.4 所示，对该表按成绩从小到大排序。

表 10.4 学生情况登记表

学号（num）	姓名（name）	性别（sex）	年龄（age）	成绩（score）
101	Zhang	M	19	98.3
102	Wang	F	18	87.2
103	Li	M	20	73.6
104	Zhao	F	20	34.6
105	Miao	M	18	99.4
106	Guo	M	17	68.4
107	Wu	F	19	56.9
108	Xu	F	18	45.0
109	Lin	M	19	76.5
110	Ma	F	19	85.3

2. 某班有 10 名学生，每名学生的数据包括学号、姓名、3 门课的成绩，从键盘输入 10 名学生的数据，要求输出每门课的平均成绩、每名学生的平均成绩并输出最高分学生的数据（包括学号、姓名、3 门课的成绩、平均成绩）。

3. 统计候选人总得票数。假设有 3 名候选人，每次输入一个得票候选人的名字，要求最后输出每个人的得票总数。

第 11 章 文件

在前面介绍的程序中，输入的数据都来自标准输入设备（终端键盘），并且每次运行时都要重新输入这些数据，这样会对以后的使用造成不便。要实现数据的永久保存，可以通过文件来实现，这样就可以从文件读取数据或者把数据送到某个文件中保存。

本章讨论 C 语言中的文件，内容包括 C 语言文件的特点及文件的基本操作（打开与关闭、读与写等）。

11.1 文件概述

广义的“文件”是指公文书信或指有关政策、理论等方面的文章。狭义的“文件”是指档案，其范畴很广泛，计算机上运行的程序等都叫文件。计算机文件属于文件的一种，它是以计算机硬盘为载体存储在计算机上的信息集合。文件可以是一篇文章、一幅图像、一段声音、一个程序等。文件通常具有 4 个字母以内的文件扩展名，用于指示文件类型（例如，C 语言源代码文件的扩展名为.C，Word 文档的扩展名为.doc 或.docx）。如果文件中存放的是数据，这种文件称为“数据文件”；如果文件中存放的是源程序清单或者是编译、连接后生成的可执行程序，这样的文件称为“程序文件”。

1．文件名

每个文件被分配一个标识，这样能够区分不同的文件。这种能够唯一标识某个文件的就是文件名。文件标识由两个部分组成：**文件所在路径和文件名**。文件所在路径指出用于存储文件的存储设备以及存储位置，文件名则指定文件的名称。下面以磁盘文件为例介绍文件标识。

磁盘文件是指存放在磁盘上的文件。能长期保存数据是磁盘文件的特点，也是磁盘文件的主要用途之一。磁盘文件的文件标识组成形式如下：

盘符:路径\文件主名.扩展名

其中，盘符表示文件所在的磁盘，其可以是 A、B、C 等；路径用来表示文件所在的目录，它是由目录组成的，目录间用“\”符号分隔。“盘符”和“路径”都可以省略。若仅省略“盘符”，表示在当前盘指定路径下寻找文件；若仅省略“路径”，表示文件在指定盘的当前路径下寻找文件；若“盘符”和“路径”同时省略，则表示在当前盘当前路径下寻找文件。

例如，“c:\tc\file.c”是一个完整的磁盘文件的文件标识，该文件标识中的文件所在路径为“c:\tc\”，文件主名为“file”，扩展名为“.c”。

2．文件分类

（1）按文件用途分类

按文件用途，文件可以分为“系统文件”和“用户文件”。

系统文件：操作系统的主要文件，如操作系统内核、编译程序文件等。系统文件通常都是可执行的二进制文件，它直接影响系统的正常运行，只允许用户使用，不允许用户改变。它对维护计算机系统的稳定具有重要作用。

用户文件：用户自己定义的文件，如用户的源程序、可执行程序和文档等。

（2）按文件数据编码方式分类

按文件数据编码方式，文件可以分为“文本文件”和“二进制文件”。

文本文件在磁盘中存放时每个字符对应一个字节，用于存放对应的 ASCII 码，因此文本文件也称为 ASCII 文件。

二进制文件把内存中的数据按其在内存中的存储形式原样输出到外存上。

文本文件和二进制文件的区别主要体现在对数值型数据的处理上。例如，要存储一个整型数据 1024，按二进制文件的格式存储，在文件中存放的是 1024 的二进制形式 10000000000，占两字节的存储空间（假设一个整型数占两字节）；而以文本文件的格式存储，则在文件中保存的是'1' '0'

'2' '4' 4 个字符的 ASCII 码，占用 4 字节，如图 11.1 所示。

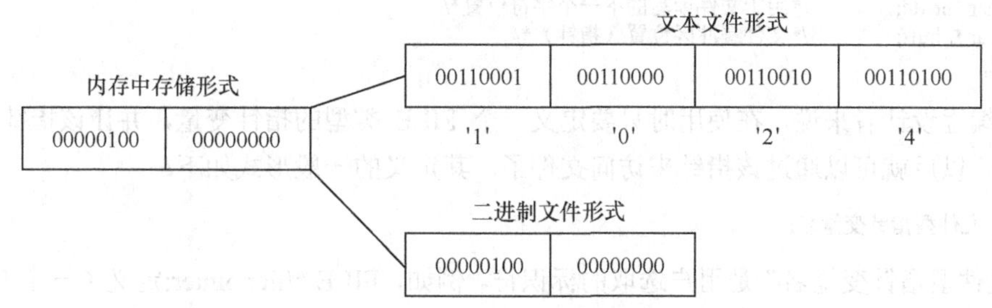

图 11.1　文本文件和二进制文件存储格式的区别

文本文件中一个字节代表一个字符，优点是便于对字符进行处理，同时也便于输出字符；缺点是占用存储空间较大，而且将二进制形式转换为 ASCII 码形式存储需要耗费大量的转换时间。二进制文件用二进制形式输出数值，优点是可以节省存储空间和转换时间；缺点是一个字节并不对应一个字符，不能直接输出字符形式。那么，在处理文件时，该使用哪种格式存储呢？一般来说，如果存入的数据只是暂存的中间结果数据，一般用二进制文件存储以节省时间和空间；如果输出的数据是供人们阅读的，一般用文本文件存储，便于输出。

C 系统在处理这些文件时，并不区分类型，都看成是字符流，按字节进行处理。输入/输出字符流的开始和结束只由程序控制而不受物理符号（如回车符）的控制，因此也把这种文件称为“流式文件”。

（3）按文件存取方式分类

按文件的存取方式，文件可以分为“顺序文件”和“随机文件”。

顺序文件的信息是按照顺序排列的，而且只提供第一条记录的存储位置，因此访问每一个数据只能从头开始访问，直到访问的数据是要处理的数据为止，即不能随机访问其中的任意一个数据。顺序文件的创建和读取简单，但访问速度慢且烦琐。

随机文件既可以从头到尾顺序访问每一个数据，也可以随机访问其中的任意一个数据。访问随机文件时就像根据数组下标存取对应的数组元素一样，只要利用系统函数将当前文件中的读写位置设置好，就可以单独对这个数据进行读写操作。使用随机文件的程序比顺序读取的程序复杂，但它是一种更快且更有用的访问方式。

（4）按文件数据的形式分类

按文件数据的形式，文件可以分为“源文件”“目标文件”“可执行文件”。

源文件：由源代码和数据构成的文件。

目标文件：源程序经过编译程序编译，但尚未连接成可执行代码的目标代码文件。

可执行文件：编译后的目标代码由链接程序连接后形成的可以运行的文件。

3．文件型指针

系统在内存中开辟一个缓冲区，用它来存放正在运行的与文件相关的信息，如文件名、文件状态等，这些信息保存在一个 FILE 类型的结构体变量中，以后对文件的操作都可通过这个 FILE 类型的结构体变量进行。

FILE 类型不需要用户自己定义，它是由系统事先定义的，固定包含在 C 语言的标准输入/输出头文件“stdio.h”中。

```
typedef struct {
    int _fd;                /*文件位置指针，即当前文件的读写位置*/
```

```
    int _cleft;          /*文件缓冲区中剩余的字节数*/
    int _mode;           /*文件操作模式*/
    char *nextc;         /*用于文件读写的下一个字符位置*/
    char *_buff;         /*文件缓冲区位置（指针）*/
} FILE;
```

对于编程设计者来说，在使用时只要定义一个 FILE 类型的指针变量，并让该指针指向已打开的文件，以后就可以通过该指针来访问文件了。其定义的一般形式如下：

FILE *文件型指针变量名;

其中，“文件型指针变量名”是用户选取的标识符。例如，FILE *filepointer;定义了一个 FILE 类型结构体的指针变量 filepointer。filepointer 未赋值以前，该指针没有指向任何文件；赋值后，通过 filepointer 即可访问实际的文件了。一个指针只能指向一个文件，如果程序中同时处理 ***n*** 个文件，必须定义 ***n*** 个指针变量（指向 FILE 类型结构体的指针变量），使它们分别指向 ***n*** 个文件（确切地说，是指向存放该文件信息的结构体变量）以实现对文件的访问。

11.2 文件的打开与关闭

文件的打开是指从磁盘文件中读取数据到内存。程序只能处理内存中的数据，因此必须把存放在磁盘上的数据先读取到内存。为此，C 语言规定文件必须先打开，后使用。打开文件时，系统会为该文件建立缓冲区，并将文件和缓冲区的信息写入 FILE 类型数据中，返回该文件的指针。

文件的关闭是指将内存中的数据存回到磁盘文件。修改文件中的数据后，还需要将内存中的数据保存到磁盘上，才能保证文件中的数据被修改。因此，C 语言规定使用完文件后必须将其关闭。关闭文件时，系统会先将缓冲区中的数据做相应处理（如写文件时，将缓冲区的数据写入文件，避免数据丢失），然后释放缓冲区，这时文件指针不再指向该文件。C 语言提供的文件打开和关闭函数是对非标准设备文件而言的，如磁盘文件。而标准设备文件由系统自动打开和关闭。

使用文件的一般步骤是：打开文件→操作文件→关闭文件。其中，操作文件是指对文件的读、写、追加和定位操作。

读操作：从文件中读出数据，即将文件中的数据读入计算机内存。

写操作：向文件中写入数据，即将计算机内存中的数据向文件输出。

追加操作：将新的数据写到原有数据的后面。

定位操作：移动文件读写位置指针。

11.2.1 文件的打开函数

函数原型如下：

FILE *fopen(char *filename, char *mode)

参数：filename 代表要打开文件的文件名；mode 代表打开文件的具体方式。mode 的含义如表 11.1 所示。

功能：按 mode 的“打开方式”，打开 filename 指定的文件，同时自动给该文件分配一个内存缓冲区。

返回值：能正确打开指定的文件，则返回一个指向 filename 的地址，该地址为打开文件所分配缓冲区的首地址。如果打开文件出现错误，返回值为“NULL”（NULL 在 stdio.h 文件中已被定义为 0）。

表 11.1　文件使用方式的取值及含义

mode	打开文件的具体方式	指定文件存在时	指定文件不存在时
r	读取（文本文件）	正常打开	出错
w	写入（文本文件）	文件原有内容丢失	创建新文件
a	追加（文本文件）	在文件原有内容末尾追加	创建新文件

例如，要打开一个文件，打开方式为只读，则程序代码如下：

```
FILE *fp;                              /*定义文件型指针*/
char filename[16];
…
printf("Input a filename:");
scanf("%s", filename);
if ((fp=fopen(filename, "r"))==NULL)   /*以只读方式打开一个文件*/
{
    printf("\n Can not open this file.");   /*打开文件出错的提示*/
    exit(0);                           /*关闭文件，终止程序运行*/
}
…                                      /*文件能正确打开，可对文件操作*/
```

由系统打开的 3 个标准文件 stdin、stdout 和 stderr，在使用的时候不需要调用 fopen 函数来打开，用户可以直接使用它们的文件指针进行操作。

11.2.2　文件的关闭函数

函数原型如下：

int fclose(FILE *fp)

参数：fp 是文件型指针，指向某个通过 fopen()函数打开的文件。

功能：关闭 fp 所指向的文件。

返回值：能正确关闭指定的文件，则返回 0，否则返回非 0。

例如：fclose(fp);

11.3　文件的读写

打开文件后，就可以对文件进行读写数据的操作。这些操作都是通过系统函数来完成的，文件读写的系统函数都包含在头文件“stdio.h”中。实际上对文件的处理过程就是对文件的输入/输出过程。

11.3.1　文件尾测试函数

读取文件中数据时，需要判断是否到达文件尾。系统提供的文件尾测试函数可以帮助用户判断是否到达文件尾。

函数原型如下：

int feof(FILE *fp)

参数：fp 是文件型指针。

功能：测试 fp 所指向的文件是否到达文件尾。

返回值：若当前是文件尾，返回非 0，否则返回 0。

在对文件中数据进行读操作时，都要事先利用该函数来判断。

11.3.2　文件的字符读/写函数

1．读字符函数

函数原型如下：

```
int fgetc(FILE *fp)
```

参数：fp 是文件型指针。

功能：从 fp 所指向的文件当前位置读取单个字符。

返回值：读字符成功，返回读取的单个字符，否则返回 EOF。

2．写字符函数

函数原型如下：

```
int fputc(char ch, FILE *fp)
```

参数：ch 是写到文件中的字符，它可以是字符型常量、字符型变量等；fp 是文件型指针。

功能：将 ch 中的字符写到 fp 所指向的文件的当前位置。

返回值：写字符成功，则返回刚写到文件中的字符，否则返回 EOF。

需要注意：EOF 是在头文件“stdio.h”中定义的符号常量，其值为-1，而 ASCII 码中没有-1，因此用 EOF 作为文件结束标志。

例 11.1　从键盘输入 6 个字符写入 f 盘根目录下名为“char.txt”的文本文件中，以每行一个字符的形式，并且读取前 4 个字符输出到屏幕上。

问题分析与程序思路：

本题主要让大家熟悉文件读写函数的使用。首先根据问题建立文本文件，然后按照要求编写程序。

程序代码如下：

```
#indude <sdtlib.h>
#include "stdio.h"
int main() {
    FILE *fp;
    int i;
    char ch;
    if((fp=fopen("f:\\char.txt","w"))==NULL){              /*以只写方式打开一个文本文件*/
        printf("File can not open!\n");
        exit(0);
    }
    for(i=0;i<6;i++) {
        ch=fgetchar();                  /*从键盘输入一个字符存入变量 ch*/
        fputc(ch,fp);                   /*将 ch 中字符写到 fp 指向的文件中*/
        fputc('\n',fp);                 /*将换行符写到 fp 指向的文件中*/
    }
    fclose(fp);
    if((fp=fopen("f:\\char.txt","r"))==NULL) {
        printf("File can not open!\n");
    }
    for(i=0;i<8;i++) {
        if(feof(fp)) break;             /*如果是文件尾，则退出循环*/
        ch=fgetc(fp);                   /*从文件中读取一个字符*/
        if(ch!=10){                     /*10 是回车符的 ASCII 码值*/
```

```
                putchar(ch);            /*将读取的字符送到屏幕上*/
            }
            printf("\n");
        }
        fclose(fp);                     /*关闭 fp 所指向的文件*/
        return 0;
}
```

程序输入和运行结果如下所示。

```
abcdef
a
b
c
d
```

生成的文本如下所示。

```
a
b
c
d
e
f
```

11.3.3　文件的字符串读/写函数

1．读字符串函数

函数原型如下：

char *fgets(char *str, int num, FILE *fp)

参数：str 是字符型指针；num 是整型；fp 是文件型指针。

功能：从 fp 所指向的文件当前位置读取 *n*−1 个字符。

返回值：读字符串成功，返回 str 对应的地址，否则返回 NULL（其值为 0）。

2．写字符串函数

函数原型如下：

int *fputs(char *str, FILE *fp)

参数：str 是字符型指针；fp 是文件型指针。

功能：将 str 指向的一个字符串舍去结束标志'\0'后，写入 fp 所指向的文件中。

返回值：写字符串成功，返回写入文件的实际字符数，否则返回 EOF。

11.3.4　文件的数据块读/写函数

fgetc()和 fputc()函数主要用于处理文本文件，也可以处理二进制文件。对文本文件，读取的是单个字符；对二进制文件，读取的是一个字节。fputs()和 fgets()函数只能处理文本文件，一次读出或写入一个字符串。但是许多程序常常要求一次读出或写入一组数据（例如，一个实数或一个结构体变量的值），于是 ANSI C 标准提出设置两个函数 fread 和 fwrite 用来读和写一个数据块。

1．读数据块函数

函数原型如下：

int fread(char *buffer, unsigned size, unsigned count, FILE *fp)

参数：buffer 是字符型指针，它用来读入数据的存储首地址；size 是读取的数据所占用的字节总数；count 是读取的数据（注意是 size 个字节）的个数；fp 是文件型指针。

功能：从 fp 所指向文件的当前位置读取 count 次数据，每次数据的字节数为 size，存入 buf 指定的内存区。

返回值：读数据块成功，返回 count 值，否则返回 NULL（其值为 0）。

2．写数据块函数

函数原型如下：

```
int fwrite(char *buf, unsigned size, unsigned count, FILE *fp)
```

参数：buf 是字符型指针，它用来输出数据的首地址；size 代表写入文件的每个数据所占用的字节总数；count 代表写入文件的数据个数（注意每个数据是 size 个字节）；fp 是文件型指针，它指向通过 fopen()函数获得的、已打开的可写文件。

功能：从 buf 为首地址的内存中取出 count 个数据（每个数据的字节数为 size）写入 fp 指向的文件。

返回值：写数据块成功，返回 count 的值，否则返回 NULL（其值为 0）。

11.3.5 文件的格式读/写函数

1．格式读数据函数

函数原型如下：

```
int fscanf(FILE *fp,格式控制,输入列表)
```

参数：fp 是文件型指针；格式控制是常量字符串；输入列表是指向变量的指针变量。

功能：从 fp 指向的文件中按照 format 指定格式，读取 *n* 个数据并依次存入输入列表中。

返回值：读格式数据成功，返回读取数据的数量，否则返回 EOF。

2．格式写数据函数

函数原型如下：

```
int fprintf(FILE *fp,格式控制,输出列表)
```

参数：fp 是文件型指针，它指向通过 fopen()函数获得的、已打开的可写文件；格式控制是常量字符串。

功能：将输出列表中的各个变量或常量依次按格式控制符说明的格式，写入 fp 指向的文件。该函数调用的返回值是实际输出的字符。

返回值：写格式数据成功，返回写入文件的表达式数量，否则返回 EOF。

11.4 文件定位

11.4.1 文件头定位函数

当读取了文件中若干数据后，又想要从头读取数据，这时就需要将文件内部指针重新指向文件头。系统提供的文件头定位函数可以在任何时候将文件内部指针指向文件头。

函数原型如下：

```
void rewind(FILE *fp)
```

参数说明：fp 是文件型指针，它指向通过 fopen( )函数获得的、已打开的文件。

功能：将 fp 所指向文件的读写指针重新指向文件的开头位置，并使 feof 函数的值恢复为 0（假）。

返回值：无。

例 11.2 将 f 盘当前目录下名为 char.txt 的文本复制到 e 盘根目录下，文件名相同，然后在屏幕上显示这个文件的内容。

问题分析与程序思路：

本题主要让大家熟悉文件头定位函数 rewind( )的使用。首先根据问题建立文本文件，然后按照要求编写程序。

程序代码如下：

```
#include<sdtlib.h>
#include "stdio.h"
int main() {
    FILE *fp1,*fp2;
    char ch;
    char *fname1="f:\\char.txt",*fname2="e:\\char.txt";
    if((fp1=fopen(fname1,"r"))==NULL) {          /*以只读方式打开一个文本文件*/
        printf("file cannot open!\n");
        exit(0);
    }
    if((fp2=fopen(fname2,"w"))==NULL) {          /*以只写方式打开一个文本文件*/
        printf("file cannot open!\n");
        exit(0);
    }
    while(!feof(fp1)) {             /*fp1 指向的文件不是文件尾则循环*/
        ch=fgetc(fp1);              /*从 fp1 指向的文件中读取 1 个字符存入 ch*/
        fputc(ch,fp2);              /*将 ch 中 1 个字符数据写到 fp2 指向的文件中*/
    }
    fclose(fp2);                    /*关闭 fp2 所指向的文件*/
    rewind(fp1);                    /*将 fp1 指向的文件内部指针指向文件头*/
    while(!feof(fp1))               /*输出 fp1 指向的源文件内容*/
        putchar(fgetc(fp1));
    fclose(fp1);                    /*关闭 fp1 所指向的文件*/
    return 0;
}
```

本程序中使用了文件头定位函数 rewind( )，在语句 rewind(fpl);前，复制文件需要依次读取 fp1 所指向的源文件，使得 fp1 指向的文件内部指针指向了文件尾。为了再次从头读取该文件内容去显示，必须先将已指向文件尾的内部文件指针重新指向文件头。

11.4.2 改变文件位置指针函数

函数原型如下：

```
fseek(FILE *fp,long offset,int position)
```

参数说明：fp 是文件型指针；offset 表示位移量，指从起始点 position 到要确定的新位置的字节数；position 为起始点。

功能：将文件 fp 的读写位置指针移到离起始位置（position）offset 字节的位置。

返回值：如果函数读写指针移动失败，返回值为−1。

例如：

```
fseek(fp,30L,0);          /*将位置指针移到距文件头起始点的第 30 字节处*/
fseek(fp,50L,1);          /*将位置指针从当前位置向前（文件尾方向）移动 50 字节*/
fseek(fp,-10L,2);         /*将位置指针从文件末尾向后（文件头方向）移动 10 字节*/
```

11.5 综合应用实例

例 11.3 编写一个统计文本文件中字符个数的程序。

问题分析与程序思路：

本题主要让大家熟悉文件的字符读写函数和文件尾测试函数的使用。首先根据问题建立文本文件，然后按照要求编写程序。

程序代码如下：

```
#include<sdtlib.h>
#include "stdio.h"
int main() {
    FILE *fp;
    int n=0;
    char ch;
    if((fp=fopen("f:\\string.txt","r"))==NULL){          /*设文本文件为 string.txt */
        printf("cannot open infile\n");
        exit(0);
    }
    do{
        ch=fgetc(fp);
        n++;
    }while(!feof(fp));
    printf("the number of char = %d\n",n);
    fclose(fp);
    return 0;
}
```

程序运行的结果如下：

```
the number of char =15
```

例 11.4 编写一个统计文本文件中行数的程序。

问题分析与程序思路：

本题主要让大家熟悉文件的读写函数使用。首先根据问题建立文本文件，然后按照要求编写程序。

```
#include<sdtlib.h>
#include "stdio.h"
int main() {
    FILE *fp;
    int n=0;
    char ch;
    if((fp=fopen("f:\\char.txt","r"))==NULL){          /*设文本文件为 char.txt */
        printf("cannot open infile\n");
        exit(0);
    }
    do{
        ch=fgetc(fp);
        if(ch=='\n') n++;
    }while(!feof(fp));
    printf("the number of rows = %d\n",n);
    fclose(fp);
    return 0;
}
```

程序运行的结果如下：

```
the number of rows=6
```

例 11.5　编写一个程序判断任意给定的两个 ASCII 文件是否相等。

问题分析与程序思路：

本题主要让大家熟悉与文件相关函数的使用。首先根据问题建立文本文件，然后按照要求编写程序。

```
#include<sdtlib.h>
#include "stdio.h"
int main() {
    FILE *fp1,*fp2;
    int f=1;                /*f 作为是否相等的标志，预设为相等*/
    char ch1,ch2;
    if((fp1=fopen("f:\\char.txt","r"))==NULL){            /*设第 1 个 ASCII 文件为 char.txt */
        printf("cannot open file\n");
        exit(0);
    }
    if((fp2=fopen("f:\\string.txt","r"))==NULL){          /*设第 2 个 ASCII 文件为 string.txt */
        printf("cannot open file\n");
        exit(0);
}
    do{
        ch1=fgetc(fp1);
        ch2=fgetc(fp2);
        if(ch1!=ch2) f=0;                /*有不相等字符时，将标志置为假*/
    }while(f&&!feof(fp1)&&!feof(fp2));
    if(f&&!feof(fp1)&&!feof(fp2))
        printf("The files are equal. \n");
    else
        printf("The files are not equal. \n");
    fclose(fp1);
    fclose(fp2);
    return 0;
}
```

11.6　智能算法能力拓展

例 11.6　使用 KNN 解决手写数字分类问题，要求使用结构体和文件形式进行数据表示及输入、输出。

问题分析与程序思路：

通过将手写数字图进行分割，得到二进制序列化，然后必须将图像格式化处理为一个向量，将原始 32×32 二进制图像转换成为 1×1024 的向量。

11.7　习题

一、程序分析题

1. 读程序，并写出下列程序的功能。

```
# include "stdio.h"
int main() {
    FILE *f1,*f2;
    int k;
    char c1,c2;
    if ((f1=fopen("c:\tc\p1.c","r"))==NULL) {
```

```
        printf("file can not open!\n");
    exit(0);
    }
    if ((f2=fopen("a:\p1.c","w"))==NULL) {
        printf("file can not open!\n");
        exit(0);
    }
    for(k=1;k<=1000;k++) {
        if(feof(f1)) break;
        fputc(fgetc(f1),f2);
    }
    fclose(fp1);
    fclose(fp2);
    return 0;
}
```

2. 假定在当前盘的当前目录下有两个文本文件，其名称和内容如下。

文件名	a1.txt	a2.txt
内容	121314#	252627#

写出下列程序运行后的输出结果。

```
# include "stdio.h"
int main() {
    FILE *fp;
    void fc();
    if ((fp=fopen("a1.txt","r"))==NULL) {
        printf("file can not open!\n");
        exit(0);
    }
    else {
        fc(fp);
        fclose(fp);
    }
    if ((fp=fopen("a2.txt","r"))==NULL) {
        printf("file can not open!\n");
        exit(0);
    }
    else {
        fc(fp);
        fclose(fp);
    }
    return 0;
}
void fc(FILE fp1){
    char c;
    while((c=fgetc(fp1))!='#')
        putchar(c);
}
```

二、编程题

1. 编写程序，实现从键盘输入200个字符，存入名为“f1.txt”的磁盘文件中。

2. 编写程序，实现从CCW.txt文本文件中读出每一个字符，将其加密后写入CCW1.txt文件中（加密的方法是每个字节的内容减10）。

3. 编写程序，实现将一个磁盘文件1的内容复制到另一个磁盘文件2中，即模仿copy命令的功能。

4. 编写程序，用于显示指定的文本文件的内容，每20行暂停一下。

5. 编写程序，实现从键盘输入一行字符串，将其中的小写字母全部转换成大写字母，然后输出到一个磁盘文件“test”中保存。

第12章 人工智能经典算法

本章主要介绍几个经典的人工智能算法，以便读者通过学习人工智能算法的具体知识来进一步培养计算思维能力，提高复杂问题求解能力。

12.1 概述

人工智能（Artificial Intelligence）作为计算机科学的一个分支出现于 20 世纪 50 年代，它被用以试图了解智能的实质，并生产出一种新的能以人类智能相似的方式做出反应的智能机器，该领域的研究包括机器人、语言识别、图像识别、自然语言处理和专家系统等。人工智能从诞生以来，其相关理论和技术日益成熟，当前的人工智能不再依赖于基于符号知识表示和程序推理机制，而是建立在新的基础上，即机器学习（Machine Learning）。当今人工智能领域的大多数人工智能应用程序都是基于机器学习。

按照模型训练方式不同，机器学习算法分为监督学习（Supervised Learning）、无监督学习（Unsupervised Learning）、半监督学习（Semi-supervised Learning，SSL）、深度学习（Deep Learning）和强化学习（Reinforcement Learning）四大类。

1．监督学习

监督学习就是利用已知的训练数据集去训练学习得到一个模型，使模型能够具有对其他未知数据进行分类的能力，也就是可以利用这个模型将任意给定的输入（测试样本集）映射为相应的输出，对输出进行判断以实现分类的目的。常见的监督学习类算法包括以下几个。

（1）人工神经网络（Artificial Neural Network）算法。

（2）朴素贝叶斯（Naive Bayes）算法。

（3）决策树（Decision Tree）算法。

（4）线性分类器（Linear Classifier）算法。

2．无监督学习

无监督学习是事先没有给定任何已标记过的训练样本，而需要直接对数据进行建模以寻找数据的模型和规律，实现分类或分群。例如，聚类算法能针对数据集自动找出数据中的结构，从而把数据分成不同的簇。显然，有无预期输出是监督学习与非监督学习的区别。常见的无监督学习类算法包括以下几个。

（1）人工神经网络算法。

（2）关联规则学习（Association Rule Learning）算法。

（3）分层聚类（Hierarchical Clustering）算法。

（4）聚类分析（Cluster Analysis）算法。

（5）异常检测（Anomaly Detection）算法。

3．半监督学习

半监督学习是监督学习与无监督学习相结合的一种学习方法。半监督学习使用大量的未标记数据，以及同时使用标记数据来进行模式识别工作。当使用半监督学习时，将会要求尽量少的人员来从事工作，同时又能够带来比较高的准确性，因此，半监督学习正越来越受到人们的重视。常见的半监督学习类算法包括以下几个。

（1）生成式模型（Generative Model）算法。

（2）低密度分割（Low-density Separation）算法。

（3）转导支持向量机（Transductive Support Vector Machines）算法。

（4）先聚类后标注（Cluster and then Label）算法。

（5）基于图的方法（Graph-based Approach）算法。

（6）协同训练（Co-training）算法。

4．深度学习和强化学习

深度学习和强化学习首先都是自主学习系统。深度学习是从训练集中学习，然后将学习到的知识应用于新数据集，是一种静态学习，而强化学习是通过连续的反馈来调整自身的动作以获得最优结果，是一种不断试错的过程，这是动态学习。有一点需要注意，深度学习和强化学习并不是相互排斥的概念。事实上，我们可以在强化学习系统中使用深度学习，这就是深度强化学习。

常见的深度学习类算法包括以下几个。

（1）深度信念网络（Deep Belief Networks）算法。

（2）深度卷积神经网络（Deep Convolutional Neural Networks）算法。

（3）深度递归神经网络（Deep Recurrent Neural Networks）算法。

（4）分层时间记忆（Hierarchical Temporal Memory，HTM）算法。

（5）深度波尔兹曼机（Deep Boltzmann Machine，DBM）算法。

（6）栈式自动编码器（Stacked Autoencoder）算法。

（7）生成对抗网络（Generative Adversarial Networks）算法。

常见的强化学习类算法包括以下几个。

（1）Q 学习（Q-learning）算法。

（2）SARSA（State-Action-Reward-State-Action）算法。

（3）DQN（Deep Q Network）算法。

（4）策略梯度（Policy Gradients）算法。

（5）基于模型强化学习（Model-based Reinforcement Learning）算法。

（6）时序差分学习（Temporal Difference Learning）算法。

12.2 K-Means 聚类算法

12.2.1 问题背景与知识简介

1．聚类思想

在自然科学和社会科学中，存在着大量的分类问题。“类”是指相似元素的集合。聚类算法是指将一堆没有标签的数据自动划分成几类的方法，它属于无监督学习方法，这个方法需要保证同一类的数据有相似的特征。

聚类具有非常广泛的实际应用需求和场景，例如，市场细分（Market Segmentation）、社交网络分析（Social Network Analysis）、集群计算（Organize Computing Clusters）、天体数据分析（Astronomical Data Analysis）等。

聚类与分类最大的区别在于，聚类过程为无监督过程，即待处理数据对象没有任何先验知识；分类过程为有监督过程，即存在先验知识的训练数据集。

2．K-Means 聚类算法

K-Means 聚类（K-Means Clustering）算法又称为 K-均值算法，它是一种原理简单、功能强大且应用广泛的无监督机器学习技术。其中，K 代表类簇个数，Means 代表类簇内数据对象的均值

（这种均值是一种对类簇中心的描述，类簇中心也称为质心），也就是每个簇的均值向量，即向量各维取平均值即可。K-Means 算法以距离作为数据对象间相似性度量的标准，即数据对象间的距离越小，则它们的相似性越高，它们就越有可能属于同一个类簇。该算法认为簇是由距离靠近的对象组成的，因此把得到紧凑且独立的簇作为最终目标。数据对象间距离的计算有很多种，K-Means 算法通常采用欧式距离来计算数据对象间的距离。

K-Means 的优点：

（1）原理比较简单，实现也很容易，收敛速度快。

（2）当结果簇是密集的，而簇与簇之间区别明显时，它的效果较好。

（3）主要需要调整的参数仅仅是簇数 K。

K-Means 的缺点：

（1）K 值需要预先给定，很多情况下 K 值的估计是非常困难的。

（2）K-Means 算法对初始选取的质心点是敏感的，不同的随机种子点得到的聚类结果完全不同，对结果影响很大。

（3）对噪声和异常点比较敏感，可用来检测异常值。

（4）采用迭代方法，可能只能得到局部的最优解，而无法得到全局的最优解。

12.2.2 数学原理与算法

1．数学原理

K-Means 算法的思想很简单，即对于给定的样本集，其按照样本之间的距离大小，将样本集划分为 k 个簇，让簇内的点尽量紧密地连在一起，而让簇间距离尽量大。若用数学表达式表示，可假设簇划分为 $(C_1,C_2,\cdots,C_k)$，则 K-Means 的目标是最小化平方误差 E。E 的表达式为：

$$E=\sum_{i=1}^{k}\sum_{x\in C_i}\|x-\mu_i\|^2$$

其中，μ_i 是簇 C_i 的均值向量，有时也称为质心，其表达式为：

$$\mu_i=\frac{1}{|C_i|}\sum_{x\in C_i}x$$

如果直接求上式的最小值并不容易，这是一个 NP 难的问题（即需要超多项式时间才能求解的问题），因此只能采用启发式的迭代方法。K-Means 采用的启发式方法很简单，如图 12.1 所示，给出了形象的描述。

在图 12.1 中，图 12.1（a）表达了初始的数据集，假设 k=2。

在图 12.1（b）中，我们随机选择了两个类所对应的类别质心，然后分别求样本中所有点到这两个质心的距离，并标记每个样本的类别为与该样本距离最小质心的类别，如图 12.1（c）所示。

在图 12.1（c）中，经过计算样本与两质心的距离，我们得到了所有样本点的第一轮迭代后的类别。

在图 12.1（d）中，我们对当前标记为深色和浅色的点分别求其新的质心，新质心的位置已经发生了变动。

在图 12.1（e）和图 12.1（f）中，重复了我们在图 12.1（c）和图 12.1（d）的处理过程，即将所有点的类别标记为距离最近质心的类别并求新的质心。最终我们得到的两个类别如图 12.1（f）所示。

K-Means 算法流程如图 12.2 所示。

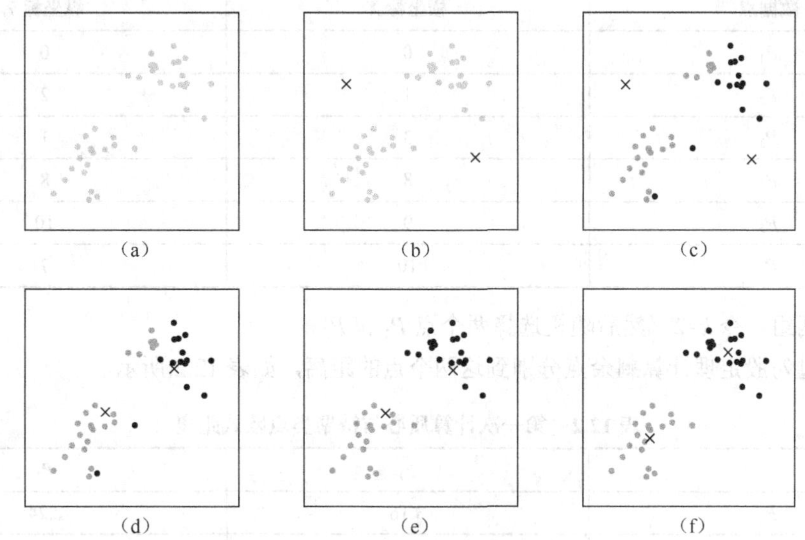

图 12.1　K-Means 算法聚类过程

（1）读入待分类数据后，确定一个 k 值，即希望将数据集经过聚类得到 k 个集合，并从数据集中随机选择 k 个数据点作为质心。

（2）对数据集中的每一个数据点，计算其与每一个质心的距离（如欧式距离），离哪个质心近就划分到那个质心所属的集合。

（3）把所有数据聚类后，一共有 k 个集合，然后重新计算每个集合的质心。

（4）如果新计算出来的质心和原来质心之间的距离小于某一个设置的阈值（表示重新计算的质心位置变化不大，趋于稳定或者说收敛），我们可以认为聚类已经达到期望的结果，算法终止。

（5）如果新质心和原质心距离变化很大，需要迭代第（2）步～第（4）步。这个过程将不断重复，直到满足某个终止条件。终止条件可以是以下任意一个。

① 没有（或最小数量）对象被重新分配给不同的聚类。

② 没有（或最小数量）聚类中心再发生变化。

③ 误差平方和局部最小。

在得到的相互分离球状聚类中，均值点趋向收敛于聚类中心。一般，我们会希望得到的聚类大小大致相当，这样把每个观测都分配到离它最近的聚类中心（即均值点）就是比较正确的分配方案。

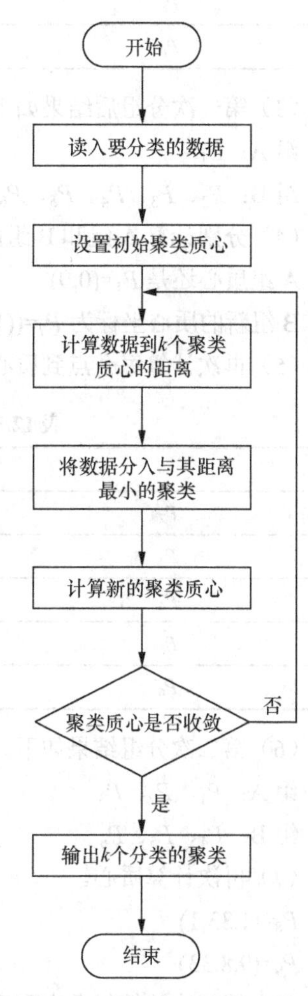

图 12.2　K-Means 算法流程

2．算法实例

假设坐标系中有 6 个点，数据点坐标如表 12.1 所示。

表 12.1　数据点坐标

数据点	横坐标 X	纵坐标 Y
P_1	0	0
P_2	1	2
P_3	3	1
P_4	8	8
P_5	9	10
P_6	10	7

（1）分两组，令 $k=2$，然后随机选择两个点 P_1 和 P_2。

（2）通过勾股定理计算剩余点分别到这两个点的距离，如表 12.2 所示。

表 12.2　第一次计算质心与待聚类点欧式距离

	P_1	P_2
P_3	3.16	2.24
P_4	11.3	9.22
P_5	13.5	11.3
P_6	12.2	10.3

（3）第一次分组后结果如下。

组 A：P_1

组 B：P_2、P_3、P_4、P_5、P_6

（4）分别计算 A 组和 B 组的质心。

A 组质心还是 $P_1=(0,0)$

B 组新的质心坐标为 $P_7=((1+3+8+9+10)/5,(2+1+8+10+7)/5)=(6.2,5.6)$

（5）再次计算每个点到质心的距离，如表 12.3 所示。

表 12.3　第二次计算新的质心与待聚类点欧式距离

	P_1	P_7
P_2	2.24	6.3246
P_3	3.16	5.6036
P_4	11.3	3
P_5	13.5	5.2154
P_6	12.2	4.0497

（6）第二次分组结果如下。

组 A：P_1、P_2、P_3

组 B：P_4、P_5、P_6

（7）再次计算质心。

$P_8=(1.33,1)$

$P_9=(9,8.33)$

（8）第三次计算每个点到质心的距离，如表 12.4 所示。

表 12.4　第三次计算新的质心与待聚类点欧式距离

	P_8	P_9
P_1	1.4	12
P_2	0.6	10
P_3	1.4	9.5
P_4	47	1.1
P_5	70	1.7
P_6	56	1.7

（9）第三次分组结果如下。

组 A：P_1、P_2、P_3

组 B：P_4、P_5、P_6

可以发现，第三次分组结果与第二次分组结果一致，说明已经收敛，聚类结束。

3．算法实现

（1）主要数据结构如下。

① 为简化问题，将类簇个数 k 定义为常量，取值为 3。

② 将数据点坐标定义为 Point 型结构体。

```
typedef struct{
    float x;
    float y;
}Point;
```

③ 数据集为 Point 型结构体数组，该数组包含 11 个点坐标。

```
Point point[N] = {
    { 2.0, 10.0}, { 2.0, 5.0 }, { 8.0, 4.0 },
    { 5.0, 8.0 }, { 7.0, 5.0 }, { 6.0, 4.0 },
    { 1.0, 2.0 }, { 4.0, 9.0 }, { 7.0, 3.0 },
    { 1.0, 3.0 }, { 3.0, 9.0 }
};
```

④ 将 k 个类簇中心定义为 Point 型一维数组类簇质心。

```
Point mean[k];
```

（2）模块结构与算法。

在程序设计上，基于模块化编程思想对计算任务和功能进行抽象，将较复杂的问题分解为 4 个函数模块：cluster()函数、getMean()函数、getE()函数和 getDistance()函数，如图 12.3 所示。函数原型如下：

① void cluster();：K-Means 聚类。

② void getMean(int center[N]);：计算聚类质心。

③ float getE();：计算聚类误差。

④ float getDistance(Point point1, Point point2);：计算欧式距离。

在 main()函数中分别调用 cluster()函数、getMean()函数和 getE()函数实现 K-Means 聚类分析、聚类质心计算和聚类误差矫正，在 cluster()函数和 getE()函数中调用 getDistance()函数实现欧式距离计算。在 main()函数中经过多次聚类迭代后，使迭代误差在一定阈值范围内终止迭代过程，最终完成聚类计算。

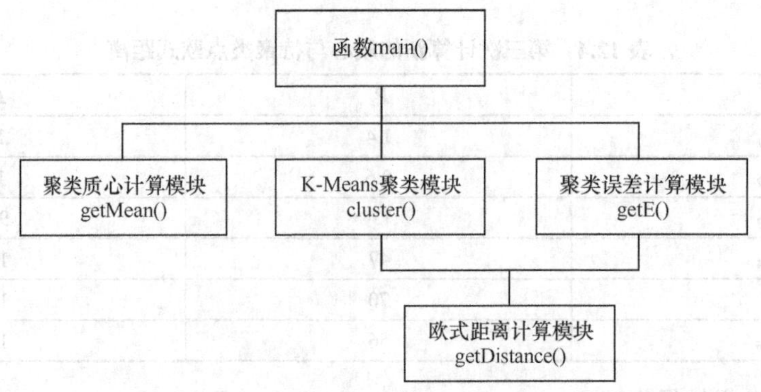

图 12.3　K-Means 聚类算法模块结构图

12.2.3　应用领域与拓展学习

1．细节讨论

（1）K 值怎么定？

答：分几类主要取决于个人的经验与感觉，通常的做法是多尝试几个 K 值，看分成几类的结果更好解释，更符合分析目的等。或者可以把各种 K 值算出的 E 做比较，取最小 E 的 K 值。

（2）初始的 K 个质心怎么选？

答：最常用的方法是随机选，初始质心的选取对最终聚类结果有影响，因此算法一定要多执行几次，哪个结果更合理，就用哪个结果。当然也有一些优化的方法，第一种是选择彼此距离最远的点，具体来说就是先选第一个点，然后选离第一个点最远的当第二个点，再选第三个点，第三个点到第一、第二两点的距离之和最小，依此类推。第二种是先根据其他聚类算法（如层次聚类）得到聚类结果，从结果中每个分类选一个点。

（3）什么是离群值？

答：离群值就是远离整体的，非常异常、特殊的数据点，在聚类之前应该将这些“极大”“极小”之类的离群数据都去掉，否则会对聚类的结果有影响。但是，离群值往往自身就很有分析的价值，我们可以把离群值单独作为一类来分析。

（4）单位要一致。

答：例如 X 的单位是米，Y 的单位也是米，那么算出来的距离单位还是米，是有意义的。但是如果 X 是米，Y 是吨，用距离公式计算就会出现“米的平方”加上“吨的平方”再开平方，最后算出的结果没有数学意义，这就有问题了。

（5）标准化。

答：如果数据中 X 整体都比较小（比如都是 1～10 的数），Y 很大（比如都是 1000 以上的数），那么，在计算距离的时候 Y 起到的作用就比 X 大很多，X 对于距离的影响几乎可以忽略，这也有问题。因此，如果 K-Means 聚类中选择欧几里得距离计算距离，数据集又出现了上面所述的情况，就一定要进行数据的标准化（Normalization），即将数据按比例缩放，使之落入一个小的特定区间。

2．算法改进

为克服 K-Means 算法的缺点，以下简要介绍 3 种改进方法：K-Means++、ISODATA 和 Kernel K-Means。首先需要明确的是这 4 种算法都属于“硬聚类”算法，即数据集中每一个样本都是被 100%确定地分到某一个类别中。与之相对的“软聚类”可以理解为每个样本是以一定的概率被分到某一个类别中。

（1）K-Means 与 K-Means++：原始 K-Means 算法最开始随机选取数据集中 k 个点作为聚类中心，而 K-Means++按照如下的思想选取 k 个聚类中心，即假设已经选取了 n 个初始聚类中心（$0<n<k$），则在选取第 $n+1$ 个聚类中心时，距离当前 n 个聚类中心越远的点会有更高的概率被选为第 $n+1$ 个聚类中心，在选取第一个聚类中心（$n=1$）时同样通过随机的方法。可以说，这也符合我们的直觉：聚类中心当然是互相离得越远越好。这个改进虽然直观简单，但是却非常有效。

（2）K-Means 与 ISODATA：在 K-Means 中，k 的值需要预先人为地确定，并且在整个算法过程中无法更改。而当遇到高维度、海量的数据集时，人们往往很难准确地估计出 k 的大小。ISODATA（迭代自组织数据分析法）就是针对这个问题进行了改进，它的思想也很直观：当属于某个类别的样本数过少时把这个类别去除，当属于某个类别的样本数过多、分散程度较大时把这个类别分为两个子类别。

（3）K-Means 与 Kernel K-Means：传统 K-Means 采用欧式距离进行样本间的相似度度量，显然并不是所有的数据集都适用于这种度量方式。参照支持向量机中核函数的思想，将所有样本映射到另外一个特征空间中再进行聚类，就有可能改善聚类效果。这里不对 Kernel K-Means 进行详细介绍。

可以看到，上述 3 种针对 K-Means 的改进分别是从不同角度出发的，因此都非常具有代表意义。目前应用广泛的应该还是 K-Means++算法。

3．应用领域

K-Means 算法通常可以应用于维数、数值都很小且连续的数据集，如从随机分布的事物集合中将相同事物进行分组。K-Means 算法的应用场景也较为广泛，如文档分类器、物品传输优化、识别犯罪地点、客户分类、球队状态分析、保险欺诈检测、乘车数据分析、网络分析犯罪分子、呼叫记录详细分析、IT 警报的自动化聚类等。

12.3 K 最近邻算法

12.3.1 问题背景与知识简介

KNN（K-Nearest Neighbor）算法是监督学习中最基本的机器学习方法，是一种用于分类、回归、预测的非参数统计方法。通过找出一个样本的 k 个最近邻居决定该样本的分类，将同一类别中最近邻居的属性赋予该样本，就可以得到该样本的属性。该算法不会对基础的数据进行修改，在其训练阶段仅存储数据集，在分类时对数据集进行操作。KNN 算法具有易于实现、鲁棒性好、在大数据情况下性能良好等特点，因此被广泛应用于模式识别和数据挖掘的各个领域，如文本分类、网络入侵检测、图像处理等。

12.3.2 数学原理与算法

1．数学原理

KNN 算法的分类原理依据模式识别“空间分布中属性相同相互邻近”这一思想，获取待判断未知样本与 k 个最近邻中已知样本之间的距离。算法的核心思想是：如果一个样本在特征空间中 k 个最近样本（特征空间中最邻近）的大多数属于某一个类别，则该样本也属于这个类别，并具有这个类别上样本的特性。即给定一个训练数据集，在训练数据集中找到与新的输入实例最邻近

的 k 个实例，这 k 个实例的大多数属于某个类，就把该输入实例分到这个类中。

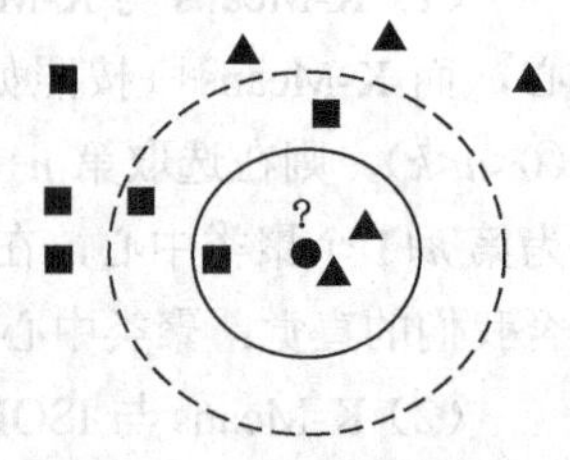

图 12.4 KNN 原理示意图

KNN 算法所选择的“邻居”都是已经正确分类的对象，其分类决策只根据最邻近的一个或者多个样本数据的类别决定出待分类样本所属于的类别。图 12.4 所示有两类不同的样本数据，分别用正方形和三角形表示，而正中间的那个圆形所代表的数据则是待分类的数据。也就是说，现在不知道中间那个圆形数据是属于正方形一类还是属于三角形一类。分类要解决的问题就是：给这个圆形划分类别，判定它属于正方形一类或者是三角形一类。

要判断图 12.4 中这个圆形是属于哪一类数据，可以从它的“邻居”出发，根据圆形最近邻的几个样本数据来判断出圆形所属的类别。但一次性考虑多少个“邻居”呢？这就涉及 k 的取值了。从图 12.4 中，还可以看到以下几点。

当 $k=3$ 时，圆形最近的 3 个邻居是 2 个三角形和 1 个正方形，那么，基于 KNN 的思想，判定圆形这个待分类点属于三角形一类。

当 $k=5$ 时，圆形最近的 5 个邻居是 2 个三角形和 3 个正方形，那么，基于 KNN 的思想，判定圆形这个待分类点属于正方形一类。

以上就是对 KNN 分类原理的一个直观描述，也说明 k 值的选择直接影响分类的准确性，结果的准确与否很大程度取决于 k 值选择的好坏。由此可见，当无法判定当前待分类点是从属于已知分类中的哪一类时，可以依据统计学的理论看待分类点所处的位置特征，衡量待分类点周围“邻居”的分布，而把待分类点分配到近邻数量更多的那一类，这就是 KNN 算法的核心思想。可以说，k 值的选择、距离度量和分类决策规则对 KNN 算法的结果有相当重要的影响。

KNN 算法实施步骤如下。

Step1：选择合适的 k 值。

Step2：计算各个测试数据和训练数据的距离。

KNN 算法中使用闵可夫斯基距离来计算样本之间的距离。设 P 点的坐标为 $P=(x_1,x_2,\cdots,x_n)$，Q 点的坐标为 $Q=y_1,y_2,\cdots,y_n$，则两点之间的闵可夫斯基距离为：

$$L_p(x_i-y_i)=\left(\sum_{i=1}^{k}(|x_i-y_i|^p)\right)^{\frac{1}{p}} \quad p\geqslant 1 \tag{12.1}$$

当 $p=1$ 时，为曼哈顿距离：

$$L_1\left(x_i-y_i\right)=\sum_{i=1}^{k}\left|x_i-y_i\right| \tag{12.2}$$

当 $p=2$ 时，为欧式距离：

$$L_2(x_i-y_i)=\left(\sum_{i=1}^{k}(|x_i-y_i|^2)\right)^{\frac{1}{2}} \tag{12.3}$$

Step3：按照距离递增次序排列。

Step4：选取与当前点距离最小的 k 个邻居。

Step5：在这 k 个“邻居”中计算每个类别数据点的概率大小。

Step6：将新的数据点分配给该类别最大的邻居数，完成数据的分类预测。

KNN 算法流程图如图 12.5 所示。

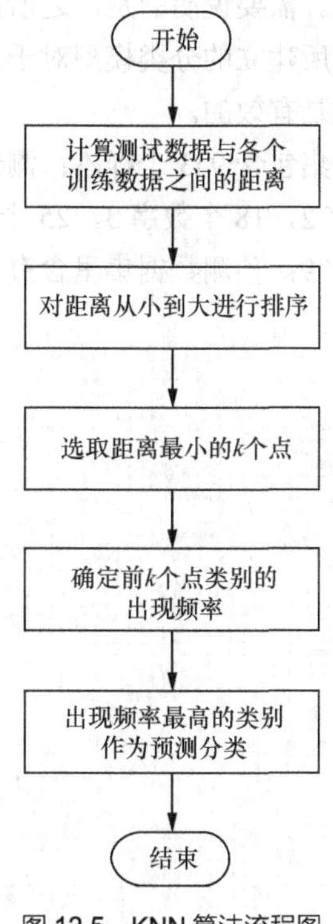

图 12.5　KNN 算法流程图

2．算法实例

下面用 KNN 解决手写数字分类问题。图 12.6 是一张手写数字图。我们通过将图分割，将每张图序列化，对手写图片进行分类。

为了能使用 KNN 分类算法，必须将图像格式化处理为一个向量。将原始 32×32 的二进制图像转换成为 1×1024 的向量。经过转换后的向量图如图 12.7 所示。

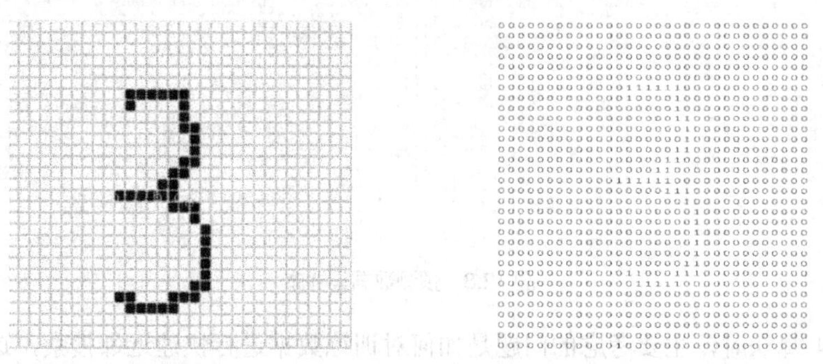

图 12.6　手写数字“3”的原始图　　图 12.7　手写数字“3”的向量图

在建立分类模型之前，需要将给定的数据集随机分为训练数据集和测试数据集两个部分。在分类模型建立阶段，通过分析训练数据集中属于每个类别的样本，使用分类算法建立一个模型相对应的类别进行概念描述。在建立好分类模型之后，我们还需要在测试数据集上对分类模型的有效性进行测试，此时通常使用分类精度作为评价标准。对于测试数据集上的每个样本，如果通过已建立的分类模型预测出来的类别与其真实的类别相同，那么说明分类正确，否则说明分类错误。

如果测试数据集上所有样本的平均分类精度可以接受，那么在分类决策阶段就可以使用该模型对未知类别的待分类样本进行类别预测。需要说明的是，之所以使用不同于训练数据集的样本作为测试数据集，是因为基于训练数据集所建立的分类模型对于自身样本的评估往往是乐观的，这并不能说明分类模型对未知样本的分类是有效的。

本例数据集样本分布：训练数据集包含 943 个样本；测试数据集包含 196 个样本，其中包含 20 个数字 0，20 个数字 1，25 个数字 2，18 个数字 3，25 个数字 4，16 个数字 5，16 个数字 6，19 个数字 7，17 个数字 8，20 个数字 9；预测数据集里含有 9 个样本，如图 12.8 所示。

图 12.8　预测数据集样本

实现 KNN 算法时，主要考虑的问题是如何对训练数据进行快速近邻搜索，这在特征空间维数大及训练数据容量大时非常必要。实际使用中，需要分别计算每一个未知待判断样本和已知类样本的空间距离。KNN 算法中影响算法准确率的因素有距离函数、k 值的选择、分类决策规则，处理步骤分为以下 3 步。

（1）截取图片进行数据预处理。

（2）KNN 算法训练。

（3）对图片进行测试，并将测试结果与正确结果对比，计算得出正确率。

12.3.3　应用领域与拓展学习

1．KNN 算法优缺点

（1）KNN 算法优点

① KNN 算法原理简单、实用有效、易于实现，对所研究的模型环境是否为线性没有要求，同时也不用单独对其进行监督学习；对于新的样本，该算法可以较为容易地使用建立的识别模型，并且可以用于解决多种类别的分类识别问题。

② 重新训练的代价较低，类别体系或训练集变化对效率影响不大。

③ 没有过多的数据规则需要描述，分类过程直接利用样本与样本之间距离的关系，避免了其他因素对结果的影响，大幅减少误差，体现了分类规则的独立性。

④ 由于 KNN 方法主要是依靠周围有限的邻近样本，而不是依靠判别类域的方法来确定所属类别的，因此对于类域的交叉或重叠较多的待分类样本集来说，KNN 方法较其他方法更有优势。

（2）KNN 算法缺点

① KNN 算法是懒散学习方法（Lazy Learning，基本上不学习），其计算量较大，分类速度慢，比一些积极学习的算法效率低。KNN 算法因为对每一个待分类的样本都要计算它到全体已知样本的距离，根据聚类的大小求得它的 k 个最近邻点，其计算复杂度和训练集中的样本数量成正比，也就是说，如果训练集中样本总数为 n，那么 KNN 的分类时间复杂度为 $O(n)$。当样本的维数和规模比较大时，算法的时间复杂度较高。

② 对样本集依赖性较强，样本集中样本的数量以及样本类别的数量会影响到 KNN 算法在实际的应用。由于在确定分类决策上只依据最近邻的几个样本类别来决定待分类样本所属的类别，因此当样本不平衡时（如一个类的样本容量很大，而其他类样本容量很小时），有可能导致输入一个新样本，不论 k 值取多大，该样本的 k 个“邻居”中的大多数都属于样本容量大的类别，以至于分类结果缺乏说服力。

③ KNN 算法不具备进行高维数据降维压缩的处理能力，只能够在低维数据环境中使用。

④ 未知样本的分类结果对于 k 值的选择依赖性较大，k 值选择的不同可能导致未知样本的归属出现变化。

2．KNN 算法改进思路

传统 KNN 算法虽然具有简单、易实现和应用范围广等优点，然而邻近个数 k 难以确定、分类效率低等不足成为其主要弊病。针对 KNN 算法的不足之处，学者们已经提出了多种改进方法，主要集中在分类精度、效率以及 k 值的选择等方面。

① 对于计算量大的问题，目前常用的解决方法是事先对已知样本点进行剪辑，事先去除对分类作用不大的样本。

② 对于样本不平衡的情况，我们可以采用权值法来改进，即为样本点设置不同权值。

③ 对于维度较高的数据，需要首先使用其他算法对数据进行降维处理，再使用 KNN 算法进行分类识别。

④ 目前对 k 值的选择随机性较强，未发现有何规律，没有确定公式，理论上我们可以采用穷举法，尝试所有可能的取值，然后选择一个最好的作为近邻数量 k。显然，这种方法带来的时间开销难以令人满意。在实际应用中，我们经常依据经验以及实际的建模识别环境来选择 k 值，通常条件下，k 取值的选择不能太小。目前，也经常采用交叉验证的方法来选择最优的 k 值，一般取多个 k 值进行多次训练，取分类结果误差最小的 k 值。随着训练实例数量趋向于无穷和 $k=1$，

误差率不会超过贝叶斯误差率的两倍；如果 k 趋向于无穷，则误差率趋向于贝叶斯误差率。

3．KNN 算法适用场景

① KNN 重新训练的代价较低，适合类别体系或训练集经常变化的应用。

② KNN 算法虽然从原理上也依赖于极限定理，但在类别决策时，只与少量的相邻样本相关。由于 KNN 方法主要是依靠周围有限的邻近样本，而不是依靠判断类域的方法来确定所属类别，因此 KNN 方法较其他方法更为适合类域交叉或重叠较多的待分类样本集。

③ 分类过程直接利用样本与样本之间距离的关系，避免了其他因素对结果的影响，特别适合类别特征不明显的分类问题。

④ KNN 算法比较适用于样本容量比较大的类域的自动分类，而样本容量较小的类域采用 KNN 算法比较容易产生误分。

12.4 朴素贝叶斯分类算法

12.4.1 问题背景与知识简介

1．分类问题定义

从数学角度来说，分类问题可做如下定义：已知类别的集合 $C=\{y_1,y_2,\cdots,y_n\}$ 和待分类项的集合 $I=\{x_1,x_2,\cdots,x_n\}$，确定映射规则 $y=f(x)$，任意 $x_i\in I$ 有且仅有一个 $y_i\in C$ 使得 $y_i=f(x_i)$ 成立（不考虑模糊数学里的模糊集情况）。分类算法的任务就是构造分类器 f。

一般情况下的分类问题由于缺少足够信息，很难构造完全正确的映射规则，但通过对经验数据的学习，可实现一定概率意义上的正确分类，因此所训练出的分类器并不一定能将每个待分类项准确映射到分类，分类器的质量与分类器构造方法、待分类数据的特性以及训练样本数量等诸多因素有关。

2．贝叶斯分类的基础——贝叶斯定理

贝叶斯定理解决了概率论中“逆向概率”的问题。在生活中经常遇到这种情况：我们可以很容易直接得出 $P(A|B)$，但对于我们更关心的 $P(B|A)$则很难直接得出。而贝叶斯定理则给出了通过 $P(A|B)$来求解 $P(B|A)$的方法，公式为：

$$P(B\mid A)=\frac{P(A\mid B)P(B)}{P(A)}$$

贝叶斯定理能够在有限的信息下，帮助我们预测出概率。可以说，所有需要做出概率预测的地方都可见到贝叶斯定理的影子。特别地，贝叶斯方法是机器学习的核心方法之一。

3．朴素贝叶斯分类

朴素贝叶斯分类是基于贝叶斯定理与特征条件独立假设的分类方法，常用于文本分类，尤其是对于英文等语言来说，它分类效果很好，可以较好地适用于垃圾文本过滤、情感预测、推荐系统等。

12.4.2 数学原理与算法

1．数学原理

朴素贝叶斯分类的定义及原理如下。

（1）设 $x=\{a_1,a_2,\cdots,a_m\}$ 为一个待分类项，而每个 $a_i(1\leqslant i\leqslant m)$ 为 x 的一个特征属性，各个特

征属性是条件独立的。

（2）有类别集合 $C=\{y_1,y_2,\cdots,y_n\}$。

（3）计算 $P(y_1|x),P(y_2|x),\cdots,P(y_n|x)$。

（4）如果 $P(y_k|x)=\max\{P(y_1|x),P(y_2|x),\cdots,P(y_n|x)\}$，则 $x\in y_k$。

显然，分类的关键是如何计算第（3）步中的各个条件概率，计算方法如下。

（1）找到一个已知分类的待分类项集合，这个集合称为训练样本集。

（2）统计得到在各类别下各个特征属性的条件概率估计。即：

$$P(a_1|y_1),P(a_2|y_1),\cdots,P(a_m|y_1)$$

$$P(a_1|y_2),P(a_2|y_2),\cdots,P(a_m|y_2)$$

$$\cdots\cdots$$

$$P(a_1|y_n),P(a_2|y_n),\cdots,P(a_m|y_n)$$

（3）由于各个特征属性 $a_i(1\leqslant i\leqslant m)$ 是条件独立的，因此根据贝叶斯定理可得：

$$P(y_j|x)=\frac{P(x|y_j)P(y_j)}{P(x)}=\frac{P(a_1|y_j)P(a_2|y_j)\cdots P(a_m|y_j)P(y_j)}{P(x)}=\frac{P(y_j)\prod_{i=1}^{m}P(a_i|y_j)}{P(x)}$$

其中，$1\leqslant j\leqslant n$。由于分母对所有类别均为常数，因此只需求解最大的分子即可。

整个朴素贝叶斯分类分为 3 个阶段，分类流程如图 12.9 所示。

第一阶段——准备工作阶段。该阶段主要工作是根据具体情况确定特征属性，并对每个特征属性进行适当划分，然后由人工对一部分待分类项进行分类，形成训练样本集合。这一阶段的输入是所有待分类数据，输出是特征属性和训练样本。这一阶段是整个朴素贝叶斯分类中唯一需要人工完成的阶段，其质量对整个过程将有重要影响，分类器的质量很大程度上由特征属性、特征属性划分及训练样本质量决定。

第二阶段——分类器训练阶段。阶段任务就是生成分类器，主要工作是计算每个类别在训练样本中的出现频率及每个特征属性划分对每个类别的条件概率估计。其输入是特征属性和训练样本，输出是分类器。

第三阶段——应用阶段。阶段任务就是使用分类器对待分类项进行分类，其输入是分类器和待分类项，输出是给出待分类项的分类结果。

对分类器进行评价的一个重要指标就是分类器的正确率，其也就是指分类器正确分类的项目占所有被分类项目的比率。通常使用回归测试来评估分类器的准确率，最简单的方法是用构造完成的分类器对训练数据进行分类，然后根据结果给出正确率评估。但这不是一个好方法，因为使用训练数据作为检测数据有可能由于过分拟合而导致结果过于乐观。一种更好的方法是在构造初期将训练数据一分为二，用一部分构造分类器，然后用另一部分检测分类器的准确率。

2．算法实例

下面讨论一个使用朴素贝叶斯分类解决“检测 SNS 社区中不真实账号”的例子。为了简单起见，对例子中的数据做了适当的简化。

对于 SNS（Social Networking Services），其专指社交网络服务，包括社交软件和社交网站。对于社区来说，不真实账号（使用虚假身份或用户小号）是一个普遍存在的问题。作为 SNS 社区运营商，希望能够检测出这些不真实账号，从而在一些运营分析报告中避免这些账号的干扰，同时也可以加强对 SNS 社区的了解与监管。

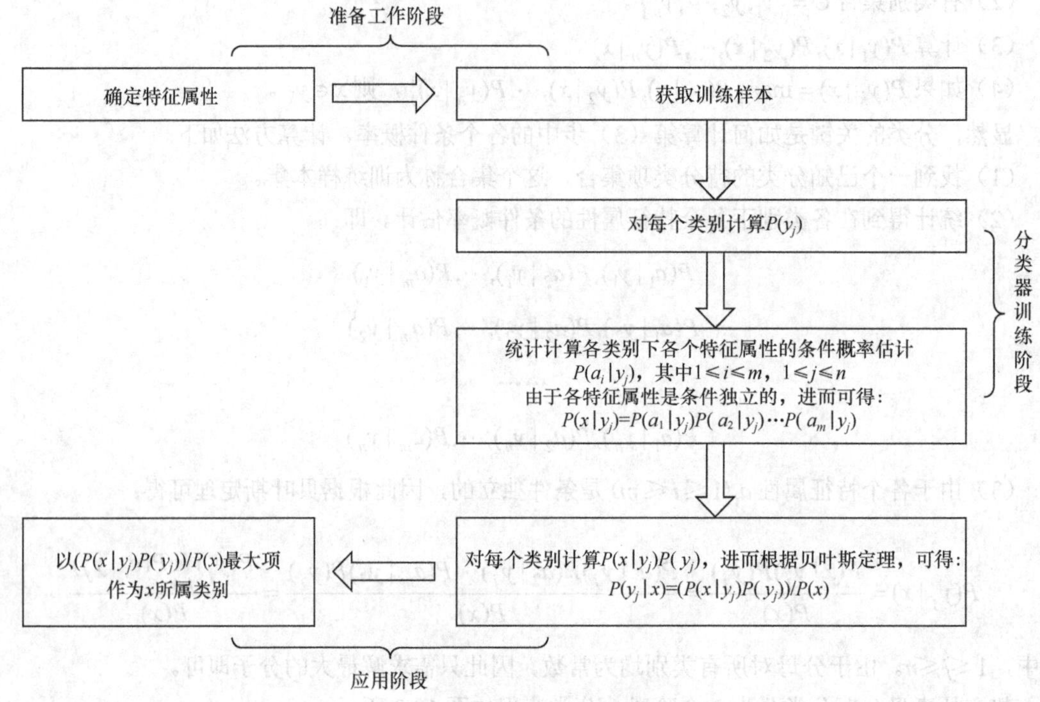

图 12.9　朴素贝叶斯分类流程

如果通过纯人工检测，需要耗费大量人力，效率十分低下；如果能引入自动检测机制，必将极大地提升工作效率。这个问题要得以解决，就是要将社区中所有账号在真实账号和不真实账号两个类别上进行分类。下面我们一步一步实现这个过程。

首先设 C=0 表示真实账号，C=1 表示不真实账号。

Step1：确定特征属性及划分。

这一步要找出可以帮助我们区分真实账号与不真实账号的特征属性。在实际应用中，特征属性的数量是很多的，划分也会比较细致，但这里为了简单起见，我们采用少量的特征属性以及较粗的划分，并对数据做了修改。

我们选择 3 个特征属性，这 3 项都可以直接从 SNS 的数据库中得到或计算出来。

$a1$：日志数量/注册天数。

$a2$：好友数量/注册天数。

$a3$：是否使用真实头像。

下面给出划分。

$a1$：$\{a1\leqslant 0.05, 0.05<a1<0.2, a1\geqslant 0.2\}$。

$a2$：$\{a2\leqslant 0.1, 0.1<a2<0.8, a2\geqslant 0.8\}$。

$a3$：{$a3$=0（非真实头像）,$a3$=1（真实头像）}。

Step2：获取训练样本。

这里使用运维人员曾经人工检测过的 1 万个账号作为训练样本，如表 12.5 所示。

表 12.5　训练样本集

类别	样本数量	特征属性 a1		特征属性 a2		特征属性 a3	
		划分	样本数量	划分	样本数量	划分	样本数量
C=0	8900	a1≤0.05	445	a2≤0.1	890	a3=0	1780
		0.05<a1<0.2	6675	0.1<a2<0.8	6230	a3=1	7120
		0.2≤a1	1780	0.8≤a2	1780		
C=1	1100	a1≤0.05	880	a2≤0.1	770	a3=0	990
		0.05<a1<0.2	110	0.1<a2<0.8	220	a3=1	110
		0.2≤a1	110	0.8≤a2	110		

Step3：计算训练样本中每个类别的频率。

用训练样本中真实账号和不真实账号数量分别除以 10000，得到：

$$P(C=0)=8900/10000=0.89$$

$$P(C=1)=1100/10000=0.11$$

Step4：计算每个类别条件下各个特征属性划分的频率。

$$P(a_1 \leqslant 0.05 \mid C=0)=0.3$$

$$P(0.05<a_1<0.2 \mid C=0)=0.5$$

$$P(0.2 \leqslant a_1 \mid C=0)=0.2$$

$$P(a_1 \leqslant 0.05 \mid C=1)=0.8$$

$$P(0.05<a_1<0.2 \mid C=1)=0.1$$

$$P(0.2 \leqslant a_1 \mid C=1)=0.1$$

$$P(a_2 \leqslant 0.1 \mid C=0)=0.1$$

$$P(0.1<a_2<0.8 \mid C=0)=0.7$$

$$P(0.8 \leqslant a_2 \mid C=0)=0.2$$

$$P(a_2 \leqslant 0.1 \mid C=1)=0.7$$

$$P(0.1<a_2<0.8 \mid C=1)=0.2$$

$$P(0.8 \leqslant a_2 \mid C=1)=0.1$$

$$P(a_3=0 \mid C=0)=0.2$$

$$P(a_3=1 \mid C=0)=0.8$$

$$P(a_3=0 \mid C=1)=0.9$$

$$P(a_3=1 \mid C=1)=0.1$$

Step5：使用分类器进行鉴别。

现使用上面训练得到的分类器鉴别一个账号，这个账号的特征属性为{$a1$=0.1, $a2$=0.2, $a3$=0}，即：日志数量与注册天数的比率为 0.1；好友数量与注册天数的比率为 0.2；使用非真实头像。

$$P(y_1 \mid x)P(x) = P(y_1)P(x \mid y_1) = P(y_1)P(a_1 \mid y_1)P(a_2 \mid y_1)P(a_3 \mid y_1)$$

$$= P(C=0)P(0.05 < a_1 < 0.2|C=0)P(0.1 \leqslant a_2 < 0.8|C=0)P(a_3 = 0 \mid C=0)$$

$$= 0.89 \times 0.5 \times 0.7 \times 0.2 = 0.0623$$

$$P(y_2 \mid x)P(x) = P(y_2)P(x \mid y_2) = P(y_2)P(a_1 \mid y_2)P(a_2 \mid y_2)P(a_3 \mid y_2)$$

$$= P(C=1)P(0.05 < a_1 < 0.2 \mid C=1)P(0.1 \leqslant a_2 < 0.8 \mid C=1)P(a_3 = 0 \mid C=1)$$

$$= 0.11 \times 0.1 \times 0.2 \times 0.9 = 0.00198$$

可见，虽然该用户没有使用真实头像，但是通过分类器的鉴别，更倾向于将此账号归入真实账号类别。这个例子也展示了当特征属性充分多时，朴素贝叶斯分类对个别属性的抗干扰性。

12.4.3 应用领域与拓展学习

1．算法适用场景

朴素贝叶斯分类器是贝叶斯分类器中最简单，也是最常见的一种分类方法。该算法的优点在于简单易懂、学习效率高，在某些领域的分类问题中能够与决策树、神经网络相媲美。但由于该算法以自变量之间的独立（条件特征独立）性和连续变量的正态性假设为前提（这个假设在实际应用中往往是不成立的），就会导致算法精度在某种程度上受影响。另外，有时对输入数据的表达形式很敏感（离散、连续、值极大或极小等），为适合应用于不同的场景，我们应根据特征变量的不同选择不同的算法。对此，有 3 种朴素贝叶斯分类算法可供选用：高斯朴素贝叶斯（Gaussian NB）、多项式朴素贝叶斯（Multinomial NB）和伯努利朴素贝叶斯（Bernoulli NB）。

高斯朴素贝叶斯：特征变量是连续变量，符合高斯分布。比如，身高、体重这种自然界的现象就比较适合用高斯朴素贝叶斯来处理。而文本分类是使用多项式朴素贝叶斯或者伯努利朴素贝叶斯。

多项式朴素贝叶斯：特征变量是离散变量，符合多项分布。例如，在文档分类中特征变量体现在一个单词出现的次数，或者是单词的 TF-IDF 值等。多项式朴素贝叶斯是以单词为粒度，会计算在某个文件中的具体次数。

伯努利朴素贝叶斯：特征变量是布尔变量，符合 0/1 分布。例如，在文档分类中特征是单词是否出现。伯努利朴素贝叶斯是以文件为粒度，如果该单词在某文件中出现了即为 1，否则为 0。

2．应用领域之一：垃圾邮件分类

贝叶斯分类器比较有名的应用场景是对垃圾邮件进行分类和过滤。贝叶斯分类器需要依赖历史数据进行学习，假设邮件中包含了特定关键词，则该邮件就被看作是垃圾邮件（Spam），否则就被看作是普通邮件（Email）。如表 12.6 所示，事先对已知的邮件历史数据通过人工筛选出 10 封邮件，这些邮件已知为普通邮件或垃圾邮件。同时，对这些邮件是否包含特定关键词的情况进行标注，若包含了特定关键词，则标注为“Yes”；若没有包含特定关键词，则标注为“No”。

表 12.6　邮件历史数据表

邮件类别	是否包含特定关键词
Email	Yes
Email	No
Email	No
Email	No
Email	No
Email	No
Spam	Yes
Spam	Yes
Spam	Yes
Spam	No

对表 12.6 中的普通邮件和垃圾邮件中是否出现特定关键词的频率进行汇总，分别记录普通邮件中出现和未出现特定关键词的次数及垃圾邮件中出现和未出现特定关键词的次数，如表 12.7 所示。

表 12.7　邮件出现特定关键词频率汇总

邮件类别 关键词出现次数	普通邮件（Email）	垃圾邮件（Spam）	合计次数
标注为“Yes”的次数	1	3	4
标注为“No”的次数	5	1	6
合计次数	6	4	10

根据表 12.7，可计算出贝叶斯算法中所需的关键概率值，经计算可得普通邮件的出现概率 $P(\text{Email})$为 0.6，垃圾邮件的出现概率 $P(\text{Spam})$为 0.4。另外，也可计算出在所有邮件中包含特定关键词的概率 $P(\text{Yes})$为 0.4，未包含特定关键词的概率 $P(\text{No})$为 0.6。

又根据表 12.7，可计算出不同类别的邮件是否包含特定关键词的条件概率，如表 12.8 所示。

表 12.8　不同类别邮件包含关键词的条件概率

邮件类别 条件概率	普通邮件（Email）	垃圾邮件（Spam）
P(Yes|邮件类别)	$P(\text{Yes}\mid\text{Email}) = 0.17$	$P(\text{Yes}\mid\text{Spam}) = 0.75$
P(No|邮件类别)	$P(\text{No}\mid\text{Email}) = 0.83$	$P(\text{No}\mid\text{Spam}) = 0.25$

$P(A)=P(\text{垃圾邮件})=P(\text{Spam})=0.4$

$P(B)=P(\text{包含关键词})=P(\text{Yes})=0.4$

$P(B|A)=P(\text{包含关键词}|\text{垃圾邮件})=P(\text{Yes}|\text{Spam})=0.75$

依据贝叶斯定理：$P(A\mid B)=\dfrac{P(B\mid A)P(A)}{P(B)}$，可得垃圾分类结果为：

$$P(A\mid B)=P(\text{垃圾邮件}\mid\text{关键词})=\frac{P(\text{包含关键词}\mid\text{垃圾邮件})P(\text{垃圾邮件})}{P(\text{包含关键词})}$$

$$P(垃圾邮件|关键词)=\frac{0.75\times0.4}{0.4}=0.75$$

以上仅给出垃圾邮件分类过程的简要描述，对垃圾邮件特征属性的选取也做了简化，请读者进一步查阅相关资料，编程实现较为完善的垃圾邮件分类程序。

3．应用领域之二：病情预测

已知感冒、过敏和脑震荡这三类疾病的症状及患病人职业的历史数据，如表 12.9 所示。如果有一位打喷嚏的建筑工人，那么如何利用贝叶斯算法来预测这位打喷嚏的建筑工人患感冒的概率呢？

表 12.9　病情历史数据

症状	职业	疾病类别
打喷嚏	护士	感冒
打喷嚏	农夫	过敏
头痛	建筑工人	脑震荡
头痛	建筑工人	感冒
打喷嚏	教师	感冒
头痛	教师	脑震荡

根据疾病类别，我们分别对不同症状和不同职业患病的频率进行了统计，可以求得不同症状与对应疾病发生的频率，如表 12.10 所示；同时也可求得不同职业与所对应疾病发生的频率，如表 12.11 所示。

表 12.10　症状与疾病发生频率

症状＼疾病	感冒	过敏	脑震荡	合计
打喷嚏	2	1	0	3
头痛	1	0	2	3
合计	3	1	2	6

表 12.11　职业与疾病发生频率

职业＼疾病	感冒	过敏	脑震荡	合计
护士	1	0	0	1
农夫	0	1	0	1
建筑工人	1	0	1	2
教师	1	0	1	2
合计	3	1	2	6

根据表 12.9，可知每种疾病的患病概率，患感冒的概率 P(感冒)为 0.5，患有过敏的概率 P(过敏)为 0.17，患脑震荡的概率 P(脑震荡)为 0.33。同时，也可计算每种症状的发生概率，打喷嚏的概率 P(打喷嚏)为 0.5，头痛的概率 P(头痛)为 0.5。另外，也可计算出每个职业的出现概率，护士的出现概率 P(护士)为 0.17，农夫的出现概率 P(农夫)为 0.17，建筑工人的出现概率 P(建筑工人)为 0.33，教师的出现概率 P(教师)为 0.33。

根据表 12.10 和表 12.11 这两个表的频率分布，可计算出贝叶斯算法中所需的概率值，分别如

表 12.12 和表 12.13 所示。

表 12.12　疾病发生情况下症状条件概率

疾病 / 条件概率	感冒	过敏	脑震荡
P(打喷嚏|疾病)	P(打喷嚏|感冒)=0.67	P(打喷嚏|过敏)=1.00	P(打喷嚏|脑震荡)=0.00
P(头痛|疾病)	P(头痛|感冒)=0.33	P(头痛|过敏)=0.00	P(头痛|脑震荡)=1.00

表 12.13　疾病发生情况下职业条件概率

疾病 / 条件概率	感冒	过敏	脑震荡
P(护士|疾病)	P(护士|感冒)=0.33	P(护士|过敏)=0.00	P(护士|脑震荡)=0.00
P(农夫|疾病)	P(农夫|感冒)=0.00	P(农夫|过敏)=1.00	P(农夫|脑震荡)=0.00
P(建筑工人|疾病)	P(建筑工人|感冒)=0.33	P(建筑工人|过敏)=0.00	P(建筑工人|脑震荡)=0.50
P(教师|疾病)	P(教师|感冒)=0.33	P(教师|过敏)=0.00	P(教师|脑震荡)=0.50

现令 A 表示疾病、B 表示症状、C 表示职业，按照贝叶斯公式，已知 $P(B\times C|A)$、$P(A)$和 $P(B\times C)$的概率，求 $P(A|B\times C)$的概率为：

$$P(A\,|\,B\times C)=\frac{P(B\times C\,|\,A)P(A)}{P(B\times C)}$$

假设职业和症状这两个特征在疾病这个结果下是独立的，上面的贝叶斯公式则可以转换为如下的朴素贝叶斯公式：

$$P(A\,|\,B\times C)=\frac{P(B\,|\,A)P(C\,|\,A)P(A)}{P(B)P(C)}$$

将上述朴素贝叶斯公式应用于疾病预测，可得：

$P(A)=P(\text{感冒})=0.5$

$P(B)=P(\text{打喷嚏})=0.5$

$P(C)=P(\text{建筑工人})=0.33$

$P(B|A)= P(\text{打喷嚏}|\text{感冒})=0.67$

$P(C|A)= P(\text{建筑工人}|\text{感冒})=0.33$

病情预测朴素贝叶斯公式和结果为：

$$P(A\,|\,B\times C)=P(\text{感冒}\,|\,\text{打喷嚏}\times\text{建筑工人})$$

$$=\frac{P(\text{打喷嚏}\,|\,\text{感冒})\times P(\text{建筑工人}\,|\,\text{感冒})\times P(\text{感冒})}{P(\text{打喷嚏})\times P(\text{建筑工人})}=\frac{0.67\times 0.33\times 0.5}{0.5\times 0.33}=0.67$$

以上仅给出病情预测过程的简要描述，对特征属性的选取也做了简化，请读者进一步查阅相关资料，编程实现较为完善的病情预测程序。

参考文献

[1] Brian W. Kernighan, Dennis M. Ritchie. The C Programming Language[M]. Upper Saddle River: Prentice-Hall, 1988.

[2] Peter Prinz, Tony Crawford. C 语言核心技术[M]. 2 版. 袁野，译. 北京：机械工业出版社, 2017.

[3] Ivor Horton. C 语言入门经典[M]. 4 版. 杨浩，译. 北京：清华大学出版社, 2013.

[4] 韩旭，王娣. C 语言从入门到精通[M]. 北京：清华大学出版社, 2010.

[5] 吴惠茹. 从零开始学：C 程序设计[M]. 北京：机械工业出版社, 2017.

[6] 杜树春. 实用有趣的 C 语言程序[M]. 北京：清华大学出版社, 2017.

[7] 孔娟，曹利培. C 语言程序设计[M]. 长春：吉林大学出版社, 2009.

[8] 张书云. C 语言程序设计[M]. 北京：清华大学出版社, 2016.

[9] 吴良杰，郭江鸿，魏传宝,等. 程序设计基础[M]. 北京：人民邮电出版社, 2012.

[10] 赖均，陶春梅，刘兆宏，等. 软件工程[M]. 北京：清华大学出版社, 2016.

[11] 吴登峰，邢鹏飞，等. C 语言程序设计[M]. 北京：中国水利水电出版社, 2015.

[12] 谭浩强. C 程序设计（第五版）[M]. 北京：清华大学出版社, 2017.

[13] 苏小红，赵玲玲，孙志岗，等. C 语言程序设计（第 4 版）. 北京：高等教育出版社, 2019.

[14] 战德臣. 大学计算机：理解和运用计算思维（慕课版）. 北京：人民邮电出版社, 2018.

[15] 王小平,曹立明. 遗传算法：理论、应用与软件实现[M]. 西安：西安交通大学出版社, 2002.

[16] 李航. 统计学习方法[M]. 北京：清华大学出版社, 2012.

[17] 周志华. 机器学习[M]. 北京：清华大学出版社, 2016.